高等职业院校"十二五"规划教材
项目化模块式教学应用型人才培养素质拓展重点图书

茶艺

服务技术

CHAYI
FUWU JISHU

主　编◎陈小平
副主编◎刘　琳　陈卫　李少立

U0319948

西南交通大学出版社
·成都·

图书在版编目（ＣＩＰ）数据

茶艺服务技术/陈小平主编. —成都：西南交通
大学出版社，2014.2（2017.6 重印）
ISBN 978-7-5643-2902-0

Ⅰ．①茶… Ⅱ．①陈… Ⅲ．①茶叶－文化－中国－高
等职业教育－教材 Ⅳ．①TS971

中国版本图书馆 CIP 数据核字（2014）第 025366 号

高等职业院校"十二五"规划教材
茶艺服务技术
主编　陈小平

责 任 编 辑	张慧敏
封 面 设 计	何东琳设计工作室
出 版 发 行	西南交通大学出版社 （四川省成都市二环路北一段 111 号 西南交通大学创新大厦 21 楼）
发行部电话	028-87600564　028-87600533
邮 政 编 码	610031
网　　　址	http://www.xnjdcbs.com
印　　　刷	成都蜀通印务有限责任公司
成 品 尺 寸	185 mm×260 mm
印　　　张	13.75
字　　　数	339 千字
版　　　次	2014 年 2 月第 1 版
印　　　次	2017 年 6 月第 5 次
书　　　号	ISBN 978-7-5643-2902-0
定　　　价	28.00 元

西 湖 龙 井

洞 庭 碧 螺 春

黄 山 毛 峰

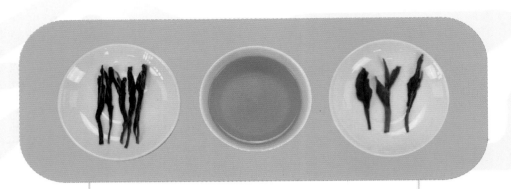

太平猴魁

六安瓜片

信阳毛尖

安溪铁观音

武夷岩大红袍

祁门红茶

乌龙茶的主要冲泡程式

布席

赏茶

置茶

洗茶

冲泡

烫杯

投汤

奉茶

扣杯

翻杯

闻香

品味

前　言

茶源于中国。源远流长的饮茶习俗衍生出中华茶文化的一朵奇葩——茶艺。茶艺，顾名思义，指的是泡茶、品茶的技艺和艺术。

随着我国经济文化的繁荣和人民生活水平的提高，"柴、米、油、盐、酱、醋、茶"中粗放的饮茶方式已不能满足人们的需求，高雅的茶艺日渐走进寻常百姓家。展现和欣赏茶艺，已然成为人们审美怡情、修心养性的一种生活方式。于是，茶艺师这个新的职业应时而生，茶艺课程成为高职院校酒店管理、旅游管理和文秘等专业的专业必修课。此外，鉴于社会需求和学生喜好，一些院校也将茶艺课程设为公共选修课。

本书主要是为高职院校酒店管理、旅游管理和文秘等专业的教学而编写的一本"理实一体化"的教材。它也适用于相关行业员工的技能培训，对茶艺部门的员工和广大茶艺爱好者也有较大的参考价值。

全书具有以下几个特色。

第一，采用"理实一体化"的编写模式，加强理论与实践的紧密结合。以项目化教学为基础，分项目介绍茶艺知识与技能，每个项目先阐述清楚准备知识，再以实训任务单的方式分解展示操作技能，使学生从"学中做"到"做中学"，快速提升理论素养和实操能力。

第二，每一个项目练习和项目实践的设计，都力求突出综合能力的培养。注重兼顾学生的操作技能、仪容姿态和心理素质的综合训练，在潜移默化中促进学生的茶艺技能从"技"向"艺"升华。

第三，图文并茂，形象生动。书中收入较多的茶类、茶具和茶艺图片，给学生以直观鲜明的印象，提高学生学习的兴趣。

从整体上看，全书内容翔实，信息量大，资料新颖，既突出实践又有一定的理论广度，体现了实用、创新、前瞻的特色。通过对本书的学习，学生能迅速理解和掌握茶艺服务技术。

本书由陈小平担任主编，负责整体修改和定稿。参与编写人员及分工如下：陈小平编写项目一、项目二、项目六、项目三的模块三、项目八的模块三；刘琳编写项目五、项目七和项目三的模块一、模块二；陈卫编写项目四；李少立编写项目八的模块一、模块二。

本书在编写过程中参阅了大量的书籍和资料，在此对被参考和借鉴书籍、资料的作者表示感谢。书中名茶图片、技法与礼仪图片由常建宇老师拍摄，技法与礼仪分别由于娅玲、黄志洁、俸艳军、杨少豫同学示范。在此，致以衷心的感谢！

编　者

2013 年 12 月 5 日

目　　录

项目一　茶文化概述 1

模块一　茶的历史 1

模块二　茶艺与茶道 6

模块三　茶与文学艺术 13

模块四　民族茶俗 18

项目二　茶叶知识 28

模块一　认识茶树 28

模块二　茶叶分类 31

模块三　茶叶加工与贮存 36

模块四　茶叶的鉴别 39

模块五　中国名茶 42

项目三　茶艺基础 60

模块一　茶具知识 60

模块二　用水知识 68

模块三　泡茶知识 72

项目四　茶艺礼仪 87

模块一　茶艺服务人员的仪容与服饰 87

模块二　茶艺服务人员的仪姿 90

模块三　茶艺服务人员的举止规范 94

项目五　茶艺技能 105

模块一　基础茶艺 105

模块二　茶艺表演 121

模块三　茶艺编创 137

项目六　茶席设计·····································146

　　模块一　茶席设计概述·····························146

　　模块二　茶席动态演示·····························157

　　模块三　茶席设计文案·····························160

项目七　茶与健康·····································167

　　模块一　茶的功效·······························167

　　模块二　茶的科学饮用···························173

　　模块三　现代花草茶·····························179

项目八　茶艺馆服务·································188

　　模块一　茶艺馆的经营管理·······················188

　　模块二　茶艺馆服务·····························195

　　模块三　茶艺馆与茶会···························198

参考文献···208

项目一　茶文化概述

羽睎

➤ 熟悉茶的历史，能运用茶的历史知识解决茶艺服务中的实际问题。
➤ 能融会贯通茶艺与茶道知识，深刻理解茶艺与茶道的核心思想。
➤ 熟悉茶与文学艺术的关系，能熟练应用茶诗、茶联、茶画以及茶书法于茶事服务中。

模块一　茶的历史

 具体任务

➤ 了解茶树发现、栽培及利用的历史。
➤ 熟悉我国茶文化发展的历史与现状。
➤ 在学习活动中深入探讨茶的历史，能运用茶的历史知识解决茶艺服务中的实际问题。

茶作为一种饮料，从被我们的祖先发现、利用，直至成为世界"三大饮料"之一，已有数千年历史。茶的发现和利用，以及在品饮过程中形成的茶文化，是中国对人类文明进步的一大贡献。

 ### 任务一　茶的发源

据记载，我们的祖先最初利用的是野生茶树，在经过了一段很长的时期后，才出现了人工栽培的茶树。

一、茶树的发现

一般认为，茶树起源至今至少有 6 000 万至 7 000 万年的历史，我国西南地区是世界上最早发现野生茶树和现存野生大茶树最多、最集中的地方。早在三国时期（220—280），我国就有关于在西南地区发现野生大茶树的记载。近几十年来，在我国西南地区不断发现古老的野生大茶树。1961年在云南省的大黑山密林中（海拔1500米）发现一棵高32.12米、树围29米的野生大茶树，这棵树单株存在，树龄约1700年。1996年在云南镇沅县千家寨（海拔2100米）的原始森林中，发现一株高25.5米、底部直径1.2米、树龄2700年左右的野生大茶树。该地森林中直径30厘米以上的野生茶树到处可见。

据不完全统计，我国已有10个省区近200处发现野生大茶树，而且树体最大，数量最多，分布最广。据考证，我国的西南地区是茶树的发源地。

二、茶树的栽培

若按照《神农本草经》中的记载来推测，在中国，随着茶从药用发展为饮用，野生茶树已不能满足需要，人们或采茶籽，或移植野生茶苗进行栽培和繁殖。东晋常璩所著的《华阳国志·巴志》中写道：公元前1066年周武王联合当时四川、云南的部落共同伐纣之后，巴蜀所产的茶已被列为贡品，并记载有"园有芳蒻、香茗"。由此推断，公元前一千多年已经有人工栽培茶树了，那么茶树栽培迄今已有三千多年的历史了。

而后茶的栽培从巴蜀地区南下云贵一带，又东移楚湘，转粤赣闽，入江浙，然后北移淮河流域，形成了我国广阔的产茶区。

三、茶叶的利用

茶叶的利用传说是"发乎于神农，闻于鲁周公"。茶最初作为药用，后来发展成为饮料。相传神农尝百草，日遇七十二毒，得茶而解之。

1. 药　用

在我国用茶之始，是"食饮同宗"。我们祖先仅把茶叶当作药物，他们从野生大茶树上砍下枝条，采集嫩梢，先是生嚼，后是加水煮成羹汤，供人饮用。最早记载饮茶是本草一类的"药书"，例如《食论》《本草拾遗》及《本草纲目》等书中均有关于"茶"之条目。

2. 食　用

早期的茶，除了作为药物之外，还作为食物出现的。这在前人的许多著述中都有记载。相传，古人用葱、姜、橘子等佐料与茶一起烹煮，在一些资料中也能看到类似的做法，即将茶的叶子与其他佐料混在一起，煮熟后食用。这种煮茶方法一直延续到唐朝，唐人在此基础上又有所改进。现代在桂、闽、粤、赣等地区的擂茶就是茶叶食用的延续。

3. 饮　用

我国茶的饮用，在秦统一巴蜀之前，就已经在巴蜀兴起了。巴蜀的茶事可以上溯到西周初年。《华阳国志·巴志》中云："武王既克殷，以其宗姬于巴，爵之以子……丹、漆、荼、蜜……皆纳贡之。"材料中记载了西周初年，巴蜀向周进贡的物品，其中就有茶（"荼"即"茶"）。可见，西周初年，茶事在巴蜀已发展到一定阶段。

中国饮茶的历史经历了漫长的发展和变化。不同的阶段，饮茶的方法、特点都不相同，大约可分为唐前茶饮、唐代茶饮、宋代茶饮、明代茶饮、清代茶饮和现代茶饮几种。

四、茶的称谓

在古代史料中，茶的名称很多。《诗经》中称"荼"；《尔雅》中称"槚"或"荼"；《尚书·顾命》称"诧"；西汉司马相如《凡将篇》称"荈诧"；西汉末年杨雄《方言》称茶为"蔎"；东汉的《桐君录》中谓之"瓜芦木"等。唐代陆羽在《茶经》中提到"其名，一曰茶，二曰槚，三曰蔎，四曰茗，五曰荈"。总之，在陆羽撰写《茶经》前，国人对茶的提法不下 10 余种，其中用得最多、最普遍的是"荼"。

茶文字的规范，自隋代的一本字典性质的书《广韵》开始，它同时收有"荼""茶"字，并说明"茶"是"荼"的俗称，因此唐代开元年间官修《开元文字音义》中就正式收入了"茶"字，专指茶树和茶叶，到陆羽写《茶经》时，就只用"茶"字，而不用"荼"了。

"茗"字在很多古书中，有的是指茶的嫩芽，有的把它指作晚采的茶，即"早采者称茶，晚采者称茗"。但现代语言中，往往将茗作为茶的雅称，似乎"品茗"比"饮茶"更雅致些。

世界各国对茶的称谓，大多数是由中国人，特别是由中国茶叶输出地区人民对茶的称谓直译过去的，如日语的、印度语的"茶"都为茶字原音。俄文的"茶"，与我国北方对"茶"的发音相似。英文的"tea"、法文的"thé"、德文的"Tee"都是照我国广东、福建沿海地区人民的发音转译的。大致说来，茶叶由我国海路传播到西欧各国，茶的发音大多近似我国福建沿海地区的"te"和"ti"音；茶叶由我国陆路向北、向西传播到的国家，茶的发音近似我国华北的"cha"音。茶字的演变与确定，从一个侧面告诉人们："茶"字的形、音、义，最早是由中国确定的，至今已成了世界人民对茶普遍的称谓。

 任务二　茶文化的发展

一、茶文化概述

茶是中华民族的"国饮"，茶作为文化的载体之一，向世人传播博大精深的中华文化。中国茶文化融合佛、儒、道诸派思想，独成一体，是中华文化中的一朵奇葩。

茶文化从广义上讲，分茶的自然科学和茶的人文科学两方面，是指人类社会历史实践过程中所创造的与茶有关的物质财富和精神财富的总和。从狭义上讲，着重于茶的人文科学，主要指茶对精神和社会的功能。由于茶的自然科学已形成独立的体系，因而，现在常讲的茶文化偏重于人文科学。

二、茶文化的发展

在我国源远流长的历史长河中，茶文化在不同时代、不同民族、不同环境中呈现出不同形态，茶文化的发展也各具特色。按时间进程，我国茶文化的发展可分为六个阶段。

1. 源于汉代。公元前 3 世纪以前，人们一直从野茶树上采摘新鲜绿叶，冲泡成药物或滋补品。秦汉之际，民间开始把茶当作饮料，这起始于巴蜀地区。东汉以后，饮茶之风向江南一带发展，继而进入长江以北。至魏晋南北朝，饮茶的人渐渐多起来。公元 4 世纪、5 世纪，茶饮开始风靡全国，人们不仅开始种植茶叶，并且把茶作为贡品献给皇室。饮茶被一些皇族显贵和文人雅士看作是精神享受和表达志向的手段。饮茶方法开始进入烹煮饮用阶段。茶一时成为人们财富和地位的象征，为茶文化的兴起奠定了基础。

2. 兴于唐代。唐承袭汉魏六朝的传统，同时融合了各少数民族及外来文化精华，成为中国文化史上的辉煌时期，进而也成为茶文化的"黄金时代"。茶文化在唐朝兴起主要有三个原因。一是唐朝的国家统一、经济强大、文化兴盛，为饮茶风气的形成创造了有利条件。二是宗教的兴盛对饮茶风气的形成起到了推动作用。唐代儒、佛、道"三教合一"的文化现象同茶文化的兴盛有着不可分割的联系。尤其是唐朝佛教思想已深入人民生活，唐代寺观众多，信徒遍布全国各地，饮茶风气盛行。"自古名寺出名茶"，中唐后，出现了庙庙种茶、无僧不茶的风尚。三是陆羽《茶经》的问世，是茶文化兴于唐朝的重要标志。

3. 盛于宋代。宋代的茶叶生产空前发展，城镇茶馆林立，既形成了豪华极致的宫廷茶文化，又兴起了趣味盎然的市民茶文化。宋代茶文化的鼎盛主要表现在三个方面。

一是制茶工艺精益求精。北宋太平兴国二年，宋太宗为了"取象于龙凤，以别庶饮"，派遣官员到建安北苑专门监制"龙凤茶"。龙是皇帝的象征，凤是吉祥之物，精制的龙凤茶显示了皇帝的尊贵。宋代创制的"龙凤茶"，把我国古代蒸青团茶的制作工艺推向了一个历史高峰，拓宽了茶的审美范围，为后代茶叶制形艺术发展奠定了审美基础。如今天云南产的"圆茶""七子饼茶"之类就具有宋代遗留痕迹。

二是饮茶之习空前普及，茶馆盛行。继晚唐时期饮茶普及后，宋代饮茶也成了人们日常生活中不可或缺的东西。如王安石《议茶法》认为："茶之为民用，等于米盐，不可一日以无。"吴自牧《梦粱录》说得更直白："盖人家每日不可阙者，柴、米、油、盐、酱、醋、茶。"这就是后来俗语所说的"开门七件事"。炽盛的茶风，促进了茶馆的盛行。宋京都以至外郡、市、镇茶楼林立，时称茶坊、茶屋、茶肆、茶居等，北宋张择端《清明上河图》就展现了东京开封城茶坊酒肆生意兴隆的繁荣景象。

三是品茗方法有重大改进，斗茶之风盛行。宋代的品茗方法主要有"点茶法""烹茶法"和"泡茶法"等多种方法。无论何种饮茶方法和文化类型，都有风韵潇洒的斗茶，又称"茗战"。斗茶，始于唐时福建建安一带，到了宋朝，为决出进贡朝廷的上品茶，遂使斗茶之风日渐兴盛。斗茶是重在观赏的综合性技艺，包括鉴茶辨质、细碾精罗、候汤调和、点茶击拂等环节，每个步骤都须精究熟练，最关键的工序为点茶与击拂，最精彩部分集中于汤花的显现。宋代还流行一种技巧性很高的烹茶技艺，叫做"分茶"，又称"茶百戏"或"汤戏"，与汤面直接接触，易于把握。还有技高一筹者，不需"搅"，而直接"注"出汤花来，即单手提壶，使沸水由上而下注入放好茶末的盏（碗）中，立即形成变幻万端的景象。宋代诗人杨万里描述分茶情景："分茶何似煎茶好，煎茶不似分茶巧。"

4. 革新于明代。明代是我国茶事发展史上的又一鼎盛时期。茶文化的发展主要反映在四个方面。一是饮茶方法的变革，明太祖朱元璋以国家法令形式废除了团饼茶，他于洪武二十四年（1391）下令："罢造龙团，惟采茶芽以进。"从此向皇室进贡的只要芽叶形的散茶，民间自然效仿成风，并将煎煮法改为随冲泡随饮用的冲泡法，从此改变了我国千古相沿成习的饮茶法，使叶茶和芽茶成为我国茶叶生产和消费的主导方面。

二是制茶技术的革新。明代在制茶上，普遍改蒸青为炒青，这对芽茶和叶茶的普遍推广提供了极为有利的条件，同时，也使炒青等制茶工艺达到炉火纯青的程度。

三是茶类得到发展。除绿茶外，明朝开发了黑茶、花茶、乌龙茶等种类。用以窨茶的鲜花除茉莉外，更扩展到玫瑰、蔷薇、橘花、丁香、梅花和莲花等10余种。乌龙茶、红茶都始创于明代。

四是饮茶用具大为简化。唐宋流行煎茶、斗茶，饮茶用具非常繁杂，明代流行冲泡饮，饮茶用具大为简化，茶盏和茶壶成为最基本的茶具。明代一改唐宋的崇金贵银，转为推崇陶质、瓷质，呈现出返璞归真的趋向。

5. 普及于清代。清代随着封建农业、手工业的发展，商品经济较明代有显著提高，茶叶产量较明代也有大幅度提高，茶叶贸易相当发达，不仅大量投放国内市场，还远销海外。饮茶风气进一步从文人雅士刻意追求、创造和欣赏的小圈里走出来，真正踏进寻常巷陌，走入万户千家，成为社会普遍的需求。清末至新中国成立前的100多年，传统的中国茶文化日渐衰微，饮茶之道在我国大部分地区逐渐趋于简化。但在清末民初，城市乡镇的茶馆、茶肆、茶摊、茶亭仍比比皆是。"客来敬茶"已成为普通人家的礼仪。

6. 发展于现代。现代茶文化的发展，经历了初兴阶段、复苏阶段以及发展阶段。

初兴阶段是指1980年至1989年。1981—1982年全国茶叶积压，点燃了茶文化宣传的火种。为了开拓国内市场，引导消费，国家商业部茶叶畜产局组织各地大力开展茶知识宣传，扩大茶叶销售。在中央电视台《为您服务》栏目介绍茶的知识，接着各地也纷纷开展了饮茶的宣传活动。庄晚芳先生主编的通俗读物《饮茶漫话》，1983年被日本的松崎芳郎翻译并在期刊上连载，为茶文化的宣传提供了基本框架。在庄晚芳先生的倡导下，1982年在杭州成立"茶人之家"，并出版了当时唯一的茶文化刊物《茶人之家》。1988年吴觉农先生主编的《茶经述评》也正式出版发行。这几年间，各种茶学研讨会也陆续举办。同年，庄晚芳先生提出的中国茶德"廉、美、和、静"四字原则，引起了茶学界的广泛关注和讨论，成为中国茶道的基本精神。1989年9月，"首届茶与中国文化展示周"在北京民族文化宫举行，全面展示了中华茶文化的深厚底蕴和丰富多彩的内涵。全国有120余家茶叶主管企业参加展出。日本、美国、英国、摩洛哥、突尼斯、巴基斯坦、毛里塔尼亚等国家和中国香港、台湾地区的多家企业应邀参加贸易洽谈。

复苏阶段主要是指1990年至1999年。为了弘扬茶文化，业内的民间社团纷纷组建。1990年中华茶人联谊会在北京正式成立，担负起国内茶人和世界华人的茶文化交流任务；1992年中国茶叶流通协会在浙江宁波召开成立大会，也将弘扬茶文化列为工作任务之一；1994年中国国际茶文化研究会经过多年酝酿在杭州宣告成立。中国国际茶文化研究会从成立至今已连续举办十二届国际茶文化研讨会，研讨会的规模一次比一次大，规格一次比一次高，内容一次比一次丰富，影响一次比一次广泛。1999年我国举办了第二次中国茶文化展示周活动。此次活动比1989年的规模更大，档次更高，展品更精，文化内容更丰富。

在这十年中，出版发行的有《中国茶经》《中国茶事大典》《中国茶文化经典》《中国茶叶大辞典》《中国古代茶叶全书》《中国茶叶五千年》《中国名茶志》等，还有历代的茶史、茶道、茶艺、茶具、茶馆、茶人传记、各地名茶以及众多介绍茶文化的丛书，为进一步弘扬和发展茶文化提供了翔实的基础资料。

发展阶段是指2000年至今。这一阶段，是茶文化与构建和谐社会紧密融合的阶段。泡茶饮茶艺术受到更广泛的重视，人们从审美角度宣传茶文化。各地大力发掘和整理深藏在民间的各种饮茶习俗和各种茶类的泡饮方法，并经过艺术加工搬进茶馆，搬上舞台。2001

年和 2002 年，几个全国性的行业社团联合在广西横县举办了两届全国茶道茶艺表演赛。2003 年和 2004 年又在云南思茅（现普洱）举办了两届全国民族茶艺表演赛，推动了饮茶艺术的发展。与此同时，各地的茶艺培训工作也如火如荼地展开。而且茶艺培训工作开办到日本、韩国等国家，国外来华接受茶艺培训的人数也越来越多。至此，我国茶文化发展的盛世已经来临。

模块二　茶艺与茶道

 具体任务

➤ 熟练掌握茶艺与茶道的涵义、内容以及特点。
➤ 能运用茶艺与茶道的知识于茶事服务活动中。
➤ 深刻理解茶艺与茶道的核心思想。

 任务一　茶艺概述

中国茶艺早在唐、宋时期就已经发展到了相当的高度，"茶"与"艺"已密不可分。"茶艺"这一名称正式形成有一个过程，最早出现于 20 世纪 70 年代的中国台湾地区。当时的台湾开始出现茶文化复兴浪潮，之后于 1978 年酝酿成立有关茶文化组织时，接受了台湾民俗学会理事长娄子匡教授的建议，开始使用"茶艺"一词，现已被海峡两岸茶文化界所认同和接受，然而对茶艺概念的理解却存在一定程度的差异。

一、茶艺的含义

茶艺是指制茶、烹茶、品茶等艺茶之术，包括茶叶品评技法和艺术操作手段的鉴赏以及品茗美好环境的领略等品茶过程的美好意境，其过程体现形式和精神的相互统一，是饮茶活动过程中形成的文化现象。

一般认为，从广义的角度来研究，茶艺是一门研究茶叶的生产、制造、经营、饮用的方法和探讨茶业原理、原则，达到物质和精神享受的学问。也就是说，凡是有关茶叶的产、制、销、用等一系列的过程，都属于茶艺研究的范围，例如，制茶工艺、选购茶叶、择水选器、泡茶品茶、茶叶经营、茶艺美学等。

狭义的茶艺指的是研究如何泡好一壶茶的技艺和如何享受一杯茶的艺术。

茶艺包含了"茶之技""茶之艺"和"茶之道"三层含义。"茶之技"是指制茶、泡茶、饮茶的技法;"茶之艺"指茶类冲泡品饮过程的艺术展现;"茶之道"是指做茶过程的一种修行,是一种人生的感悟,是人生哲学。"茶之技"和"茶之艺"属于"形而下"部分,"茶之道"是"形而上"层面的内容。

二、茶艺的类型

根据不同的划分原则和标准,茶艺可以具体分为以下类型。

1. 以茶事功能来分

可分为生活型茶艺、经营型茶艺、表演型茶艺。生活型茶艺主要包括个人品茗和奉茶待客两方面。经营型茶艺主要指在茶馆、茶艺馆、茶叶店、餐饮店、宾馆以及其他经营场所为消费者服务的茶艺。表演型茶艺又可以分为技艺型茶艺表演(如四川茶馆的掺茶)和艺术型茶艺表演(如现在普遍表演的经过艺术加工的各种类型的茶艺)。

2. 以茶叶种类来分

一般是按照基本茶类,即六大茶类再来细分,如红茶茶艺、绿茶茶艺、乌龙茶茶艺。还有再加工茶类的茶艺,如花茶也有茶艺表演。

3. 以泡茶器具来分

主要有壶泡法(包括紫砂壶小壶冲泡、瓷器大壶冲泡)茶艺,还有盖碗泡法茶艺和玻璃杯泡法茶艺。

4. 以冲泡方式来分

主要有煮茶法、点茶法、泡茶法等。

5. 以社会阶层来分

包括宫廷茶艺、文士茶艺、宗教茶艺、民间茶艺等。

6. 以民族来分

可分为汉族茶艺和少数民族茶艺。少数民族茶艺当中又包括蒙古族、藏族、维吾尔族、回族、白族、苗族、侗族、土家族、傣族、裕固族、纳西族、基诺族、布朗族、景颇族、彝族、佤族茶艺等。如大家所熟知的蒙古族咸奶茶茶艺表演、藏族酥油茶茶艺表演、白族三道茶茶艺表演、纳西族龙虎斗茶艺表演等。

7. 以地域来分

如北京盖碗茶、西湖龙井茶、婺源文士茶、修水礼宾茶等。

8. 以时期来分

可分为古代茶艺和当代茶艺。古代茶艺又根据历史时期分为唐代茶艺、宋代茶艺、明代茶艺、清代茶艺等。

三、茶艺的特点

不论何种茶艺，都具有一些共同的特点，都能体现出中国茶艺的共性和个性的和谐统一。

一是哲理为先。中国茶艺最讲究的是道法自然，崇尚简净。道法自然，就是与自然相一致、相契合，物我两忘，发自心性。崇尚简净是以简为德，心静如水，怡然自得，返璞归真。

二是审美为重。中国茶艺之美表现在自由旷达，毫不造作，注重内省，不拘一格。所以，中国茶艺虽然有规范要求，但不僵化、不凝滞，而是充满着生活的气息、生命的活力。

三是个性为要。中国茶艺注重意境，百花齐放。茶艺多姿多彩，儒雅含蓄与热情奔放，空灵玄妙，清丽脱俗，各种风格都能一一展现。

四是实用为佳。茶是用来喝的，是开门七件事之一，是和老百姓的生活息息相关的。因此，中国茶艺不仅关注冲泡过程，同时把茶的滋味感觉、心理感受很好地融为一体，追求一种极好的生活享受。

四、学习茶艺的意义

1. 弘扬文化

茶艺既是古老的又是现代的，更是未来的。茶艺的发展方兴未艾，茶艺这一中华民族的瑰宝，以中华民族五千年灿烂文化内涵为底蕴屹立于世界文化之林。中华民族通过茶艺的学习和展示，传播中国茶文化，弘扬中华民族文化，让世界更加了解中国。

2. 净化心灵

茶自然的产物，既可满足人的物质需求，同时又可以使人与自然融为一体，真实感受自然赐予人类的世界。所以说，茶是一"艹"、一"木"、一"人"生，体现了人与自然的和谐统一。唐代陆羽在《茶经》中说："茶宜精行俭德之人"，宋代苏东坡说："从来佳茗似佳人"，清代郑板桥说："只和高人入茗杯"。自古以来，茶品、人品往往被人们相提并论。

通过"形而下"的习茶，人们了解茶，品茶、评茶，往往能够在不知不觉之中，进入一种忘我的境界，远离尘嚣，远离污染，给身心带来愉悦，习得茶洁净淡泊、朴素自然的高贵品质，从而达到净化心灵的目的。

在享受茶艺之美的过程中，借助于茶的灵性，我们去感悟生活，不断调适自己，慎独自重，自我修养，自我超越，可保持一种良好的心态。

3. 强健身体

茶作为一种最好的保健饮料，已广泛地被世界人民所接受。饮茶能振奋精神，广开思路，清除身心的疲劳；饮茶能让人精神愉快，身体健康；茶艺活动能规范人们的行为，养成良好的习惯；以茶入菜或以茶佐菜，可发挥茶的美味营养功效，增添饮食的多样化和生活情趣。

鉴于茶对于人体的保健作用，很多国家都在开发茶叶的综合利用，我国已经生产出红茶菌、保健茶、养生茶、降脂延寿茶等茶类保健品。这些茶叶产品的开发，为茶艺事业的发展开辟了更为广阔的空间。

4. 掌握技能

茶艺是一门综合性的艺术，更是一门生活技能。茶艺涉及社会的文化、科技、经济、艺术、教育等领域。通过习茶，人们可以探求知识、掌握技能、完善自我、丰富人生。

随着茶事业的发展，茶艺馆的普及，以及国际茶文化交流的日益频繁，茶艺作为一种职业技能也受到社会越来越多的关注。劳动部门已把茶艺作为从业资格培训中的一项专门技能，提出相应的培训要求和从业资格要求。学习茶艺，对于个人的从业、择业，以及事业的发展，都能提供有力的支持和帮助。

5. 美化生活

茶艺可雅俗共赏。不同地位、不同信仰、不同文化层次的人对茶艺有不同的追求。贵族讲"茶之珍"，意在炫耀权势，夸示富贵，附庸风雅；文人学士讲"茶之韵"，托物寄怀，激扬文思，交朋结友；佛家讲"茶之德"，意在去困提神，参禅悟道，间性成佛；道家讲"茶之功"，意在品茗养生，保生尽年，羽化成仙；普通百姓讲"茶之味"，意在去腥除腻、涤烦解渴、美化生活、享受人生。

品茗赏艺，既是一种物质享受，更是一种精神体验。茶艺既是一种休闲，更是一种文化。学习茶艺，经常参加茶艺活动，对于提升生活的品位，美化我们的生活，是现实生活中的一个很好的选择。

 任务二　茶道概述

茶道源于中国。唐代诗僧皎然《饮茶歌诮崔石使君》诗中有："孰知茶道全尔真，唯有丹丘得如此"，这是"茶道"一词最早出现的记载。

一、茶道的基本含义

《易经》曰："一阴一阳谓之道"。意思是：阴阳的交合是宇宙万物变化的起点。或者说：阴阳是世间万物的本体。茶道之"道"，有多种含义：一是指宇宙万物的本体；二指事物的规律和准则；三指思想体系；四指技艺与技术。茶道是指以一定的环境为基础，以品茗、置茶、冲泡等技法为手段，以语言、动作、器具等为体现，以饮茶过程中的精神追求为核心的一种生活艺术，是一种以茶为媒的生活礼仪，也是一种以茶修身的生活方式，具有一定的时代性和民族性。茶道涉及艺术、道德、哲学、宗教等领域。茶道有环境、礼法、茶艺、修行四大要素。

茶道是茶文化的最高境界。茶道与传统的儒、道、佛相融合，体现了中国茶文化的风貌。儒家以茶修德，道家以茶修心，佛家以茶修性，三家都通过茶这一媒介，使修身达到"道"的境界。中国茶道是东方哲学思想的具体体现。近年来许多专家对"茶道"的解释见仁见智，在此，介绍几种具有代表性的观点。

当代"茶圣"吴觉农在《茶经评述》一书中提出，茶道是"把茶视为珍贵、高尚的饮料，饮茶是一种精神上的享受，是一种艺术，或是一种修身养性的手段"。他把茶道作为一种精神境界上的追求，一种具有教化功能的艺术审美享受。

庄晚芳先生在《中国茶史散论》中写道："茶道就是一种通过饮茶的方式，对人们进行礼法教育、道德修养的一种仪式。"他还归纳出中国茶道的基本精神为："廉、美、和、敬"，其基本内容是："廉俭育德、美真康乐、和诚处世、敬爱为人。"

陈香白先生在其《中国茶文化纲要》中认为："中国茶道包涵茶艺、茶德、茶礼、茶理、茶情、茶学说、茶导引七种义理，中国茶道精神的核心是和。""中国茶道就是通过茶事过程，引导个体在美的享受中走向完成品德修养以实现全人类和谐安乐之道。"陈香白先生的茶道理论可简称为"七义一心"论。

作家周作人先生在《恬适人生·吃茶》中说得比较随意，他认为："茶道的意思，用平凡的话来说，可以称为忙里偷闲，苦中作乐，在不完全现实中享受一点美与和谐，在刹那间体会永久。"

台湾的学者也提出了很多独到的见解。如刘汉介先生在《中国茶艺》一书中提出："所谓茶道，是指品茗的方法与意境。"

林治先生编著的《中国茶道》中提出了中国茶道的"四谛"是"和、静、怡、真"，从更深层次上涵盖了茶道的精神内涵。

二、中国茶道的基本精神

中华民族崇尚自然，对茶道的追求亦如此。中国茶道不仅讲究表现形式，更注重其精神内涵。我国台湾中华茶艺协会第二届大会通过的茶艺基本精神是"清、敬、怡、真"。我国大陆学者、茶叶界泰斗庄晚芳教授对茶道的基本精神理解为"廉、美、和、敬"。目前，茶文化界的专家林治先生认为"和、静、怡、真"被认为是中国茶道的"四谛"。其中，"和"是中国茶道的哲学思想核心，是茶道的灵魂；"静"是中国茶道修习的必由途径；"怡"是中国茶道修习实践中的心灵感受；"真"是中国茶道的终极追求。这一提法得到了茶学界的推崇。

三、中国茶道的传播

1. 向日本传播

中国茶道的传播始于南宋绍熙二年（1191）日本僧人荣西首次将茶种从中国带回日本，从此日本才开始遍种茶叶。在南宋末期（1259）日本南浦昭明禅师来到我国浙江省余杭县的径山寺求学取经，学习了该寺院的茶宴仪程，首次将中国的茶道引进日本，成为中国茶道在日本的最早传播者。日本《类聚名物考》对此有明确记载："茶道之起，在正元中筑前崇福寺开山南浦昭明由宋传入。"日本《本朝高僧传》也有："南浦昭明由宋归国，把茶台子、茶道具一式带到崇福寺"的记述。直到日本丰臣秀吉时代（1537—1598年，相当于我国明朝中后期）千利休成为日本茶道高僧后，日本才高高举起了"茶道"这面旗帜，并总结出茶道四规："和、敬、清、寂"，显然这个基本理论是受到了中国茶道精髓的影响而形成的。

2. 向韩国传播

韩国与中国自古关系密切，早在公元 6~7 世纪，由前往中国修习佛法的僧人将中国茶及其品茗方法带回新罗（古之朝鲜半岛国家之一），很快茶饮便风行全国。中国儒家的礼制思想对韩国影响很大，儒家的中庸思想被引入韩国茶礼之中，形成"中正"精神。创建"中正"精神的是草衣禅师，他在《东茶颂》里提倡"中正"的茶礼精神，指的是茶人在凡事上不可过度也不可不及的意思。后来韩国的茶礼精神归结为"清、敬、和、乐"或"和、敬、俭、真"四个字，也折射了朝鲜民族积极乐观的生活态度。

韩国茶礼的种类繁多，各具特色。按茗茶类型来分，有"末茶法""饼茶法""钱茶法"和"叶茶法"四种。

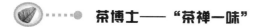

茶博士——"茶禅一味"

唐人饮茶之风，最早始于僧家，"茶禅一味"的典故源自赵州和尚那句著名的偈语——"吃茶去"。赵州和尚即著名的唐代名僧从谂（778—897），因常住赵州（今属河北省赵县）观音院（今柏林寺），又称"赵州古佛"，由于其弘扬佛教不遗余力，时谓"赵州门风"。他于禅学、茶学都有很高的造诣，《广群芳谱·茶谱》引《指月录》文曰："有僧到赵州从谂禅师处，僧曰：'新近曾到此间么？'曰：'曾到。'师曰：'吃茶去。'又问僧，僧曰：'不曾到。'师曰：'吃茶去。'后院主问曰：'为甚么曾到也云吃茶去，不曾到也云吃茶去？'师召院主，主应诺。师曰：'吃茶去。'"

茶道传入日本，"茶禅一味"成为日本茶道主要思想。安土桃山时期日本茶圣千利休将"侘寂"引入茶道，结合茶禅一味，形成了如今日本茶道的基础。

茶道始于中国，发扬光大于日本。茶道与禅宗，殊途同归，而又相辅相成，故"茶禅一味"被视为日本茶道的最高境界。

（资料来源：http://baike.baidu.com/）

四、茶艺与茶道的关系

由于古人对"茶艺""茶道"没有明确的定义，于是今人对这个概念的认识就有了很大的分歧。陆羽在《茶经·一之源》中就指出："茶之为用，味至寒，为饮最宜。精行俭德之人，若热渴、凝闷……聊四五啜，与醍醐、甘露抗衡也。"陆羽已经对饮茶者提出品德要求，喝茶已不再是单纯的满足生理需要的解渴、解乏了。唐末刘贞亮在《茶十德》中更指出："茶利礼仁"，"以茶表敬意"，"以茶可雅心"，"以茶可行道"。可见，早在唐代国人就已经喝茶有道了。

王玲教授在其著作《中国茶文化》中指出："茶艺与茶道精神，是中国茶文化的核心。我们这里所说的'艺'，是指制茶、烹茶、品茶等艺茶之术；我们这里所说的'道'，是指艺茶过程中所贯彻的精神。有道而无艺，那是空洞的理论；有艺而无道，艺则无精、无神……茶艺，有名，有形，是茶文化的外在表现形式；茶道，就是精神、道理、规律、本源与本质，它经常是看不见、摸不着的，但你却完全可以通过心灵去体会。茶艺与茶道结合，艺中有道，道中有艺，是物质与精神高度统一的结果。"蔡荣章先生也认为："如要强调有形的动作部分，则使用'茶艺'，强调茶引发的思想与美感境界，则使用'茶道'。指导'茶艺'的理念，就是'茶道'"。

也就是说，茶艺是茶道的具体形式，茶道是茶艺的精神内涵，茶艺是有形的行为，茶道是无形的意识。总之，茶道精神是茶文化的核心，是指导茶文化活动的最高原则。

五、茶艺师的境界

茶艺师是指在茶艺馆里、茶室、宾馆等场所专职从事茶饮艺术服务的人员。随着我国人民生活水平的提高，人们越来越重视健康与保健。同时，大众对于文化消费要求也会随之提升，社会对茶艺表演的认知度和需求量也将逐年增加。茶艺师的地位和需求量也将得到大幅度提高，茶艺师这一新兴的职业也将被社会广为认知。可以说茶艺师是一个具有广阔前景的职业。

1999年国家劳动部正式将"茶艺师"列入《中华人民共和国职业分类大典》1 800种职业之一，2006年制订了《茶艺师国家职业标准》，规定了凡是从事相关职业的人员都需参加茶艺师资格鉴定，取得相应资格后方可上岗。本职业共设五个等级，分别为初级（国家职业资格五级）、中级（国家职业资格四级）、高级（国家职业资格三级）、技师（国家职业资格二级）、高级技师（国家职业资格一级）。

合格的茶艺师分为两个层次。一是"艺"的层次，即茶艺师对茶的自然属性有较深刻的理解，冲泡技术高超，把茶的物质属性发挥得非常好，但尚未领悟茶的精神内涵。这种茶艺师或可称为"茶技师"。二是"道"的层次，茶艺师已经领悟了"茶是生命"的真谛，与茶有了心灵上的交流与沟通，并注入了自己的思想感情，由懂茶性、顺茶性进而驾驭茶性。他使茶真正进入人的思想领域，至此才能切实体会"两腋习习清风生"的感觉，在这一层面上才可称为真正的茶艺师，也是在这一层面上才能欣赏到真正的美，品茶、艺茶至此，对茶道才会有所领悟。

总之，有技术而无精神谓之技，有技术又有精神谓之艺。由艺进而怡情养性、感受自然、感悟人生谓之"茶道"，如此，才会达到茶禅一味的境界。

 任务拓展——陆羽与《茶经》

陆羽（733—804），字鸿渐（一名疾，字季疵），自号桑苎翁，又号竟陵子，湖北竟陵人。宋代欧阳修撰《新唐书·隐逸·陆羽传》记载："陆羽为弃儿，由龙盖寺智积禅师收养。"唐代寺院多植茶树，故陆羽自幼熟练于茶树种植、制茶、烹茶之道，年幼时已是茶艺高手。陆羽12岁时离开寺院，浪迹江湖。天宝五年（746），陆羽得识竟陵太守李齐物，开始研习诗书，后又与礼部员外郎崔国辅结为忘年之交，而崔国辅与杜甫友善，长于五言古诗，陆羽受其指授，学问大进。陆羽22岁时告别家乡，云游天下，结交四方挚友，立志茶学的研究生涯。

公元755年，陆羽住乌程苕溪（今湖州），结识了许多著名文人，如大书法家颜真卿、诗僧皎然，以及诗人孟郊、皇甫冉等。多年的云游生活使他积累了大量的各地有关茶的资料。江南风景清丽怡人，友人的倾力支援，给他带来了著书立说的激情。《茶经》就是他在这段时间写下的。

《茶经》对茶的起源传说、历史记载，采摘、加工、煮烹、品饮之法，水质、茶器，以及与之紧密相关的文化习俗等内容皆作了系统全面的总结，从而使茶学升华为一门全新的，自然与人文紧密结合的崭新学科。《茶经》的诞生，标志着中国茶文化步入成熟时期。

（资料来源：宋一明，《茶经译注》，上海：上海古籍出版社）

模块三 茶与文学艺术

 具体任务

➤ 熟悉我国历代茶诗、茶联的代表作，并在学习活动中进行简单的创作与运用。

➤ 了解我国茶与绘画、书法、歌舞等的联系及其独特的魅力。

 任务一 茶与文学

中华茶文化的内涵博大精深，涉及领域非常广泛，有科技教育、文学艺术、医学保健、历史考古、经济贸易、餐饮旅游和新闻出版等。其中，茶与文学艺术中的诗歌、对联、书法以及绘画有着很深的关联。

一、茶 诗

中国茶诗萌芽于晋，兴于唐宋，发展于元明。据统计，中国历代以茶为题材和内容涉及茶的茶诗有数千首，盛唐以后的中国著名诗人几乎全都留下了咏茶诗篇。现摘录几首不同风格的名篇以供欣赏。

1.《答族侄僧中孚赠玉泉仙人掌茶》——唐·李白（701—762，字太白，号"青莲居士"）

常闻玉泉山，山洞多乳窟。仙鼠如白鸦，倒悬清溪月。

茗生此中石，玉泉流不歇。根柯洒芳津，采服润肌骨，

丛老卷绿叶，枝枝相接连。曝成仙人掌，似拍洪崖肩。

举世未见之，其名定谁传。宗英乃禅伯，投赠有佳篇。

清镜烛无盐，顾惭西子妍。朝坐有馀兴，长吟播诸天。

这是中国历史上第一首以茶为主题的茶诗，也是名茶入诗第一首。

2.《走笔谢孟谏议寄新茶》节选——唐·卢仝（约795—835，自号"玉川子"）

……

一碗喉吻润，两碗破孤闷。

三碗搜枯肠，唯有文字五千卷。

四碗发轻汗，平生不平事，尽向毛孔散。

五碗肌骨清，六碗通仙灵。

七碗吃不得也，唯觉两腋习习清风生。

莲莱山，在何处。玉川子，乘此清风欲归去。

山中群仙司下土，地位清高隔风雨。

安得知百万亿苍生命，堕在颠崖受辛苦。

便为谏议问苍生，到头还得苏息否？

茶诗中，最脍炙人口的，首推卢仝的《走笔谢孟谏议寄新茶》。卢仝的这首诗细致地描写了饮茶的身心感受和心灵境界。

3. 《茶》——唐·元稹（779—831，字微之）

茶，

香叶，嫩芽，

慕诗客，爱僧家。

碾雕白玉，罗织红纱。

铫煎黄蕊色，碗转麴尘花。

夜后邀陪明月，晨前命对朝霞。

洗尽古今人不倦，将至醉后岂堪夸。

元稹的这首宝塔茶诗，先后表达了三层意思：一是从茶的本性说到了人们对茶的喜爱；二是从茶的煎煮说到了人们的饮茶习俗；三是就茶的功用说到了茶能提神醒酒。

4. 《和章岷从事斗茶歌》——宋·范仲淹（989—1052，字希文）

年年春自东南来，建溪先暖水微开。

溪边奇茗冠天下，武夷仙人从古栽。

……

黄金碾畔绿尘飞，碧玉瓯中翠涛起。

斗茶味兮轻醍醐，斗茶香兮薄兰芷。

其间品第胡能欺，十目视而十手指。

胜若登仙不可攀，输同降将无穷耻。

吁嗟天产石上英，论功不愧阶前俱。

众人之浊我可清，千日之醉我可醒。

屈原试与招魂魄，刘伶却得闻雷霆。

卢仝敢不歌，陆羽须作经。

森然万象中，焉知无茶星。

商山丈人体茹芝，首阳先生休采薇。

长安酒价减百万，成都药市无光辉。

不如仙山一啜好，泠然便欲乘风飞。

君莫羡花间女郎只斗草，赢得珠玑满斗归。

此诗堪与卢仝《走笔谢孟谏议寄新茶》相媲美。全诗的内容主要有茶的生长采制与建溪茶的历史、斗茶场面以及茶的神奇功效三部分。

二、茶 联

楹联、对联，是中华民族独有的文学艺术形式，浓缩了汉语精华，是最小单位的独立文学作品。茶联是以茶为题材的对联，是茶文化的一种文学艺术兼书法形式的载体。茶联不仅在我国广为应用，而且还传入日本、朝鲜等国。

1. 诗句茶联。即从名人诗词中抽出适当的佳句，巧妙地集成与茶相关的对联。常见的诗句茶联收集如下。

欲把西湖比西子，从来佳茗似佳人。

此联的上联摘自苏东坡的《饮湖上初晴后雨》，下联摘自他的另一首诗《次韵曹辅寄壑源式焙新茶》，上下联虽不是出自同一首诗，但却对仗工整，平仄合律，珠联璧合，韵味无穷。

烹茶冰渐沸，煮酒叶难烧。

此联摘自曹雪芹的《红楼梦》，是芦雪庵中宝琴与湘云的即景对联。《红楼梦》一书中言及茶事多达 260 余处，难怪有人说："一部《红楼梦》，满纸茶叶香。"曹雪芹堪称是茶的千古知音。

2. 门廊茶联。在我国各地的茶馆、茶楼、茶室、茶叶店、茶座的门庭或石柱上，茶艺表演的舞台上，常可见到悬挂有以茶事为内容的茶联。

四大皆空，坐片刻，无分你我；两头是路，吃一盏，各奔西东。

这是河南省洛阳古道一茶亭的茶联。此联通俗易懂，但通俗中隐含着佛理禅机。

为名忙，为利忙，忙里偷闲，且喝一杯茶去；

劳心苦，劳力苦，苦中作乐，再倒一碗酒来。

这是成都一茶馆名联。此联刻画出现代人紧张焦虑的处境，并以茶酒对应，联文精妙，寓意深远。

客上天然居居然天上客；人来交易所所易交来人。

这是上海"天然居"茶联。此联是将楹联中文字游戏的性质发挥到了极致，即正读倒读意思完全相同，可谓是工巧到了天衣无缝的地步，而又把茶楼之名含括其中，是可遇不可求的妙联。

坐请坐请上坐，茶敬茶敬好茶。

这是一对有趣的茶联。传说此著名茶联出自一则轶事。有一天，刘镛到郑板桥家登门拜访，欲索要一幅书画。郑板桥对刘镛说"坐"，并对家人说"茶"。这时刘镛看到桌上放着一幅字，仔细观瞧后说："我看此字虽然有郑先生的笔法，但其中的脂粉很多，我想这恐怕是令媛所写的吧！"郑板桥听后，猜想此人定非凡俗之辈，于是便说"请坐"，又对家人说"敬茶"。当刘镛说出自己的身份后，郑板桥方知遇到了知音，非常高兴并脱口而出"请上座"，并对家人说"敬好茶"。就这样，一幅"茶与坐"的对联在一位有扬州"八怪魁首"的郑板桥和有"浓墨宰相"之称的刘镛之间诞生了，并广为流传。

任务二　茶与艺术

茶与字画之缘，源远流长。一方面是书画家及其作品对饮茶事象的欣赏，对饮茶文化的宣传，对制茶技术的传播等，起着积极的推动作用；另一方面茶和饮茶艺术激发了书画家的创作激情，为丰富书画艺术的表现提供了物质和精神的内容。

一、茶与绘画

在中国美术史上，曾出现过不少以茶为题材的绘画作品。这些作品从一个侧面反映了当时的社会生活和风土人情。在中国历史上，几乎每个历史时期，都有一些代表作并流传于世。

1. 唐代茶画

唐代阎立本的《萧翼赚兰亭图》是我们现在能够看到的最早的茶画，它保存于中国台北"故宫博物院"。《萧翼赚兰亭图》画面描述的是唐太宗为了得到晋代书法家王羲之写的《兰亭序》，派谋士萧翼从辩才和尚手中骗取真迹的故事。这一故事本载于唐人何延之的《兰亭记》中，而阎立本正是根据这个故事创作的。

唐代还有很多与茶相关的绘画，如张萱的《煎茶图》《烹茶仕女图》，周昉的《调琴啜茗图》等。

2. 宋代茶画

宋代传世茶画比较多，如宋徽宗赵佶的《文会图》，刘松年的《斗茶图卷》、《茗园赌市图》，钱选的《卢仝烹茶图》等。

《文会图》描绘了二十个文人的聚会场面。在优美的庭院里，池水、山石、朱栏、杨柳、翠竹交相辉映。巨大的桌案上有丰盛的果品和各色杯盏。文士们围桌而坐，或举杯品饮或互相交谈或与侍者轻声细语或独自凝神而思，还有的则刚刚到来。旁边的一个桌几上，侍者各司其职，有的正在炭火炉旁煮水烹茶，有的正在一碗一碗地分酌茶汤。从图中可以清晰地看到各种茶具，其中有茶瓶、茶碗、茶托、茶炉、都篮等。名曰"文会"，显然也是一次宫廷茶宴。该图现收藏于中国台北"故宫博物院"。

3. 元代茶画

赵孟頫的《斗茶图》是元代茶画的主要代表之一。从人物的设计到其道具等的安排，较多地吸取自刘松年《茗园赌市图》的形式，图中设四位人物，两位为一组，左右相对，每组中的有长髯者皆为斗茶营垒的主战者，各自身后的年轻人在构图上都远远小于长者，他们是"侍泡"或徒弟一类的人物，是配角。

赵孟頫的《斗茶图》是绘画中以斗茶为题材的影响最大的作品。整个画面用笔细腻劲道，人物神情的刻画充满戏剧性张力，动静结合，将斗茶的趣味性、紧张感表现得淋漓尽致。

元代茶画的代表作还有倪瓒的《安处斋图卷》、赵原的《陆羽烹茶图》等。

4. 明代茶画

《竹炉煮茶图》原作是明代书画家王绂。明无锡惠山寺高僧性海，于洪武二十八年（1395）

托湖州竹工制作一具烹茶烹水的竹炉，后又请正在寺内养病的王绂绘《竹炉煮茶图》。无锡县学教谕王达为之作序题诗。图卷毁于清代的一次火灾。数度南巡曾见过此图的乾隆皇帝十分痛惜，再度南巡时，命人仿王绂笔意补画了《竹炉煮茶图》，并题诗其上，诗云："竹炉是处有山房，茗碗偏欣滋味长。梅韵松蕤重清晓，春风数典哪能忘。"乾隆在惠山十分倾心性海的竹茶炉，请人精心仿制两具，携入京师，今尚存故宫博物院。此后"竹炉煮茶"，遂成为茶事典故。图刻于惠山竹炉山房内壁。

明代茶画的代表作还有姚绶的《煮茶图咏》、唐寅的《事茗图》等。

5. 清代茶画

清代画家华岩所作《闲听说旧图》通过饮茶者的不同形象生动地反映了社会贫与富的对比与差别。该图以18世纪农村生活为背景。从画面上看，是在早稻收割季节，村民们在听书休闲之时。最引人注目的是一富人坐在仅有的一条大长凳上，体态臃肿，神情傲慢而自得，有专人服侍用茶，送茶者恭恭敬敬双手托盘，盘里是一只小茶碗。旁边却是一位须发皆白的佝偻的老人，双手抱着一只粗瓷大碗在饮茶。胖与瘦，小茶碗与大茶碗，使奴呼童与孤独无养，大长凳与小板凳，从强烈的对比差别中反映出社会的不平等。

清代茶画的代表作还有边寿民的《紫砂壶》、汪士慎的《墨梅图》、金农的《玉川先生煮茶图》等。

6. 现代茶画

现代茶画以齐白石的《煮茶图》《茶具梅花图》《寒夜客来茶当酒》以及黄宾虹、丰子恺等画家的一系列茶画为代表，直观地反映了现代茶文化的清新之风。

二、茶与书法

茶能触发文人创作激情，提高创作效果。茶与书法的联系，在于两者有着共同的审美理想、审美趣味和艺术特性，两者以不同的形式，表现了共同的民族文化精神。这种精神让茶与书法联结了起来。

唐代是书法艺术盛行时期，也是茶叶生产的发展时期。书法中有关茶的记载也逐渐增多，其中比较有代表性的是唐代著名狂草书家怀素和尚的《苦笋贴》。

宋代，在中国茶业和书法史上，都是一个极为重要的时代，可谓茶人迭出，书家群起。茶叶饮用由实用走向艺术化，书法从重法走向尚意。不少茶叶专家同时也是书法名家，比较有代表性的是"宋四家"。

唐宋以后，茶与书法的关系更为密切，与茶有关的作品也日益增多。流传至今的佳品有苏东坡的《一夜帖》、米芾的《道林帖》、郑燮的《溢江江口是奴家》、汪巢林的《幼孚斋中试泾县茶》等。其中，有的作品是在品茶之际创作出来的。至于近代的佳品则更多了。

三、茶与歌舞

茶与歌舞结缘，历史悠久。远在唐代，诗人杜牧在《题茶山诗》中就有"舞袖岚侵涧，歌声谷答回"的描述。我国各民族的采茶姑娘，历来都能歌善舞，特别是在采茶季节，茶区几乎随处可以见到尽情歌唱，翩翩起舞的情景。因此，在茶乡有"手采茶叶口唱歌，一筐茶叶一筐歌"之说。

在我国，以茶为题材的歌舞、音乐，就像茶诗一样丰富。可以说，在我国江南各省，凡是产茶的省份，诸如江西、浙江、福建、湖南、湖北、四川、贵州、云南等地，均有茶歌、茶舞和茶乐。这些歌舞、音乐大致可以分为两种类型，一类是人民大众在长期的茶事活动中，根据自己的切身体会，自编自演，再经文人的润饰加工而成的民间歌舞；另一类是文人学士根据茶乡风情，结合茶事劳作，借茶抒怀，专门创作而成的茶歌、茶舞和茶乐。这些茶歌、茶舞在不同的时期，反映了不同的茶农生活和社会面貌，其中有凄苦，也有欢乐。它们是茶区劳动者生活感情的反映，较多地保留着茶乡的民俗、民风。

茶歌舞作为中华民族优秀的传统文化，以其独特的魅力，让世界人民深切地感受到中华茶文化所特有的高雅、深沉、平和的文化感染力。

模块四　民族茶俗

 具体任务

➤ 熟悉我国汉族清饮及部分少数民族的饮茶习俗。
➤ 了解世界部分民族的饮茶习俗。
➤ 能将民族茶俗运用于具体的茶艺服务活动中。

 任务一　中国部分民族茶俗

我国是一个多民族的国家，各民族都把茶看做是健身的饮料、纯洁的化身、友谊的桥梁和团结的纽带。在各自传统生活方式的影响下，各民族又形成了丰富多彩的饮茶习俗。下面就部分民族有代表性的饮茶习俗作简要介绍。

一、汉族的清饮

汉族饮茶，虽然方式有别，目的不同，但大多推崇清饮，其方法就是将茶直接用开水冲泡，属纯茶原汁本味饮法。这种饮法能保持和体现茶的"本色"。而最有汉族饮茶代表性的则要数品龙井、啜乌龙、吃盖碗茶、泡九道茶、喝大碗茶和饮早茶了。

1. 品龙井

龙井既是茶的名称，又是种名、地名、寺名、井名，可谓"五名合一"。杭州西湖龙井茶，色绿、形美、香郁、味甘，用虎跑泉水泡龙井茶，更是"杭州一绝"。其他鲜嫩绿茶的冲泡品饮，也与龙井茶类似。

2. 啜乌龙

在闽南及广东的潮州、汕头一带，几乎家家户户，男女老少，都钟情于用小杯细啜乌龙。乌龙茶既是茶类的品名，又是茶树的种名。啜乌龙茶很有讲究，与之配套的茶具，诸如风炉、烧水壶、茶壶、茶杯，谓之"烹茶四宝"。泡茶用水应选择甘洌的山泉水，而且必须做到沸水现冲。经温壶、置茶、冲泡、斟茶入杯后便可品饮。

3. 吃盖碗茶

在汉民族居住的大部分地区都有喝盖碗茶的习俗，而以我国的西南地区的一些大、中城市，尤其是成都最为流行。盖碗茶盛于清代，如今，在四川成都、云南昆明等地，已成为当地茶楼、茶馆等饮茶场所的一种传统饮茶方法。一般家庭待客，也常用此法饮茶。

4. 泡九道茶

九道茶主要流行于我国西南地区，以云南昆明一带为最。九道茶所用之茶一般以普洱茶为主，多用于家庭接待宾客，所以，又称"迎客茶"。温文尔雅是饮九道茶的基本特点。因饮茶有九道程序，故名"九道茶"。一是赏茶；二是洁具；三是置茶；四是泡茶；五是浸茶；六是匀茶；七是斟茶；八是敬茶；九是品茶。

5. 喝大碗茶

大碗茶多用大壶冲泡或大桶装茶，大碗畅饮。喝大碗茶的风尚，在汉民族居住的地区随处可见，特别是在大道两旁、车船码头、半路凉亭，直至车间工地、田间劳作，都屡见不鲜。这种饮茶习俗在我国北方最为流行，尤其早年间北京的大碗茶，更是名闻遐迩，如今中外闻名的北京大碗茶商场，就是由此沿袭命名的。

6. 饮早茶

饮早茶，多见于中国大中城市，其中历史最久、影响最深的是"羊城"广州。无论在早晨工作前，还是在工作后，抑或是朋友聚议，广州人总爱去茶楼，泡上一壶茶，点上两份点心，如此品茶尝点，润喉充饥，风味横生。

二、我国部分少数民族的饮茶习俗

我国少数民族大多有自己独特的饮茶习惯，下面介绍几种比较有代表性的茶俗。

1. 白族的三道茶

白族散居在我国西南地区，主要分布在风光秀丽的云南大理。这是一个好客的民族，大凡在逢年过节、生辰寿诞、男婚女嫁、拜师学艺等喜庆日子里，或是在亲朋宾客来访之际，主人都会以一苦、二甜、三回味的三道茶款待。制作三道茶时，每道茶的制作方法和所用原料都是不一样的。

第一道茶，称之为"清苦之茶"，寓意做人的哲理：要立业，就要先吃苦。制作时，先将水烧开。再由司茶者将一只小砂罐置于文火上烘烤。待罐烤热后，随即取适量茶叶放入罐内，并不停地转动砂罐，使茶叶受热均匀，待罐内茶叶啪啪作响，叶色转黄，发出焦糖香时，立即注入已经烧沸的开水即成。

第二道茶，称之为"甜茶"。当客人喝完第一道茶后，主人重新用小砂罐置茶、烤茶、煮茶，与此同时，还得在茶盅里放入少许红糖，待煮好的茶汤倾入盅内八分满为止。这样沏成的茶，甜中带香，甚是好喝，它寓意人生在世，做什么事，只有吃得了苦，才会有甜香来。

第三道茶，称之为"回味茶"。其煮茶方法与第二道茶虽然相同，只是茶盅中放的原料已换成适量蜂蜜、少许炒米花、若干粒花椒、一撮核桃仁，茶汤容量通常为六七分满。饮第三道茶时，一般是一边晃动茶盅，使茶汤和作料均匀混合；一边口中呼呼作响，趁热饮下。这杯茶，喝起来甜、酸、苦、辣，各味俱全，回味无穷。它告诫人们，凡事要多回味，切记先苦后甜的哲理。

2. 纳西族的"龙虎斗"和盐茶

纳西族主要居住在风景秀丽的云南省丽江地区，这是一个喜爱喝茶的民族。他们平日爱喝一种具有独特风味的"龙虎斗"，此外，还喜欢喝盐茶。

纳西族喝的"龙虎斗"，制作方法也很奇特，首先用水壶将茶烧开，另选一只小陶罐，放上适量茶，连罐带茶烘烤。为避免茶叶烤焦，还要不断转动陶罐，使茶叶受热均匀。待茶叶发出焦香时，向罐内冲入开水，烧煮 3～5 分钟。同时，准备茶盅，再放上半盅白酒，然后将煮好的茶水冲进盛有白酒的茶盅内。这时，茶盅内会发出"啪啪"的响声，纳西族人将此看做是吉祥的征兆。声音愈响，在场者就愈高兴。纳西族人认为"龙虎斗"还是治疗感冒的良药，因此，提倡趁热喝下。

3. 藏族酥油茶

藏族主要分布在我国西藏，在云南、四川、青海、甘肃等省的部分地区也有居住。藏族人常年以奶、肉、糌粑为主食。其腥肉之食，非茶不消；青稞之热，非茶不解。茶成了当地人们补充营养的主要来源，喝酥油茶便成了如同吃饭一样重要的事情。

酥油茶是一种在茶汤中加入酥油等作料经特殊方法加工而成的茶汤。茶叶一般选用的是紧压茶中的普洱茶或金尖。制作时，先将紧压茶打碎加水在壶中煎煮 20～30 分钟，再滤去茶渣，把茶汤注入长圆形的打茶筒内，同时，再加入适量酥油，还可根据需要加入事先已炒熟、捣碎的核桃仁、花生米、芝麻粉、松子仁之类，最后还应放上少量的食盐、鸡蛋等。接着，用木杵在圆筒内上下抽打，根据藏族人的经验，当抽打时打茶筒内发出的声音由"咣当咣当"转为"嚓嚓"时，表明茶汤和作料已混为一体，酥油茶才算打好了。喝酥油茶是西藏人款待宾客的礼仪。

4. 侗族、瑶族的油茶

侗族与瑶族之间虽习俗有别，但却都喜欢喝油茶。因此，凡在喜庆佳节，或亲朋贵客进门，总喜欢用做法讲究、作料精选的油茶款待客人。

做油茶，当地称之为"打油茶"。打油茶一般经过四道程序。首先是选茶。通常有两种茶可供选用，一是经专门烘炒的末茶；二是刚从茶树上采下的幼嫩新梢，这可根据各人口味而定。其次是选料。打油茶用料通常有花生米、玉米花、黄豆、芝麻、糯粑、笋干等，应预先制作好待用。三是煮茶。先生火，待锅底发热，放适量食油入锅，待油面冒青烟时，立即投入适量茶叶入锅翻炒，当茶叶发出清香时，加上少许芝麻、食盐，再炒几下，即放水加盖儿，煮沸 3～5 分钟，即可将油茶连汤带料起锅盛碗待喝。

5. 土家族的擂茶

擂茶，又名"三生汤"，是用生叶（指从茶树采下的新鲜茶叶）、生姜和生米仁等三种生原料经混合研碎加水后烹煮而成的汤。茶叶能提神祛邪，清火明目；姜能理脾解表，去湿发汗；米仁能健脾润肺，和胃止火，所以说擂茶是一帖治病良药。

6. 基诺族的凉拌茶和煮茶

基诺族主要分布在我国云南西双版纳地区，尤以景洪为最多。基诺族的饮茶方法较为罕见，常见的有两种，即凉拌茶和煮茶。

凉拌茶是一种较为原始的食茶方法，它的历史可以追溯到数千年以前。此法以现采的茶树鲜嫩新梢为主料，再配以黄果叶、辣椒、食盐等作料而成，一般可根据各人的爱好而定。

基诺族的另一种饮茶方式，就是喝煮茶，这种方法在基诺族中较为常见。其方法是先用茶壶将水煮沸，随即在陶罐取出适量已经过加工的茶叶，投入到正在沸腾的茶壶内，经3分钟左右，当茶叶的汁水已经溶解于水时，即可将壶中的茶汤注入到竹筒，供人饮用。

7. 拉祜族的烤茶

饮烤茶是拉祜族古老、传统的饮茶方法，至今仍在流行。

饮烤茶通常分为四个操作程序进行。一是装茶抖烤，先将小陶罐在火塘上用文火烤热，然后放上适量茶叶抖烤，使茶叶受热均匀，待茶叶叶色转黄，并发出焦糖香时为止；二是沏茶去沫：用沸水冲满盛茶的小陶罐，随即泼去上部浮沫，再注满沸水，煮沸3分钟后待饮；三是倾茶敬客，就是将在罐内烤好的茶水倾入茶碗，奉茶敬客；四是喝茶啜味，拉祜族人认为，烤茶香气足，味道浓，能振精神，才是上等好茶。因此，拉祜族人喝烤茶，总喜欢热茶啜饮。

8. 回族、苗族、彝族的罐罐茶

我国西北，特别是甘肃一带的回族、苗族、彝族同胞有喝罐罐茶的嗜好。

喝罐罐茶，以喝清茶为主，少数也有用油炒或在茶中加花椒、核桃仁、食盐之类的作料。罐罐茶的制作并不复杂，使用的茶具，通常一家人一壶（铜壶）、一罐（容量不大的土陶罐）、一杯（有柄的白瓷茶杯），也有一人一罐一杯的。熬煮时，通常是将罐子围放在火塘边上的壶四周，倾上壶中的开水半罐，待罐内的水重新煮沸时，放上茶叶8～10克，使茶、水相融，茶汁充分浸出，再向罐内加水至八分满，直到茶叶又一次煮沸时，即可倾汤入杯开饮。也有些地方先将茶烘烤或油炒后再煮的，目的是增加焦香味；也有的地方，在煮茶过程中，加入核桃仁、花椒、食盐等。不论何种罐罐茶，由于茶的用量大，煮的时间长，所以，茶的浓度很高，一般可重复煮3～4次。

任务二 世界部分民族茶俗

一、荷兰茶俗

1. 茶俗之源

荷兰人最初将茶叶传到欧洲。在 17 世纪初期，荷兰商人凭借在航海方面的优势，远涉重洋，从中国装运绿茶至爪哇，再辗转运至欧洲。当时在荷兰，茶仅仅是作为宫廷和豪富社交礼仪和养生健身的奢侈品。

2. 茶俗的发展

荷兰饮茶的风气逐渐流行于上层社会，人们以茶为贵，以茶为荣，以茶为阔，以茶为雅。随着人们对茶的追求和享受欲望的不断增长，荷兰人对饮茶几乎达到狂热的程度，以家有别致的茶室、珍贵的茶叶和精美的茶具而自豪。特别是一些贵妇人，她们嗜茶如命，躬亲烹茶，弃家聚会，终日陶醉于饮茶活动中，以致受到社会的抨击。18世纪初饮茶之风的鼎盛，在荷兰上演的喜剧《茶迷贵妇人》中，可见一斑。这一风气却对推动欧洲各国的茶事发展，起到了重要的作用。

3. 饮茶习俗

荷兰人喜欢以茶会友。凡有条件的家庭，都专门辟有一间茶室。荷兰人饮茶多在午后进行。待客时，通常一人一壶，由主人打开精致的茶叶盒，供客人自己挑选心爱的茶叶，放在茶壶中冲泡。当茶冲泡好以后，客人再将茶汤倒入杯中饮用。饮茶时，客人一般会发出"啧啧"之声，以示对主妇泡茶技艺的赏识及敬佩。

荷兰人爱饮加糖、牛乳或柠檬的红茶，而荷兰的阿拉伯裔则爱饮甘洌、味浓的薄荷绿茶，而在荷兰的中国餐馆中，幽香的茉莉花茶最受欢迎。

二、英国茶俗

1. 茶俗之源

葡萄牙是欧洲最早饮茶的国家。1662年，嗜爱饮茶的葡萄牙公主凯瑟琳嫁给英王查理二世，将饮茶风气带入英国宫廷，后又扩展到王公、贵族及富豪、世家，随后饮茶风气又普及到民间大众，茶成为风靡英国的国饮。凯瑟琳也被誉为英国的"饮茶王后"。在那之后，英王威廉三世、女王安妮等王公贵族都热衷于饮茶，逐渐使饮茶成为英国上流社会的一种时髦活动。

2. 茶俗的发展

"下午茶"最早出现在英国。18世纪中叶，英国人流行的是丰盛的早餐，午餐则十分简单，直到晚上8点钟再进丰盛的晚餐。在英国维多利亚时代的1840年，一个叫安娜的贝德芙公爵夫人，每到下午4点左右便感觉肚子有些饿，而此时距离晚餐又还有一段时间，于是她便叫女仆准备几片烤面包以及奶油和茶。后来安娜女士邀请几位闺中密友一起品茶、聊天，共享轻松惬意的下午时光。没想到这种风尚很快便在上流社会中传开，众多名媛仕女纷纷效仿，于是也便有了今天我们所说的"维多利亚下午茶"。这种风尚形成了一种优雅自然的下午茶文化，也成为英国茶文化最著名的标志之一。

3. 饮茶习俗

英国人喝茶与中国人喝茶在习俗方面有很大的不同：中国人喜欢喝略带苦味的清茶，讲究品茶；英国人主要喝奶茶，喜欢在茶中加入牛奶和糖，有些人还喜欢在清茶里加些柠檬汁，但一定不能同时在茶里又加奶又加柠檬汁。中国人大多喜欢喝绿茶，而英国人大多喝红茶。

据说这是因为绿茶不易保存，经长期贩运，易发生霉变；而红茶是全发酵茶，不易霉变。不过另一个更可信的原因则是绿茶性寒，红茶性暖，英伦三岛四面环海，终年阴冷潮湿，于是气候决定了人们的选择。

三、俄罗斯茶俗

1. 茶俗之源

俄罗斯茶俗至今才有250多年的历史。茶传入俄罗斯不久就本国化了。首先，沏茶用的器具应运而生。据说是乌拉尔地区的铁匠发明了"茶炊"的茶器。茶炊的构造类似我国火锅和大铜茶壶的混合体，内有炊膛，外有水龙头和把手，上有壶托，下有炉圈和通风口，旁有小烟囱。从发明至今，所用燃料先后有云杉球果、松明、煤油以及电。茶炊颇像大奖杯，也有更像是艺术品的球状、花瓶状、高脚杯状甚至蛋状茶炊。大文豪托尔斯泰的故乡图拉被公认为是俄罗斯的"茶炊之都"。可以说，茶炊是每个家庭必不可少的日常用品，是传统俄罗斯家庭生活的象征。由于茶炊为手工制作，最便宜的也抵得上一头母牛，穷人往往合伙买一个，轮流坐庄。所以，从17世纪开始在俄罗斯"请喝茶"就意味着"请客"，此话的意义至今没有变。

2. 茶俗的发展

可以说俄国人嗜茶如命，饮茶是每个俄罗斯人每日不可缺少的一项生活内容。大部分俄罗斯人都认为，茶这个外来饮品已成为俄罗斯的国饮。中国人饮茶就其普遍性和日常所需的重要性而言远不及几乎不产茶的俄罗斯。在俄罗斯，人们不能一日无茶，不仅一日三餐有茶，还要喝上午茶和下午茶。作为最普及的大众热饮，无论在家还是做客，无论在食品店还是咖啡馆，无论在影剧院的小吃部还是卖热狗的街头小摊上，只要有卖食品的地方，都能喝到茗香四溢的热茶。

3. 饮茶习俗

俄罗斯传统的沏茶方法是将干净的茶壶用滚开水涮一下使之迅速晾干，放入茶叶，倒入开水后蒙上餐巾置于茶炊壶托上5分钟左右，可以加进一小块砂糖。茶叶泡好后往杯中倒半杯，再从茶炊兑入适量白开水。泡茶一般只泡一遍。

俄罗斯人喜欢往茶里加糖、蜂蜜、牛奶或果酱，还常常加入奶渣饼、甜点和饼干等。有一种很普通的饼干就叫"饮茶饼干"。

四、日本茶俗

1. 茶俗之源

随着中国佛教文化的传播，茶文化也同时传到了日本，饮茶很快成了日本的风尚。将南宋"抹茶"传入日本的是镰仓时代的荣西禅师；将明代的"煎茶"传入日本的是江户初期的隐元禅师。日本的茶道有抹茶道和煎茶道两种。抹茶道和煎茶道之间有着相当大的差距，一般所谓的"抹茶道"，叫做"茶之汤"，使用末茶。其饮茶方法是由宋代饮茶演化而来的。但是宋代采用团茶，而日本采用末茶，省去罗碾烹炙之劳，直接以茶末加以煎煮，至于煎茶则是直接由明代饮茶法演化而来的。

2. 茶俗的发展

日本茶道是通过饮茶的方式，对人们进行一种礼法教育，是道德修养的一种仪式。茶叶刚传到日本的时候非常贵重，喝茶成为上等阶层的时髦摆阔行为，后来经过几位茶道大师的改造，把佛教的"禅"引入茶道中去，使茶道逐渐完善，最终演变为贵族阶层的一种礼仪，后来广泛流行于民间。如今日本的茶道人口约达1 000万，将近全国总人口的1/10。

3. 饮茶习俗

日本茶道具有一整套的严格程序和规则。茶道品茶一般在茶室中进行。正规茶室多起有"××庵"的雅号。茶室基本上都是中间设有陶制炭炉和茶釜，炉前摆放着茶碗和各种用具，周围设主、宾席位以及供主人小憩用的床等。

接待宾客时，待客人入座后，由主持仪式的茶师按规定动作点炭火、煮开水、冲茶或抹茶，然后依次献给宾客。客人按规定须恭敬地双手接茶，先致谢，而后三转茶碗，轻品、慢饮，奉还。点茶、煮茶、冲茶、献茶，是茶道仪式的主要部分，需要专门的技术和训练。

日本茶道品茶分轮饮和单饮两种形式。轮饮是客人轮流品尝一碗茶，单饮是宾客每人单独一碗茶。饮茶完毕，按照习惯客人要对各种茶具进行鉴赏，赞美一番。最后，客人向主人跪拜告别，主人则热情相送。

日本茶道还讲究遵循"四规""七则"。四规指"和、敬、清、寂"，乃茶道之精髓。"和""敬"是指主人与客人之间应具备的精神、态度和礼仪。"清""寂"则是要求茶室和饮茶庭院应保持清静典雅的环境和气氛。"七则"指的是提前备好茶，提前放好炭，茶室应冬暖夏凉，室内插花保持自然美，遵守时间，备好雨具，时刻把客人放在心上等。

五、韩国茶俗

1. 茶俗之源

韩国"茶礼"源于中国。在我国的宋元时期，韩国的茶文化曾兴盛一时。全面学习中国茶文化的韩国人，创立了以韩国"茶礼"为中心的韩国茶文化。当时，韩国普遍流传我国宋元时期的"点茶"，约在我国元代后期，韩国众多茶房、茶店、茶食、茶席发展得更为普及。

2. 茶俗的发展

20世纪80年代，韩国茶文化再度复兴，成立了"韩国茶道大学院"，专门传授茶文化。韩国茶道的宗旨是"和、敬、俭、真"。"和"即善良之心地，"敬"即彼此间敬重、礼遇，"俭"即生活俭朴、清廉，"真"即心意、心地真诚、人与人之间以诚相待。

3. 饮茶习俗

韩国传统茶的种类较多，比较常见的是五谷茶，像大麦茶、玉米茶等。药草茶有五味子茶、百合茶、艾草茶、葛根茶、麦冬茶、当归茶、桂皮茶等。水果几乎无一例外都可以制成水果茶，包括大枣茶、核桃茶、莲藕茶、青梅茶、柚子茶、柿子茶、橘皮茶、石榴茶等。

这些传统茶中又以大麦茶最为出名。大麦茶是用烘炒过的大麦放在开水中泡制而成的，不但香气诱人，而且富含维生素、矿物质、蛋白质、膳食纤维等对人体有益的物质，因而成为最受韩国家庭欢迎的大众茶，不少韩国人甚至习惯喝大麦茶来代替喝水。

任务拓展——维多利亚下午茶

维多利亚下午茶是一门综合的艺术，简朴却不寒酸，华丽却不庸俗。传统中，女主人一定会以家中最好的房间、最好的瓷器来接待宾客。而产自印度的大吉岭茶或伯爵茶以及精致的点心则成为下午茶的主角。在午后温暖的阳光下，伴随着悠扬的古典音乐，人们便在这种轻松自在下愉悦着自己的身心。

正统的英式下午茶的礼仪十分讲究。首先喝茶的时间应该是下午四点钟。其次在维多利亚时代，男士必须着燕尾服，女士则着长袍。现在每年在英国白金汉宫举行的正式下午茶会，男性来宾仍身着燕尾服、头戴绅士帽和手持雨伞，女性则需着白天穿的正式洋装，而插着羽毛的各式各样的帽子则又是一道美丽的风景线。在茶会中通常是由女主人着正式服装亲自为客人服务，非不得以才让女佣协助，以表示对来宾的尊重。最后就是下午茶的点心了，通常是用三层的点心瓷盘装盛，第一层放三明治，第二层放传统英式点心（甜烙饼），第三层则放蛋糕及水果塔，并且一定要按从下至上的顺序吃。

正统英式维多利亚下午茶标准配备器具主要有：瓷器茶壶（两人壶、四人壶或六人壶，视招待客人的数量而定）、滤匙及放筛检程式的小碟子、杯具组、糖罐、奶盅瓶、三层点心盘、茶匙（茶匙正确的摆法是与杯子成45°）、直径18 cm的个人点心盘、茶刀（涂奶油及果酱用）、吃蛋糕的叉子、放茶渣的碗、餐巾、一盆鲜花、保温罩、木头拖盘（端茶品用）。另外蕾丝手工刺绣桌巾或托盘垫是维多利亚下午茶很重要的配备，因为它是象征着维多利亚时代贵族生活的重要家庭饰物。

喝茶的摆设要优雅，正统英式下午茶，对于茶桌的摆饰、食具、茶具、点心盘等都非常讲究。将食具摆在圆桌上，餐巾亦可选择刺绣或蕾丝花边，再放首优美的音乐，此时下午茶的气氛便营造出来了。有了这些气氛更要有优美的装饰来点缀，在摆设时可利用花、漏斗、蜡烛、照片或在餐巾纸上绑上缎花等，这些都是很好的装饰方式。不过现在的下午茶用具已经简化不少，很多繁冗的细节就不再那么注重了。

（资料来源：徐明，《茶与茶文化》，北京：中国物资出版社）

能力提升

 实训任务单1-1：茶诗、茶联的创作与使用

实训目的： 了解茶诗与茶联的常见类型；能创作基本适合本团队茶艺馆使用的茶诗或茶联。

实训要求： 课余创作基本适合本团队茶艺馆使用的茶诗或茶联一首（对），以团队为单位使用 PPT 的形式展示和介绍。

实训器具： 多媒体设备、PPT 课件

实训步骤： 实训开始→学生展示并介绍 PPT 内容→学生讨论、点评→学生评委打分→教师打分→教师点评→实训结束

参考课时： 1学时，学生介绍、点评40分钟，教师点评5分钟。

预习思考：① 什么是茶诗、茶联？
　　　　　② 自创茶诗或茶联一首。

能力检测：

序号	测试内容	得分标准	应得分	扣分	实得分
1	文理通畅	文理是否通畅	20分		
2	字句工整	字句是否工整	30分		
3	PPT 制作	PPT 制作是否精美	20分		
4	介绍	叙述是否流畅	30分		
总　　分			100分		

项目小结

　　本项目主要涉及茶的发源、茶艺与茶道、茶与文学艺术等三方面的内容，具体介绍了茶树发源、茶叶利用以及茶文化发展的历史；茶艺与茶道的深刻涵义及其关系；各种类型的茶诗、茶联、茶绘画、茶书法等。为了提升学生能力，还专门设计了茶诗、茶联的创作与使用的实训任务。

项目练习

一、判断题

1. （　　）我国最早发现和利用茶叶的记载是"神农尝百草，日遇七十二毒，得茶而解之"的传说。

2. （　　）茶文化普及于现代。

3. （　　）李白的《谢李六郎中寄新蜀茶》是中国历史上第一首以茶为主题的茶诗，也是名茶入诗第一首。

4. （　　）宋代传世茶画比较多，如宋徽宗赵佶的《文会图》，刘松年的《斗茶图卷》《茗园赌市图》，阎立本的《萧翼赚兰亭图》等。

二、选择题

1. 茶道是（　　）的核心。
　　A. 茶艺　　　　　　　　　　B. 饮茶过程中的精神追求
　　C. 茶文化　　　　　　　　　D. 茶俗

2. 茶艺的特点是（　　）为先。
　　A. 审美　　　　B. 哲理　　　　C. 个性　　　　D. 实用

3. 茶诗"一碗喉吻润，两碗破孤闷。"是（　　）所作。
　　A. 卢全　　　　B. 元稹　　　　C. 李白　　　　D. 范仲淹

4. 据史料记载，茶的名称很多，如：（　　）
　　A. "茗"　　　　B. "诧"　　　　C. "槚"　　　　D. "荼"

三、简答题

1. 为什么说中国是世界上最早发现和利用茶叶的国家？
2. 茶艺与茶道的关系是什么？
3. 谈谈你对茶艺师境界的理解。

项目实践

实践内容：探讨茶文化与中华民族伟大复兴的关系。

能力要求：1. 以学习团队为单位围绕提纲进行讨论。

2. 团队派出代表在课堂上阐述，师生双方评价。

项目二 茶叶知识

学目标

> 能在学习活动中采用直观的方法认识茶树的种类、形态特征及生长环境。
> 能比较熟练地运用茶类的特征辨认茶叶的种类。
> 熟练运用茶叶贮存的基本方法，熟悉各类茶叶的基本制作工艺。
> 能使用茶叶鉴别的基本方法对茶叶的品质进行鉴定。
> 熟悉中国茶区的分布，能根据种属、产地、品质特点等要素熟练识记中国十大名茶。

模块一 认识茶树

 具体任务

> 运用茶树外形特征及组成的知识，在学习活动中采用直观的方法认识茶树的种类。
> 认识茶树的组成及生长环境。

茶树（学名：Camellia sinensis），属山茶科山茶属。一般将茶树按树型、叶片大小和发芽迟早三个主要性状来进行分类。按树型可分为乔木型、小乔木型和灌木型；按叶片大小可分为特大大叶类、大叶类、中叶类和小叶类；按发芽迟早分为早芽种、中芽种和迟芽种。

 任务一 认识茶树外形

一、茶树的外形特征

茶树为多年生常绿木本杆物，栽培茶树多为灌木型，树高1～3米，无明显主干；小乔木茶树在中国南方的福建、广东一带栽培较多，有较明显的主干，在离地20～30厘米处分枝；

乔木茶树树势高大，有明显的主干，云南等地原始森林中生长的野生大茶树，都属此类，一般树高都能达数米至十多米。

由于分枝角度、密度的不同，茶树的树冠分为直立状、半直立状、披张状三种。目前，为了茶叶的优质和高产，人们通常运用修剪和采摘技术，培养健壮均匀的主干，扩大分枝的密度和树冠的幅度，增加采摘面，控制茶树的高度。

二、茶树的组成

茶树由根、茎、叶、花、果实、种子组成。

1. 根

茶树的根由主根、侧根、细根、根毛组成，为轴状根系。主根由种子的胚根发育而成，在垂直向土壤下生长的过程中，分生出侧根和细根，细根上生出根毛。主根和侧根构成根系的骨干，寿命较长，起固定、输导、贮藏等作用。细根和根毛统称吸收根，寿命较短，不断更新。

2. 茎

茶树的茎，从其作用分主干、主轴、骨干枝、细枝。分枝以下的部分称为主干，分枝以上的部分称为主轴。主干是区别茶树类型的重要根据之一。

在茶树的茎上有叶和芽。生叶的地方叫节，两叶之间的一段叫节间，叶脱落后留有叶痕。芽又分叶芽和花芽，叶芽展开后形成的枝叶称新梢。新梢展叶后，分一芽一叶梢，一芽二叶梢，摘下后即是制茶用的鲜叶原料。

茶树的枝茎有很强的繁殖能力，将枝条剪下一段插入土中，在适宜的条件下即可生成新的植株。

3. 叶

茶树的叶片，是制作饮料茶叶的原料，也是茶树进行呼吸、蒸发和进行光合作用的主要器官。

茶树的叶由叶片和叶柄组成，没有托叶，属于不完全叶。茶树叶片是单叶互生。形状分披针形、椭圆形、长椭圆形、卵形、卵圆形等几种，但以椭圆形和卵圆形的居多。叶面积的大小常作划分品种的依据。一般以定型叶为标准，按叶长×叶宽×0.7（系数）计算。凡在 60 平方厘米以上的为特大叶，40~60 平方厘米之间的为大叶，20~40 平方厘米之间的为中叶，20 平方厘米以下的为小叶。叶片有明显的主脉，主脉上又分出侧脉 5~15 对，呈 60°伸展至叶缘 2/3 处即上向弯曲呈弧形，与上方侧脉相连，组成一个闭合网状输导系统。这是茶树叶片的重要特征之一。叶尖形状有锐尖、钝尖、圆尖等三种，叶尖形状为茶树分类的依据之一。

以成熟叶为例，茶树叶片的叶脉呈网状，有明显的主脉，由主脉分出侧脉，侧脉又分出细脉，侧脉与主脉呈 45°左右的角度向叶缘延伸，到叶缘 2/3 处呈弧形向上弯曲，并与上一侧脉连接，组成一个闭合的网状输导系统，这是茶树叶片的重要特征之一。

茶树叶片上的茸毛，即一般常指的"毫"，也是它的主要特征。茶树的嫩叶背面着生茸毛，是鲜叶细嫩、品质优良的标志，茸毛越多，表示叶片越嫩。一般从嫩芽、幼叶到嫩叶，茸毛逐渐减少，到第四叶茸毛便已不见了。

4. 花

茶花为两性花，多为白色，少数呈淡黄或粉红色，稍微有些芳香。茶花由授粉至果实成熟，大约需一年零四个月。在这一期间，仍不断产生新的花芽，继续开花，授粉，产新的果实，这也是茶树的一大特征。

5. 果实与种子

茶树的果实是茶树进行繁殖的主要器官。果实包括果壳、种子两部分，属于植物学中的宿萼蒴果类型。

茶树种子多为棕褐色，也有少数黑色、黑褐色，大小因品种而异，结构可分为种壳、种皮、子叶和胚四部分。辨别茶籽质量的标准是：外壳硬脆，呈棕褐色。茶籽含有丰富的脂肪、淀粉、糖分和少量的皂素。茶籽可以榨油，饼粕可以酿酒、提取工业原料茶皂素。

 任务二　认识茶树生长环境

茶树在生长过程中不断地和周围环境进行物质和能量的交换，既受环境制约，又影响周围环境。茶树的生长环境是决定茶叶品质优良与否的重要因素。

1. 气　候

茶树性喜温暖、湿润，在南纬45°与北纬38°之间都可以种植，最适宜的生长温度为18℃～25℃，不同品种对于温度的适应性有所差别。

茶树生长需要年降水量在1 500毫米左右，且分布均匀，早晚有雾，相对湿度保持在85%左右的地区，较有利于茶芽发育及茶青品质。若长期干旱或湿度过高均不适于茶树经济栽培。

2. 日　照

茶作为叶用作物，极需要日光。日照时间长、光度强时，茶树生长迅速，发育健全，不易罹患病虫害，且叶中多酚类化合物含量增加，适于制造红茶；反之，茶叶受日光照射少，则茶质薄，不易硬化，叶色富有光泽，叶绿质细，多酚类化合物少，适制绿茶。光带中的紫外线对于提高茶汤的水色及香气有一定影响。高山所受紫外线的辐射较平地多，且气温低，霜日多，生长期短，所以高山茶树矮小，叶片亦小，茸毛发达，叶片中含氮化合物和芳香物质增加，故高山茶香气优于平地茶。

3. 土　壤

茶树适宜在土质疏松、土层深厚、排水、透气良好的微酸性土壤中生长。虽在不同种类的土壤中都可生长，但以酸碱度（pH值）在4.5～5.5为最佳。

茶树要求土层深厚，最好有一米以上，其根系才能发育和发展，若有黏土层、硬盘层或地下水位高，都不适宜种茶。土壤中石砾含量不要超过10%，且含有丰富的有机质是较理想的茶园土壤。

模块二　茶叶分类

具体任务

➤ 了解我国茶叶的分类方法。
➤ 掌握我国茶叶的基本茶类和再加工茶类。
➤ 在学习活动中能比较熟练地辨认茶叶的种类。

几千年来，在茶的利用过程中，随着茶叶加工工艺的改良和完善，我国形成了丰富的茶叶种类，其品种为世界之最。茶学界根据茶类制作原料的系统性和茶类制作方法，将中国茶叶分为基本茶类和再加工茶类两大部分。详见表 2.1。

任务一　基本茶类

由于茶叶加工工艺的不同，造成了茶叶中所含化合物发生的变化不同，从而使茶叶产生了明显不同的色香味。据此，我们将基本茶类分为六大基本类型，即绿茶、红茶、青茶（乌龙茶）、白茶、黄茶、黑茶。

一、绿　茶

绿茶属不发酵茶类，是我国产量最多的一类茶叶，全国 18 个产茶省（区）都产绿茶。我国绿茶花色品种之多居世界首位，每年出口数万吨，占世界茶叶市场绿茶贸易的 70%。按初制加工过程的杀青和干燥方式不同，绿茶可分为蒸青绿茶、炒青绿茶、烘青绿茶和晒青绿茶。

（一）蒸青绿茶

这是唐、宋时盛行的制法。用蒸汽杀青制作而成的绿茶称之为"蒸青绿茶"。蒸青绿茶是我国古代最早发明的一种茶类，如玉露、煎茶等。蒸青绿茶的主要品质特点是：三绿（干茶绿、汤色绿、叶底绿），香清味醇。

（二）炒青绿茶

炒青绿茶产生于明代。因干燥方式采用炒干而得名。按外形形状特点，可分为长炒青（眉茶）、圆炒青（珠茶），扁炒青（特种炒青）三类。长炒青的品质特点是条索紧结，色泽绿润，香高持久，滋味浓郁，汤色、叶底黄亮。圆炒青有外形圆紧如珠、香高味浓、耐泡等品质特点。扁炒青成品扁平光滑、香鲜味醇等特点。代表性的名茶有西湖龙井、信阳毛尖等。

（三）烘青绿茶

烘青绿茶主产于安徽、福建、浙江三省。高档烘青直接饮用，一般烘青大部分用来窨制花茶。烘青绿茶的品质特点是外形完整、稍弯曲、锋苗显，干茶墨绿，香清味醇，汤色、叶底黄绿明亮。代表性的名茶有黄山毛峰、六安瓜片等。

（四）晒青绿茶

晒青绿茶主产于四川、云南、广西、湖北和陕西，是压制紧压茶的原料，最后一道工序是晒干。晒青绿茶品质特点是香高味醇，清汤绿叶，汤色清澈明亮，呈淡黄微绿色。代表性的名茶有滇青绿茶等。

二、红 茶

红茶属全发酵茶类。在制茶过程中，以日晒代替杀青，揉后叶色变红而形成了红茶。最早出现的红茶是清代创始于福建崇安的小种红茶。在国际市场上，红茶贸易量占世界茶叶总贸易量的90%以上。据红茶的外形形状，可分为条红茶（小种红茶、功夫红茶）和红碎茶（叶茶、碎茶、片茶和末茶）。

（一）条红茶

条红茶主产于福建、安徽、云南、江西。条红茶具有条索紧细，匀齐清秀，色泽乌润，香气馥郁，滋味醇厚甘甜，汤色、叶底红亮的品质特点。正山小种有特殊松烟味。

（二）红碎茶

红碎茶主产于云南、海南、广东、广西、四川、贵州。其产地不同，滋味各异。红碎茶具有汤色红艳、明亮，香气浓郁带甜，滋味浓郁鲜爽，红汤红叶等品质特点。

茶叶中原本无色的多酚类物质，在多酚氧化酶的催化作用下氧化，形成红色氧化聚合物——红茶色素，形成了红茶、红汤、红叶的鲜明特点。

三、乌龙茶（青茶）

乌龙茶（青茶）为半发酵茶，冲泡后有一股"如梅似兰"的幽香，无红茶之涩、绿茶之苦。乌龙茶出现在清代初年，创制地点在福建。

乌龙茶又可分为闽北乌龙、闽南乌龙、广东乌龙、台湾乌龙等几种类型。

（1）闽北乌龙茶主产于福建北部武夷山一带。代表性的名茶有武夷岩茶、大红袍、铁罗汉等。

（2）闽南乌龙茶。闽南是乌龙茶的发源地。铁观音、黄金桂等产于这一带。

（3）广东乌龙主要产于广东潮州、饶平一带，如凤凰单枞。

（4）台湾乌龙主产于台湾。因发酵不同分台湾乌龙和台湾包种两类。冻顶乌龙、文山包种的名气很大，近年金萱、翠玉等包种茶发展势头也很好。

乌龙茶主要品质特点是：汤色黄红，香气浓醇而馥郁，滋味醇厚，鲜爽回甘，叶底边缘呈红褐色，中间部分淡绿色，形成奇特的"绿叶红镶边"。乌龙茶性和不寒，久藏不坏，香久益清，味久益醇。且滋味醇厚回甘，有独特的"喉韵"，即似嚼之有物。

四、黄　茶

黄茶属微发酵茶类。黄茶最早出现在明代，在炒制绿茶过程中由于技术失误，或杀青时间过长，或杀青没及时摊晾，或揉捻后未及时烘干、炒干，堆积过久，使叶子变黄，产生黄汤黄叶，这样就出现了茶的一个品类——黄茶。黄茶依原料芽叶的嫩度和大小可分为黄大茶、黄小茶和黄芽茶。

（1）黄大茶主要包括产于安徽霍山的"霍山黄大茶"和广东韶关、肇庆、湛江的"广东大叶青"。

（2）黄小茶主要有湖南岳阳的"北港毛尖"，湖南宁乡的"沩山白毛尖"，湖北远安的"远安鹿苑"，浙江温州、平阳一带的"平阳黄汤"。

（3）黄芽茶原料细嫩，采摘单芽或一芽一叶加工而成，主要有湖南岳阳洞庭湖君山的"君山银针"，四川雅安、名山县的"蒙顶黄芽"，安徽霍山的"霍山黄芽"。

黄茶品质特点是：色黄、汤黄、叶底黄，滋味浓醇清爽，汤色橙黄明净，叶底嫩黄。

五、白　茶

白茶属微发酵茶。传说咸丰、光绪年间被茶农偶然发现。这种茶树嫩芽肥大、毫多，生晒制干，香、味俱佳。该茶主产于福建，台湾也有少量生产，主销东南亚和欧洲。白茶因采制原料不同，分为芽茶和叶茶两类。冲泡时水温应掌握在80℃左右。

（一）白芽茶

白芽类白茶也称"银针"，主要代表是"白毫银针"。

（二）白叶茶

白叶类白茶主要有"白牡丹""贡眉""寿眉"等。

白茶品质特点是：茶芽完整、形态自然、白毫不脱、清淡回甘、香气清鲜、茶汤浅淡、滋味甘醇、毫香显露、汤色杏黄、持久耐泡。

六、黑　茶

黑茶属后发酵茶。黑茶产量较大，仅次于绿茶、红茶，以边销为主，又称为"边销茶"。黑茶制作始于明代中期。黑茶出现也是偶然的，人们在制作绿茶时，因叶量多，火温低，使叶色变为近似黑色的深褐绿色，或绿毛茶堆积后发酵，渥成黑色，于是便产生了黑茶。黑茶的原料一般较粗老，加之制造过程中往往堆积时间较长，因而叶色墨黑或黑褐，故称"黑茶"。

黑茶主要因产地和工艺上的差别，有湖南黑茶、湖北老青茶、四川边茶、云南黑茶以及广西黑茶之分。黑茶压制的砖茶、饼茶、沱茶等紧压茶，是少数民族不可少的饮料，冲泡时最好在沸水中煮几分钟。

黑茶品质特点是：外形叶粗，梗多，干茶褐色，汤色棕红，香气纯正，滋味醇和，醇厚回甘，陈香馥郁。黑茶有解毒、治痢疾、除瘴、降血脂、减肥、抑菌、暖胃、醒酒、助消化等功效。

任务二　再加工茶类

以基本茶类做原料进行再加工以后制成的产品称"再加工茶类"。主要包括花茶、紧压茶、保健茶、茶饮料等。

一、花　茶

用茶叶和香花进行拼和窨制，使茶叶吸收花香而制成的香茶，称"花茶"。明代顾元庆《茶谱》的"茶诸法"中对花茶窨制技术记载比较详细：木樨、茉莉、玫瑰、蔷薇、兰蕙、桔花、栀子、木香、梅花皆可作茶。据史料记载清咸丰年间（1851—1861），福州已有大规模茶作坊进行茉莉花茶生产。

现代花茶的种类很多，有茉莉花茶、白兰花茶、玫瑰花茶、玳玳花茶、珠兰花茶、柚子花茶、桂花茶、栀子花茶、米兰花茶、树兰花茶等。

一般来讲，茉莉花茶都以烘青绿茶为主要原料，也有用龙井、乌龙窨制的，称为花龙井、茉莉乌龙。玫瑰花大都用来窨制红茶，桂花窨制绿茶、红茶、乌龙茶效果都很好。品饮花茶主要品香气的鲜灵度、香气的浓郁度、香气的纯度。

二、紧压茶

各种散茶经加工蒸压成一定形状而制成的茶叶称"紧压茶"。紧压茶根据采用原料茶类的不同可分为绿茶紧压茶、红茶紧压茶、乌龙紧压茶、黑茶紧压茶。绿茶紧压茶产于云南、四川、广西等地，主要有沱茶、普洱方茶、竹筒茶、广西粑粑茶、四川毛尖、四川芽细、小饼茶、香茶饼等。

红茶紧压茶是以红茶为原料蒸压成砖型或团型的压制茶。砖形的茶有米砖、小京砖等，团形的茶有凤眼香茶。

乌龙茶紧压茶是按照乌龙茶的制造工艺压制成的紧压茶，如福建漳平县生产的水仙饼茶。

黑茶紧压茶是以各种黑茶的毛茶为原料，经蒸压制成的各种形状的压制茶。主要有湖南的湘尖、黑砖、花砖、茯砖，湖北的老青砖，四川的康砖、金尖、方包茶，云南的紧茶、圆茶、饼茶以及广西的六堡茶等。

紧压茶压制时将茶叶蒸热，吸收水分，使原料软化，再装入模框内压制后退出模框进行烘干。模框是茶叶定型的关键，有砖形、碗形、饼形等。但不管紧压茶形状如何，要外形光洁，棱角分明，不龟裂。黑茶紧压茶以香气纯和、无青涩味、陈香浓郁、汤色棕褐者为上品。

三、保健茶

能调节人体机能，适用于特殊人群，但不以治疗疾病为目的的食品称为"保健功能食品"。保健功能食品具有调节免疫、延缓衰老、改善记忆、促进生长发育、抗疲劳、减肥等功能。保健茶是保健功能食品的重要组成部分。

菊花、苦丁、玫瑰花等植物都不是茶，但人们习惯上把能够饮用的这些植物也称为茶。

有些植物的根、茎、叶、花、果经过加工后可单独泡饮，也可调配一些茶叶，饮用能调节人体机能，起到预防和保健作用。

保健茶是我国医学宝库中最丰实也最简单实用的一部分。保健茶气味较淡，药性轻灵，服用简单、方便，或浓或淡也没有严格限制，而且一般没有副作用。

四、茶饮料

茶制成饮料因其独特的风味广受市场欢迎。含茶饮料一般是用水浸泡茶叶，经过滤、浓缩、萃取等工艺，分别制成浓缩茶、速溶茶、果味茶、茶汽水、茶可乐等，如柠檬红茶、荔枝红茶、山楂茶等。

表 2.1 中国茶叶的分类

中国茶类	基本茶类	绿茶	蒸青绿茶	中国煎茶、恩施玉露等
			晒青绿茶	滇青、川青、桂青、黔青等
			炒青绿茶	眉茶	特珍、珍眉、凤眉、秀眉、贡熙等
				珠茶	珠茶、雨茶、秀眉等
				特种炒青	龙井、大方、碧螺春、雨花茶、松针等
			烘青绿茶	普通烘青	条形茶、尖形茶、片形茶、针形茶等
				特种烘青	黄山毛峰、太平猴魁、六安瓜片、顾诸紫笋等
		白茶	白芽茶	北路白毫银针、南路白毫银针等
			白叶茶	白牡丹、贡眉、寿眉等
		黄茶	黄芽茶	君山银针、蒙顶黄芽等
			黄小茶	北港毛尖、沩山毛尖、平阳黄汤等
			黄大茶	霍山黄大茶、广东大叶青等
		青茶（乌龙茶）	闽北乌龙	武夷岩茶、水仙、肉桂等
			闽南乌龙	铁观音、奇兰、黄金桂等
			广东乌龙	凤凰水仙、凤凰单枞、岭头单枞等
			台湾乌龙	冻顶乌龙、文山包种、白毫乌龙等
		红茶	条红茶	小种红茶	正山小种等
				工夫红茶	滇红、祁红、闽红、川红、宜红等
			红碎茶	叶茶、碎茶、片茶、末茶
		黑茶	湖南黑茶	安化黑茶等
			湖北老青茶	蒲圻老青茶等
			四川边茶	南路边茶、西路边茶等
			云南黑茶	普洱茶等
			广西黑茶	六堡茶等
	再加工茶类	花茶		茉莉花茶、珠兰花茶、玫瑰红茶、桂花乌龙等
		紧压茶		黑砖、茯砖、方茶、饼茶、沱茶等
		保健茶		苦丁茶、枸杞茶等
		茶饮料		萃取茶、果味茶、含茶饮料等（速溶茶）、浓缩茶（柠檬红茶、荔枝红茶）等

模块三　茶叶加工与贮存

 具体任务

➢ 熟悉各类茶叶的基本制作工艺。

➢ 了解影响茶叶品质变化的四大因素。

➢ 熟练运用茶叶贮存的基本方法。

 任务一　茶叶加工

陆羽在《茶经·三之造》中记载"蒸之、捣之、拍之、焙之、穿之、封之，茶之干矣"，这是中国最早蒸青团饼茶的制作方法。经宋、元、明、清几个朝代制茶工艺的发展，现代各大茶类的制作工艺更加完善。详见图2.1茶叶加工流程图。

绿茶的基本制作工艺流程为：杀青、揉捻、干燥。

红茶基本制作工序是萎凋、揉捻（切）、发酵、干燥。唯独小种红茶在其制作中增加了过红锅和薰焙两个工序。

乌龙茶花色品种繁多，制作工艺复杂，其基本工艺为晒青、凉青、做青、杀青、揉捻（包揉）和烘焙。

白茶制作工艺是萎凋、晒干或烘干。白毫银针：鲜叶、太阳曝晒至八九成干、文火（40℃~45℃）烘至足干；白牡丹：鲜叶、日光萎凋至七八成干、并筛或堆放、烘焙、拣剔。

焖黄是黄茶加工的特点，是形成黄茶"黄汤黄叶"品质的关键工序。焖黄工艺分为湿坯焖黄和干坯焖黄，焖黄时间短的15~30分钟，长的则需5~7天。工艺流程以蒙顶黄芽为例：鲜叶、杀青、初包（焖黄）、复锅、复包（焖黄）、三炒、摊放、四炒、烘焙。

黑茶原料一般以成熟的新梢为主，也有以一芽三、四叶为主的，如湖南的一级黑毛茶。黑茶加工分为两步，一是以鲜叶为原料的黑毛茶加工，二是以黑毛茶为原料的成品茶加工。加工中的渥堆是形成黑茶品质特点的关键工序。

黑茶的花色品种很多，加工工艺各不相同，其工艺流程以湖南黑毛茶和茯砖为例：黑毛茶：鲜叶、杀青、初揉、渥堆、复揉、干燥；茯砖：黑毛茶、拼配、拼堆筛分、汽蒸渥堆、压制定型、干燥发花、成品包装。

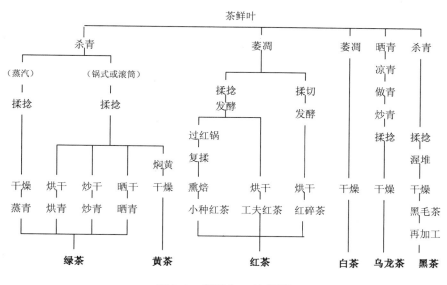

图 2.1 茶叶加工流程图

 任务二 茶叶贮存

由于茶叶具有易碎性、吸湿性、吸附性、陈化性等特点，其品质的变化与贮存中的外界条件有直接关系，影响茶叶色、香、味、形的重要因素是水、温度、光线和氧气（空气）。

一、影响茶叶品质变化的四大因素

贮存茶叶总的要求是低温、干燥密封、防潮、牢固，以防止茶叶受到温度、水分、氧气和光线这四大因素的损害。

1. 温　度

常温下，茶叶的色泽易变化，温度越高，变化的速度越快。气温每升高 10℃，茶叶色泽褐变的速度将增加 3～5 倍。在 10℃～15℃ 的范围内，茶叶的色泽尚能较好保持；在 0℃～5℃ 的条件下，茶叶的色泽能在较长时间内保持不变；如果把茶叶贮存在 0℃ 以下的环境中，能抑制茶叶的陈化。

2. 水　分

茶叶的含水量在 6% 以下，较耐贮存，含水量增高会促进茶叶内含物的氧化反应。氧化反应释放热能，使叶温增高，而温度升高又会加速茶叶的氧化反应，茶叶的品质很快会降低，出现陈化、霉变，干茶的色泽由鲜变枯，汤色和叶底的色泽由亮变暗。如果茶叶的含水量控制在 4%～5%，可较长时间保持品质不劣变。一般来说，大宗红茶和绿茶的水分含量高限为 6%，乌龙茶为 6.5%，花茶为 8%。

3. 氧　气

茶叶中多酚类化合物的氧化、维生素 C 的氧化以及茶黄素、茶红素的氧化聚合都和氧气有关。这些氧化作用会产生陈味物质，严重破坏茶叶的品质。

4. 光　线

光线尤其是紫外线会促进茶叶中的植物色素（如叶绿素）和脂质的氧化，使茶叶的绿色减退，产生腥气味（日晒味），足干的茶叶贮存在密闭无光的容器中，茶叶的色泽稳定，变化很小。如果茶叶处在有光环境中，特别是直射光下，绿茶很快会失去绿色，变成棕红色，茶叶愈嫩，色泽变化愈大。

二、茶叶贮存方法

茶叶包装可分为真空包装、无菌包装、充气包装和普通包装四种。目前市面上常用的茶叶包装有：复合袋、塑料袋、纸盒（袋）、马口铁茶叶罐、竹盒、木盒、锡瓶等。家庭少量茶的贮存方法很多，现选取几种简略介绍如下。

1. 瓦坛保存

选用干燥、无异味、无裂缝的瓦坛，先将茶叶用牛皮纸包好，置于坛中，在瓦坛中放置一袋石灰，再用棉花团将坛口盖住，每隔一两个月换一次石灰。这种方法主要是利用石灰吸潮的特性使茶叶干燥，茶叶的湿度越低，氧化作用越慢。

2. 冰箱保存

将茶叶置于无异味、密封性好的容器中，盖上盖儿后，用玻璃胶纸将盖儿密封，放入冰箱的冷藏柜中。这种方法简便易行，效果比较好。

3. 充氮保存

把茶叶装入塑料复合袋，充入氮气后，密封袋口，放在避光的地方，如放在低温处，效果更好。此种方法利用了氮气是惰性气体，茶叶在此环境中氧化反应极慢的原理。

4. 热水瓶保存

将热水瓶中的水倒干净后，彻底消除水分，然后将茶叶放进去，把瓶塞盖紧，就可以保存茶叶了。

5. 塑料袋保存

将干燥的茶叶用毛边纸包好装入塑料袋内，并轻轻挤压，以排出袋内空气，扎紧袋口，再将另一个塑料袋反套在第一个袋外边，同样挤出空气扎紧，放入干燥、无味、密闭的铁罐内。

 任务拓展——茶叶受潮的处理

1. 快速风干

将茶叶用干净、无异味的纱布裹好后摊开，用吹风机的低温热风挡边吹边翻动，至干。

或用无异味、质量好的纸巾裹好，然后摊开，吸取水分后，再用吹风机的低温热风挡边吹边翻动，至干。

2. 太阳烘晒

不能将茶叶直接暴晒。阳光中的紫外线会破坏茶叶的营养，使茶叶品质大幅下降。较好的烘晒方法是：用干净、无异味的筛形器物将茶叶摊开，外罩纱布遮挡太阳，用太阳的热度烘晒。注意随时翻动，至干。

3. 热炒、烘烤

用干净、无油、无异味的铁锅烧至微热，把受潮的茶叶放入，边烤边翻动茶叶，至干；也可用干净、无油、无异味的烘箱烘烤，注意用最微火低温烘烤，以免烤焦；还可用微波炉烘烤，也要注意用最微火低温烘烤，以免烤焦。

无论哪种方法，必须注意以下几点。

1）温度不能太高，保持在 40 ℃～60 ℃最好。

2）干燥茶叶的环境必须干燥、干净、无异味；盛装茶叶的容器、遮盖物等必须干净、无油、无异味。

3）不能用报纸垫底，茶叶会吸收报纸的油墨味和铅。

4）不能接触化妆品，以免吸收异味，影响茶叶的原味。

（资料来源：鄢向荣，《茶艺与茶道》，天津：天津大学出版社）

模块四　茶叶的鉴别

 具体任务

➢ 认识生活中茶叶品质的鉴别方法。
➢ 能使用看、嗅、品等基本方法对茶叶的品质进行鉴定。
➢ 能使用茶叶识别的方法对真假茶、新茶与陈茶、劣变茶、高山茶与平地茶进行识别。

 任务一　茶叶品质的鉴别

茶叶品质的鉴别严格来说是由评审人员运用正常的视觉、味觉、触觉的辨别能力，对茶叶的外形、汤色、香气、滋味与叶底等品质因素进行评审，从而达到鉴定茶叶品质的目的，我们也称之为茶叶感官评审。

生活中一般茶叶品质的鉴别方法可以参考茶叶感官评审的方法，概括为一看、二嗅、三品，即首先通过观察干茶的外形、色泽、整碎、净度判断茶叶的质量标准，然后对干茶进行开汤冲泡，嗅其香、品其味、察其底，进一步判断茶叶的质量。

一、目　看

一看干茶。将干茶放于专用的茶样盘中，评定茶叶的大小、粗细、轻重、长短、碎片等情况。干茶主要通过以下四个方面来察看。

（1）形状。一般来说，条索紧、身骨重、圆（扁形茶除外）而挺直，说明原料嫩、做工好、品质优；相反，如果外形松、扁（扁形茶除外）、碎，则说明原料老、做工差、品质劣。

（2）色泽。各种茶均有一定的色泽要求，好茶均要求色泽一致、光泽明亮、油润鲜活。如果色泽不一、深浅不同、暗淡无光，说明原料老嫩不一，做工差，品质劣。

（3）整碎。茶叶的外形和断碎程度均要以匀整为好，断碎为次。

（4）净度。净度主要看茶叶中是否混有茶片、茶梗、茶末和制作过程中混入的木片、泥沙等夹杂物。净度好的茶叶是不含任何夹杂物的。

二看茶汤。茶汤评审主要从色度、亮度、清浊度三个方面进行。茶汤清澈、鲜艳、鲜明、明亮的品质优，茶汤乳凝、浑浊的品质劣。

三看叶底。叶底应放入装有清水的叶底盘中，看嫩度、厚薄、色泽和发酵程度。叶张完整、柔软、肥厚、色泽青绿稍带黄、红点明亮的为好，但品种不同叶色的黄亮程度有差异。叶底单薄、粗硬、色暗绿、红点暗红的为次。一般而言，做青好的叶底红边或红点呈朱砂红，猪肝红为次，暗红者为差。评定时要看品种特征，如铁观音的典型叶底为"绸缎面"，叶质肥厚。

二、鼻　嗅

一嗅干茶香。干茶的香气无杂味，且具有高火味等特点。

二嗅茶汤香。由于各茶类品质不同，冲泡后所散发出的香气也是不同的，如乌龙茶的果香、绿茶的清香、红茶的甜香。闻茶汤香的方法是先称取样茶约 5 克开汤，第一次冲泡约 2 分钟即可嗅香气，第二次冲泡约 3 分钟后嗅香气，第三次以上则约 5 分钟后嗅香气。每次嗅香时间最好控制在 5 秒钟内。一般高级茶冲泡 4 次，中级茶冲泡 3 次，低级茶冲泡 2 次，以耐泡有余香者为好。

三、口　品

口品是指主要考察茶叶内质的滋味因素。茶汤的滋味纯正与否，是评价茶叶质量的重要指标。一般纯正的滋味可分为浓淡、强弱、醇和几种。好的茶叶泡出的茶汤浓而鲜爽。

任务二　不同茶叶的识别方法

一、真假茶的识别

识别真假茶，要抓住茶叶固有的本质特征。下面介绍一些最简单易行的感官识别法。

1. 干茶识别

手抓茶叶，用鼻子闻香，有清香者则为真茶；若有青腥气或其他香气者为假茶。还可抓少量茶叶，用火灼烧，真、假茶的气味更易区分；或者抓一把茶叶放在白纸中央仔细观察，若绿茶深绿、红茶乌黑、乌龙茶青褐，则为真茶，凡色泽枯暗，呈现绿色或青色，多有假茶之嫌。

2. 开汤识别

取少量茶叶放入杯中，用开水冲泡审评。此时，除从茶的色香味来鉴别真假茶外，还可观察叶底，真茶叶片的边缘锯齿，上半张密而深，下半张稀而疏，近叶柄处无锯齿；假茶叶边缘布满锯齿，或者无锯齿。

二、真假花茶的识别

窨花茶是真花茶，是用鲜花和花坯在特定的环境下进行拼和窨制的。这种窨制方法可使茶叶充分吸收鲜花的香气，因而窨花茶的香气浓而鲜醇，闻之既有鲜花的芬芳，又有茶叶的清香。

拌花茶是用花茶窨制后失去香气的花干拌和在低级茶叶中冒充窨花茶的一种假花茶。这种花茶只有茶叶香，没有花香。

喷花茶也是假花茶的一种，它是以喷洒少量香精在茶叶上而冒充窨花茶的假花茶。此种花茶的香气过一两个月就会消失，用鼻闻之无天然花香，冲泡第一开有香，第二开就香气全消。

三、新茶与陈茶的识别

新茶是指当年采制的春、夏、秋茶；隔年以后的茶叶为陈茶。识别方法可从色、香、味三方面进行比较。

① 色泽。茶叶在储存过程中，由于受到空气和光的作用，使构成茶叶色泽的一些色素物质发生缓慢的氧化、分解或聚合，使得干茶色枯暗不润；从茶梗角度识别新茶与陈茶，陈茶的茶梗枯脆易断，在断面呈枯黑色。若是茶梗中央呈褐色，周围留有一圈绿色，则为新茶。

② 香气。茶叶在储存过程中，由于香气物质的氧化、缩合和缓慢挥发，使茶叶的香气由清香变得低浊。故陈茶香气淡而不清新。

③ 滋味。茶叶在储存过程中，由于酯类物质经氧化后产生了易挥发的醛类物质，使可溶于水的有效成分减少，使茶叶滋味由醇厚变得淡薄，同时，由于茶叶中氨基酸的氧化和脱

氨，茶叶的鲜爽味减少。

四、劣变茶的识别

如果当年采制的新茶产生陈色、陈气、陈味现象，多是由于加工、储存方法不当所致，这类茶属于劣变茶。有下列现象之一者都属此类。

① 霉茶。从外形看霉点明显或茶叶结块，干嗅有霉气；红茶汤色暗红变黑，绿茶汤色红而混浊，并有粉状浮游物，这样的茶即为严重的霉变茶，不能饮用。

② 酸馊茶。凡在冷、热条件下嗅有酸馊气，尝滋味也有馊味，干茶色泽死灰，汤色浑浊，叶底乌条烂叶的茶，则为严重劣变茶，不能饮用。

③ 焦气茶。茶叶在干燥过程中由于烘炒温度过高，或翻炒不匀、不勤，致使干嗅或开汤嗅有焦气，且不易消失，叶底有焦片，也属劣变茶。

④ 烟气茶。凡茶嗅有浓烈烟气，尝滋味也可尝到烟味，且不易消失，则是严重的烟气茶，应视为劣变茶，如果程度较轻，可视为次品茶。

五、高山茶与平地茶的识别

高山茶与平地茶相比，由于生态环境的差异，不仅茶叶形态不一，而且茶叶内质也不相同。

高山茶新梢肥壮，色泽翠绿，茸毛多，节间长，鲜嫩度好。由此加工而成的茶叶一般具有特殊的花香，而且香气高，滋味浓，耐冲泡，条索肥硕、紧结，白毫显露。

平地茶的新梢短小，叶底硬薄，叶张平展，叶色黄绿少光。由此加工而成的茶叶香气稍低，滋味平淡，条索细瘦，身骨较轻。

模块五　中国名茶

具体任务

➢ 通过学习活动熟悉中国茶区的分布。
➢ 了解中国名茶的基本特点及其分类。
➢ 能根据种属、产地及品质特点熟练识记中国十大名茶。

 ## 任务一　中国茶区分布

中国茶的茶区分布辽阔，东起东经 122°的台湾省东部海岸，西至东经 94°的西藏林芝，南自北纬 18°的海南岛，北到北纬 38°的山东蓬莱山。共 21 个省（区、市）约有 1 019 个产茶县（市），现有茶园面积约为 12 300 万平方千米。我国茶区的划分是综合自然条件、经济条件、社会条件以及行政区域的基本完整来考虑的。采取 3 个级别划分法，一是全国性宏观指导的一级茶区；二是由各产茶省（区）划分，进行省（区）内生产指导的二级茶区；三是由各地县划分，具体指挥茶叶生产的三级茶区。目前，我国一级茶区有西南茶区、华南茶区、江南茶区、江北茶区。

一、西南茶区

西南茶区位于中国西南部，包括云南、贵州、四川三省及西藏东南部，是中国最古老的茶区。云贵高原为茶树原产地中心，地形复杂，有些同纬度地区海拔高低悬殊，气候差别很大，大部分地区均属亚热带季风气候，冬不寒冷，夏不炎热，土壤状况也较为适合茶树生长。四川、贵州和西藏东南部以黄壤为主，有少量棕壤，云南主要为赤红壤和山地红壤，土壤有机质含量一般比其他茶区丰富。西南茶区茶树品种资源丰富，主要生产红茶、绿茶、沱茶、紧压茶和普洱茶等，是中国发展大叶种红碎茶的主要基地之一。

二、华南茶区

华南茶区位于中国南部，包括广东、广西、福建、台湾、海南等省（区），为中国最适宜茶树生长的地区。有乔木、小乔木、灌木等各种类型的茶树品种，茶资源极为丰富，主要生产红茶、乌龙茶、花茶、白茶和六堡茶等。

除闽北、粤北和桂北等少数地区外，华南茶区其他地方年平均气温为 19 ℃ ~ 22 ℃，最低月（一月）平均气温为 7 ℃ ~ 14 ℃，茶年生长期在 10 个月以上，年降水量是中国茶区之最，一般为 1 200 ~ 2 000 毫米，其中台湾省雨量特别充沛，年降水量常超过 2 000 毫米。茶区土壤以砖红壤为主，部分地区也有红壤和黄壤分布，土层深厚，有机质含量丰富。

三、江南茶区

江南茶区位于中国长江中、下游南部，包括浙江、湖南、江西等省和皖南、苏南、鄂南等地，为中国茶叶主要产区，年产量大约占全国总产量的 2/3。生产的主要茶类有绿茶、红茶、黑茶、花茶及品质各异的特种名茶，如西湖龙井、黄山毛峰、洞庭碧螺春、君山银针、庐山云雾等。

江南茶园主要分布在丘陵地带，少数在海拔较高的山区。这些地区气候四季分明，年平均气温为 15 ℃ ~ 18 ℃，冬季气温不低于 − 8 ℃。年降水量 1 400 ~ 1 600 毫米，春夏季雨水最多，占全年降水量的 60% ~ 80%，秋季干旱。茶区土壤主要为红壤，部分为黄壤或棕壤，少数为冲积壤。

四、江北茶区

江北茶区位于长江中、下游的北部，包括河南、陕西、甘肃和山东等省和安徽北部、江苏北部、湖北北部等地，属于中国北部茶区，主要生产绿茶。茶区年平均气温为 15℃ ~ 16℃，冬季最低气温为 − 10℃ 左右。年降水量较少，为 700 ~ 1 000 毫米，且分布不均，常使茶树受旱。茶区土壤多属黄棕壤或棕壤，是中国南北土壤的过渡类型。但少数山区有良好的微域气候和土壤，故茶的质量亦不亚于其他茶区，如六安瓜片、信阳毛尖等。

 ## 任务二 中国名茶

名茶是指有一定知名度的好茶，通常具有独特的外形，优异的色香味品质。

一、名茶的特点

尽管目前茶学界对名茶的概念尚不统一，但综合各方面情况，名茶必须具有以下几个方面的基本特点：

1. 茶树为优良品种，产区有局限性；
2. 采制规范，加工精细，产品质量保持领先；
3. 在茶叶的色、香、味、形四个方面具有独特的风格；
4. 在国内外评比中获奖，被广大消费者所接受。

二、名茶的分类

1. 历史名茶

历史名茶也称传统名茶，指的是历史上有，并持续生产至今的茶，如西湖龙井、黄山毛峰等。

2. 恢复历史名茶

恢复历史名茶指的是在历史上曾经有过这类名茶，后来未能持续生产或已失传，经过研究创新，恢复原有的茶名。如黄山金毫、涌溪火青等。

3. 新创名茶

新创名茶指新中国成立以来，茶叶工作者根据市场需求，运用茶树新品种和制茶新技术研制出的名茶，如南京雨花茶、蒙洱月芽等。

三、中国十大名茶

（一）西湖龙井

1. 种 属

历史名茶，属扁形炒青绿茶。龙井茶始产于宋代。

2. 产 地

西湖龙井产于浙江杭州西湖的狮峰、翁家山、虎跑、梅家坞、云栖、灵隐一带的群山之中。由于产地生态条件和炒制技术的差别，历史上有"狮""龙""云""虎"四个品类。"狮"字号产于狮峰一带，"龙"字号产于龙井、翁家山一带，"云"字号产于梅家坞、云栖一带，"虎"字号产于虎跑、四眼井一带。后来根据生产发展和品质风格的差异，调整为"狮峰龙井"

"梅坞龙井""西湖龙井"三个品类,其中以"狮峰龙井"品质最佳,因西湖龙井镇而得名。

3. 品质特点

成品茶外形扁平挺直,光洁匀整,色翠略黄呈"糙米色";汤色碧绿清莹,香气馥郁清高、幽而不俗,滋味甘鲜醇和;叶底嫩绿成朵。龙井茶以"色翠、香郁、味甘、形美"四绝著称于世,素有"国茶"之称。极品龙井芽叶细嫩,采摘标准为一芽一叶初展,每千克中含芽头约8万余个。

4. 采制特点

西湖龙井的采制有三大特点:一是早,二是嫩,三是勤。清明前后至谷雨是采制龙井茶的最佳时节,只采一个嫩芽的称"莲心",一芽一叶称为"旗枪",一芽二叶称为"雀舌"。特级茶采摘标准为一芽一叶及一芽二叶初展,每公斤干茶需7万~8万个鲜嫩芽叶。主要工艺包括:炒制手法包括抖、带、搭、甩、捺、扣、压、抓、推、磨等,盛称"十大手法"。

5. 社会声誉

龙井茶是我国绿茶中的珍品,素有"茶中之美数龙井"的美誉及"国茶"之称。1981年全国质量评比获国家金质奖,1988年获得第27届世界优质食品评选金奖,2001年11月4日我国对龙井茶开始实施原产地域保护政策,将杭州西湖区划为龙井茶生产发源地,冠以"西湖龙井茶"名称。

(二)洞庭碧螺春

1. 种 属

洞庭碧螺春为历史名茶,属螺形炒青绿茶,创制于明末清初。

2. 产 地

洞庭碧螺春产于我国江苏省苏州市的吴县太湖洞庭山。当地人称碧螺春为"吓煞人香",意即有挡不住的奇香。后因康熙皇帝品饮后觉得味道很好,但名称不雅,于是题名"碧螺春",此后,其名代代相传,延续至今。

3. 品质特点

外形条索纤细,卷曲呈螺,满身披毫,色泽银白隐翠;汤色嫩绿清澈,香气嫩香芬芳,滋味鲜醇,回味绵长;叶底嫩绿柔匀,芽大叶小。洞庭碧螺春有"一嫩(芽叶嫩)三鲜(色、香、味)"之称,是我国名茶中的珍品,以"形美、色艳、香浓、味醇"而闻名中外。

4. 采 制

碧螺春采制技术非常高超,采摘有三大特点:一是摘得早,二是采得嫩,三是拣得净。高级的碧螺春茶在春分前后开始采制,采一芽一叶初展,称为"雀舌"。每500克高品质茶叶约含9万个芽头。

碧螺春的制作分采、拣、摊凉、杀青、炒揉、搓团、焙干等七道工序,目前还保持手工方法,杀青以后即炒揉,揉中带炒,炒中带揉,揉揉炒炒,最后焙干。细嫩芽叶与巧夺天工的高超技艺,使碧螺春茶形成了色、香、味、形俱美的独有风格。

5. 社会声誉

1982 年洞庭碧螺春被评为全国名茶。除国内畅销各大城市及港澳地区，该茶还远销美国、德国、比利时、新加坡等国家和地区。

（三）黄山毛峰

1. 种　属

黄山毛峰为历史名茶，属烘青绿茶，因产于安徽黄山而得名。

2. 产　地

黄山毛峰产于安徽省著名风景地黄山，前身为黄山云雾茶，是清代光绪年间谢裕泰茶庄所创。

黄山产茶的历史可追溯至宋朝嘉祐年间，至明朝隆庆年间，黄山茶已很有名气了。其主产地分布在黄山风景区内的桃花峰、紫云峰、云谷寺、松谷庵、吊桥庵、慈光阁一带。

3. 品质特点

特级黄山毛峰堪称我国毛峰之极品，其形似雀舌，匀齐壮实，锋毫显露，色泽黄绿油润；汤色黄绿清澈明亮，香气清香高长；滋味鲜醇爽口；叶底嫩黄柔软。"黄金片"和"象牙色"是黄山毛峰的两大特征。

4. 采制特点

黄山毛峰采摘细嫩芽叶，特级黄山毛峰采摘标准为一芽一叶，一～三级黄山毛峰的采摘标准分别为一芽一至二叶，一芽二至三叶。特级毛峰开采于清明前后，一～三级毛峰采摘于谷雨前后，特级毛峰又分上、中、下三等，一～三级各分两个等次。为了保质保鲜，要求上午采，下午制；下午采，当夜制。

其制作分杀青和烘焙二道工序。杀青在广口深底斗锅中进行，要求在锅内翻得快，扬得高，撒得开，捞得净。炒至叶色转暗失去光泽时出锅。特、一级毛峰不经揉捻，二级以下适当手揉。烘焙分毛火、足火两步进行。毛火用明炭火，足火用木炭暗火，采用低温慢烘，以透茶香。

5. 社会声誉

黄山毛峰 1955 年被中国茶叶公司评为全国"十大名茶"，1982 年获商业部"名茶"称号，1983 年获外经部"荣誉证书"，1986 年被中国外交部定为招待外宾用茶和礼品茶。

黄山毛峰已成为国际友人和国内游客馈赠亲友的佳品。

（四）太平猴魁

1. 种　属

大平猴魁为历史名茶，属尖形烘青绿茶，创制于清朝末年。

2. 产　地

太平猴魁产于安徽省太平县新明乡的猴坑、猴岗及颜村三村。太平猴魁为茶之极品，久享盛名。传说清末年间，安徽省太平县新明乡猴坑茶农王老二（王魁成）在凤凰尖茶园，选肥壮幼嫩的芽叶，精工细制成王老二魁尖，由于此魁尖风格独特，质量超群，使其他产地魁尖望尘莫及，特冠以猴坑地名，叫"猴魁"，后冠以太平县名，即太平猴魁。

3. 品质特点

成品茶挺直，两端略尖，扁平匀整，肥厚壮实，全身白毫，茂盛而不显，含而不露，色泽苍绿，叶主脉呈猪肝色，宛如橄榄；入杯冲泡，芽叶徐徐展开，舒放成朵，两叶抱一芽，或悬或沉；茶汤杏绿清亮，香气高爽，蕴有诱人的兰香，味醇爽口；叶底肥厚柔软，黄绿明亮。其品质按传统分法为：猴魁为上品，魁尖次之，再次为贡尖、天尖、地尖、人尖、和尖、元尖、弯尖等传统尖茶。现分为3个品级：上品为猴魁，次为魁尖，再次为尖茶。

猴魁的色、香、味、形别具一格，有"刀枪云集，龙飞凤舞"的特色。每朵茶都是两叶抱一芽，俗称"两刀一枪"。

4. 采制特点

猴魁以当地柿叶种茶树为原料，采法极其考究，一般在谷雨前开园，立夏前停采。采摘时间较短，每年只有15～20天时间，采摘标准为1芽3叶，并严格做到"四拣"：一拣山，拣高山、阴山、云雾笼罩的茶山；二拣丛，拣生长旺盛的茶丛；三拣枝，拣粗壮挺直的嫩枝；四拣尖，即折下一芽带二叶的"尖头"，作为制猴魁的原料。"尖头"要求芽叶肥壮，匀齐整枝，老嫩适度，叶缘背卷，且芽尖和叶尖长度相齐，以保证成茶能形成"二叶抱一芽"的外形。"拣尖"时，芽叶过大、过小、瘦弱、弯曲、色淡、紫芽、对夹叶、病虫叶不要（即"八不要"）。一般上午采、中午拣，当天制完。

制作工艺分杀青、毛烘、足烘、复焙四道工序。

5. 社会声誉

1912年，经太平茶商刘敬之（1880—1965）收购2公斤猴魁陈列于南京南洋劝业会场和农商部，并获得优质奖；1915年，猴魁在巴拿马万国商品博览会上荣膺金质奖章荣获一等奖章和证书；1955年，太平猴魁被评为全国十大名茶之一；2002年5月，荣获中国国际茶业博览会金奖，并以500克7万元价格拍卖成功；2004年，在国际茶博会上获得"绿茶茶王"称号，并以50克6万1千元的价格拍卖成功；2005年，在中国黄山（上海）茶交会获特等金奖，在拍卖会上100克太平猴魁茶创下15.9万元竞拍天价，轰动茶界。

（五）六安瓜片

1. 种　属

六安瓜片为历史名茶，属绿茶特种茶类，是名茶中唯一以单片嫩叶炒制而成的产品，堪称一绝。据考证，六安瓜片创制于清朝末年（1905）。

2. 产　地

六安瓜片产于安徽六安和金寨两县的齐云山。六安为古时淮南著名茶区，六安产茶，始于秦汉，盛于唐宋，至明清年间，有三百年的贡茶历史。

3. 品质特点

干茶外形不带芽梗，叶边背卷顺直，形似瓜子，呈宝绿色、富有白霜；汤色碧绿，清澈明亮，香气清高，味甘鲜；叶底柔软、黄绿明亮。此茶不仅可消暑解渴生津，而且还有极强的助消化作用和治病功效，明代闻龙在《茶笺》中称，六安茶入药最有功效，因而被视为珍品。

4．采制特点

六安瓜片的采摘季节较其他高级茶迟约半月以上，高山区则更迟一些，多在谷雨至立夏之间。六安瓜片的采摘标准为一芽二叶，可略带少许一芽三、四叶。第一叶制"提片"，二叶制"瓜片"，三叶或四叶制"梅片"，芽制"银针"。

制作瓜片首先需炒茶，炒茶锅生锅温度在100℃左右，熟锅稍低，投叶量约100克，鲜叶下锅后用竹丝帚或芦花帚翻炒1～2分钟，主要起杀青作用。炒至叶片变软时，将生锅叶扫入熟锅，边炒边拍，起整形作用，炒成片状，再以毛火烘至八成干，毛火后还要进行复烘，第一次复烘叫拉小火，第二次复烘叫拉老火。

5．社会声誉

在慈禧太后的膳食单上，有规定月供瓜片十四两；1971年7月美国前国务卿基辛格第一次秘密访华，回国前我国赠送他一桶"六安瓜片"作为礼品茶；1989年六安瓜片被评为全国名茶；2006年芜湖茶博览会上，"六安瓜片"在众名茶中被评为"茶王"；2007年3月26日至28日，胡锦涛同志访问俄罗斯期间，将黄山毛峰、太平猴魁、六安瓜片和绿牡丹4种名茶，作为"国礼茶"赠送给俄罗斯领导人。

（六）信阳毛尖

1．种　属

信阳毛尖为历史名茶，属绿茶特种茶类，是绿茶中的珍品。据考证，信阳毛尖创制于清朝末年。

2．产　地

信阳毛尖产于河南省信阳县西部海拔600米左右的车云山一带，信阳产茶，始于周朝。

3．品质特点

信阳毛尖属于锅炒杀青的特种烘青绿茶，条索细紧圆直，色泽翠绿，白毫显露；汤色、叶底均呈嫩绿明亮；叶底芽壮，匀整；茶叶香气属清香型，并不同程度地表现出毫香、鲜嫩香、熟板栗香；茶叶滋味浓醇鲜爽、高长而耐泡，素以"色翠、味鲜、香高"著称。

4．采制特点

采摘是制好毛尖的第一关，制作特级毛尖，只采摘一芽一叶初展；一级毛尖采摘一芽二叶初展；二级毛尖采摘一芽二叶至三叶初展为主，兼有二叶对夹叶；三级茶采摘一芽二至三叶，兼有较嫩的二叶对夹叶；四、五级采摘一芽三叶及二至三叶对夹叶。一般于4月上旬开采，采茶一般在晴天进行，要求及时、分批、按标准采茶，不采小，不采老，不采鱼叶（马蹄叶），不采果，不采老枝梗。鲜叶采回摊晾，不时轻翻，当天采茶当天炒完。

5. 社会声誉

1915年，信阳毛尖荣获巴拿马万国博览会金奖；1958年被评为全国十大名茶之一；1985年获中国质量奖银质奖；1990年"龙潭"毛尖茶代表信阳毛尖品牌参加国家评比，取得绿茶综合品质第一名的好成绩，荣获中国质量奖金质奖；1982年、1986年评为部级优质产品，荣获全国名茶称号；1991年在杭州国际茶文化节上，被授予"中国茶文化名茶"称号；1999年获昆明世界园艺博览会金奖。信阳毛尖不仅走俏国内，在国际上也享有盛誉，远销日本、美国、德国、马来西亚、新加坡、香港等20多个国家和地区。

（七）安溪铁观音

1. 种　属

安溪铁观音为历史名茶，属乌龙茶类。铁观音既是茶树品种名，也是茶叶名和商品名称。据考证，早在唐朝安溪就已产茶，铁观音始创于清乾隆年间。

2. 产　地

安溪铁观音产于福建的安溪县。

3. 品质特点

铁观音是乌龙茶中的极品，干茶形状肥壮圆结，沉重匀整，呈青蒂绿腹蜻蜓头状，色泽砂绿油润，红点鲜艳，叶表有白霜；汤色金黄明亮，香气馥郁持久，富兰花香，有"七泡有余香"的美誉；滋味醇厚甘鲜，回甘悠长；叶底肥厚明亮，具有绸面光泽，有"青蒂、绿腹、红镶边"的特征。

4. 采制特点

一年分四季采制，制茶品质以春茶为最好。秋茶次之，其香气特高，俗称秋香，但汤味较薄。夏暑茶品质较次。鲜叶采摘标准必须在嫩梢形成驻芽后，顶叶刚开展呈小开面或中开面时，采下二、三叶。采时要做到"五不"，即不折断叶片，不折叠叶张，不碰碎叶尖，不带单片，不带鱼叶和老梗。生长地带不同的茶树鲜叶要分开，特别是早青、午青、晚青要严格分开制作，以午青品质为最优。

铁观音制作严谨，技艺精巧，经凉青、晒青、摇青、炒青、揉捻、包揉、烘干等十几道工序加工而成。

5. 社会声誉

1982年6月，安溪铁观音在全国名茶评比会上被评为"全国名茶"。从那以后安溪茶厂出品的特级铁观音连续20多年保持国家金质奖章的荣誉；1984年，被审定为全国良种茶树；1986年10月，在法国巴黎获"国际美食旅游协会金桂奖"，被评为世界十大名茶之一；2004年，安溪铁观音被国家列入"原产地域保护产品"；2006年1月，"安溪铁观音"证明商标被国家工商总局授予"中国驰名商标"称号，这是全国茶业第一个中国驰名商标，也是世界最喜爱的中国品牌之一；2009年10月，在上海举办的"中国世博十大名茶"上，安溪铁观音拿得第一位；2010年，安溪铁观音正式进驻世博会，成为世博会茶叶第一品牌。

（八）武夷岩大红袍

1. 种　属

武夷岩大红袍为历史名茶，属乌龙茶类，初创于明末清初。

2. 产　地

大红袍产于福建省武夷山天心岩九龙窠的高岩峭壁上，是武夷岩茶中的名丛珍品。

3. 品质特点

外形条索紧结，色泽绿褐鲜润，冲泡后汤色橙黄明亮，叶底有"绿叶红镶边"之美感。大红袍最异于其他名茶的特点是香气馥郁，有兰花香，香高而持久，"岩韵"明显。大红袍很耐冲泡，冲泡七八次仍有香味。

4. 采制特点

大红袍茶要求茶青采摘标准为新梢芽叶生育较完熟（采开面三、四叶），无叶面水、无破损、新鲜、均匀一致。采摘时间因品种不同而异，春茶采摘在谷雨后（个别早芽种例外）到小满前，夏茶在夏至前，秋茶在立秋后。岩茶采摘对天时要求甚高，一般有四不采，即：雨天不采，露水叶不采，烈日不采，前一天下大雨不采（久雨不晴例外）。当天最佳采摘时间在上午9～11时，下午12～15时次之，其余时间较差。这主要与鲜叶含水能否满足焙制时的特殊加工要求有关。

大红袍初制的基本工艺有：萎凋、摊晾、摇青、做青、杀青、揉捻、烘干、毛茶等工序，精制主要流程包括：初拣、分筛、复拣、风选、初焙、匀堆、拣杂、装箱。

5. 社会声誉

大红袍是乌龙茶中的极品，堪称国宝。根据联合国教科文组织世界遗产委员会《世界遗产公约》，母树大红袍作为"主要自然景观"和"文化遗存与景观"之一，成为武夷山"世界文化与自然遗产"的重要组成部分。1998年以来的历次拍卖会上，20克大红袍拍出15.68万元至20.8万元人民币不等的天价，人民保险公司以一亿元承保6株母树大红袍。上世纪80年代初，大红袍品种无性繁殖成功。

1959年大红袍被评选为"中国十大名茶"之一；2001年，"武夷山大红袍"地理标志证明商标注册成功；2006年，武夷岩茶（大红袍）传统制作技艺作为全国唯一一类被列入国家首批非物质文化遗产名录；2007年，大红袍绝品作为首份现代茶样品入藏国家博物馆；2010年"武夷山大红袍"被国家工商总局新认定为中国驰名商标；2012在"民生银行杯"北京国际茶业展茶叶评比大赛获得金奖。

（九）祁门红茶

1. 种　属

祁门红茶为中国历史名茶，著名红茶精品，简称"祁红"，由祁门南乡平里镇贵溪人胡云龙等初创于清朝光绪八年。

2．产　　地

祁门红茶主产地是安徽省祁门县。与之相邻的东至、贵池、石台、黟县一带也有生产。该茶创制于清朝光绪元年，是我国红茶中的珍品。

3．品质特征

祁门红茶外形条索紧秀，锋苗好，色泽乌润泛黑光，俗称"宝光"；茶汤颜色红艳，香气浓郁高长，有果糖香，滋味醇和鲜爽，回味隽永；叶底嫩软红亮；其特有的香气在国际市场上被称之为"祁门香"。

4．采制特点

祁红采制工艺精细，采摘一芽二、三叶的芽叶作原料，经过萎凋、揉捻、发酵，使芽叶由绿色变成紫铜红色，香气透发，然后进行文火烘焙至干，红毛茶制成后，还须进行精制，尤其烘茶车间门窗紧闭，门口设厚布帘，使室内保持一定温度，并使茶香不易散失，使之内质香气独树一帜。

5．社会声誉

祁红在国际市场上享有"名茶之中是珍品，国际红茶是英豪"的盛誉，被誉为"王子茶""群芳最"。人们把祁红与印度大吉岭茶、斯里兰卡乌伐季节茶并列为世界公认的"三大高香茶"。1915 年祁红曾在巴拿马国际博览会上荣获金奖，1987 年在布鲁塞尔第 26 届世界优质食品大会上荣获金奖；1992 年获香港国际食品博览会金奖，2010 年上海市博会十大名茶之一。

（十）君山银针

1．种　　属

君山银针为中国历史名茶，属于黄茶类针形茶，唐代称为"黄翎毛"，宋代称为"白鹤茶"，清代称为"贡尖"和"贡蔸"，始创于唐代。

2．产　　地

君山银针产于湖南省洞庭湖中的君山岛上。

3．品质特征

君山银针芽头肥壮，紧实挺直，芽身黄绿，满披银毫，有"金镶玉"之称；汤色杏黄明净，香气清鲜，滋味甘甜醇和；叶底嫩黄明亮，冲泡时芽尖冲向水面，悬空竖立，然后徐徐下沉杯底，形如群笋出土，又像银刀直立，有"洞庭帝子春长恨，二千年来草更长"的描写。

4．采　　制

君山银针的采摘开始于清明前 3 天左右，直接从树上采摘芽头。为防止擦伤芽头，盛茶篮中要衬上白布。君山银针制作特别精细而别具一格，分杀青、摊晾、初烘、初包、复烘、摊晾、复包、足火 8 道工序，历时 3 昼夜，长达 70 小时之久。

5．社会声誉

君山银针质量超群，为我国名优茶的佼佼者。1956 年 8 月，在莱比锡国际博览会上，君山银针荣获金质奖章，1982 年被评为全国名茶。

能力提升

实训任务单2-1：认识绿茶

实训目的： 了解绿茶的分类，熟悉绿茶品质的感官审评指标；掌握西湖龙井、碧螺春、信阳毛尖、黄山毛峰、太平猴魁、六安瓜片的感官审评方法。

实训要求： 通过训练能够识别并比较西湖龙井、碧螺春、信阳毛尖、黄山毛峰、太平猴魁、六安瓜片六种绿茶的品质特征。

实训器具： 茶盘、审评杯、审评碗、评茶盘、叶底盘、称茶器（天平）、计时器、吐茶桶、茶匙、随手泡、茶巾、绿茶（西湖龙井、碧螺春、信阳毛尖、黄山毛峰、太平猴魁、六安瓜片）适量。

实训步骤： 备具→认识西湖龙井→认识碧螺春→认识信阳毛尖→认识黄山毛峰→认识太平猴魁→认识六安瓜片→收具

参考课时： 1学时，教师示范10分钟，学生练习30分钟，考核、教师点评5分钟。

预习思考： ① 绿茶感官审评的指标包括哪些？
② 茶叶变质、变味、陈化的原因是什么？

操作标准：

名称	类属与创制	产地	品质特征					
			形状	色泽	汤色	香气	滋味	叶底
西湖龙井	历史名茶，属炒青绿茶，始产于宋代	浙江杭州西湖的狮峰、龙井、云栖、虎跑、梅家坞一带	扁平挺直、光洁匀整	翠绿鲜润	清莹色绿	馥郁清香、幽而不俗	甘鲜醇和	嫩绿、匀齐成朵
碧螺春	历史名茶，属炒青绿茶，创制于明末清初	江苏吴县市太湖洞庭山，以石公、建设和金庭等为主要产区	条索纤细、卷曲如螺	银绿隐翠	嫩绿清澈	嫩香芬芳	鲜醇	芽大叶小、嫩绿柔匀
信阳毛尖	历史名茶，属炒青绿茶，创制于唐代	河南省信阳县	细秀匀直、白毫显露	翠绿	黄绿明亮	清香高长、略有熟板栗香	鲜、浓、爽	细嫩匀整
黄山毛峰	历史名茶，属炒青绿茶，创制于清代光绪年间	安徽省著名的黄山、歙县、休宁	形似雀舌、白毫显露	黄绿油润	黄绿清澈明亮	清香馥郁	鲜醇爽口	嫩黄柔软
太平猴魁	历史名茶，属烘青绿茶，创制于清末	安徽省黄山市黄山区新明乡和龙门乡一带	挺直、扁平重实、白毫隐伏	苍绿	杏绿清亮	幽香扑鼻	醇厚爽口回甘	肥厚柔软
六安瓜片	历史名茶，属炒青绿茶，创制于唐代	安徽省六安、金寨、霍山县等	单片，不带芽梗，叶边背卷顺直	宝绿色、富有白霜	碧绿、清澈明亮	清香持久	鲜醇回甘	黄绿明亮、柔软

能力检测：

序号	测试内容	应得分	扣分	实得分
1	认识西湖龙井	20分		
2	认识碧螺春	20分		
3	认识信阳毛尖	15分		
4	认识黄山毛峰	15分		
5	认识太平猴魁	15分		
6	认识六安瓜片	15分		
	总　分	100分		

❤ 实训任务单2-2：认识红茶

实训目的： 了解红茶的分类，熟悉红茶品质的感官审评指标；掌握祁门红茶、九曲红梅、正山小种、坦洋工夫、英德红茶、宁红工夫的感官审评方法。

实训要求： 通过训练能够识别并比较祁门红茶、九曲红梅、正山小种、坦洋工夫、英德红茶、宁红工夫六种红茶的品质特征。

实训器具： 茶盘、审评杯、审评碗、评茶盘、叶底盘、称茶器（天平）、计时器、吐茶桶、茶匙、随手泡、茶巾、红茶（祁门红茶、九曲红梅、正山小种、坦洋工夫、英德红茶、宁红工夫）适量

实训步骤： 备具→认识祁门红茶→认识九曲红梅→认识正山小种→认识坦洋工夫→认识英德红茶→认识宁红工夫→收具

参考课时： 1学时，教师示范10分钟，学生练习30分钟，考核、教师点评5分钟。

预习思考： ① 红茶可分为哪几类？
② 红茶感官审评的指标包括哪些？

操作标准：

名称	类属与创制	产地	品质特征					
			形状	色泽	汤色	香气	滋味	叶底
祁门红茶	历史名茶，属工夫红茶，始产于清代	安徽省祁门县	条索细紧匀齐秀丽	乌润	红亮	鲜甜清快、有果糖香	醇和鲜爽	嫩匀明亮
九曲红梅	历史名茶，属工夫红茶，又称"九曲乌龙"，始产于清代	源于福建武夷山的九曲溪，太平天国期间，随福建武夷农民迁徙至杭州市郊，遂传名于世	条索细紧、秀丽	乌润	红艳明亮	香高	醇厚	红明嫩软

名称	类属与创制	产地	品质特征					
			形状	色泽	汤色	香气	滋味	叶底
正山小种	历史名茶，属小钟红茶，始产于明代，是红茶的鼻祖	福建省崇安县星村镇桐木关村	条索肥壮、紧结圆直、不带芽毫	乌黑油润	红艳浓厚、似桂圆汤	松烟香	醇厚回甘	肥厚红亮
坦洋工夫	历史名茶，属工夫红茶，福建三大工夫红茶之一创制于清代	福建省福安市坦洋乡	条索紧结秀丽、茶毫微显金黄	乌润	红明	高爽	醇厚	红亮
英德红茶	新创名茶，属工夫红茶，创制于1959年	广东英德县城东北约20公里，地居大庚岭的瑶山以南	条索紧结、身骨重实、匀整秀美	乌润	红艳明亮	浓郁纯正	醇厚甜润	红亮
宁红工夫	历史名茶，属工夫红茶，始产于清代	江西省修水县	条索紧结圆直，锋苗挺拔	色乌略红，光润	红亮	香高持久似祁红	醇厚甜和	红匀

能力检测：

序号	测试内容	应得分	扣分	实得分
1	认识祁门红茶	20分		
2	认识九曲红梅	20分		
3	认识正山小种	15分		
4	认识坦洋工夫	15分		
5	认识英德红茶	15分		
6	认识宁红工夫	15分		
	总　分	100分		

❤ 实训任务单2-3：认识乌龙茶

实训目的： 了解乌龙茶的分类，熟悉乌龙茶品质的感官审评指标；掌握安溪铁观音、安溪黄金桂、大红袍、铁罗汉、凤凰单枞、冻顶乌龙的感官审评方法。

实训要求： 通过训练能够识别并比较安溪铁观音、安溪黄金桂、大红袍、铁罗汉、凤凰单枞、冻顶乌龙六种乌龙茶的品质特征。

实训器具： 茶盘、审评杯、审评碗、评茶盘、叶底盘、称茶器（天平）、计时器、吐茶桶、茶匙、随手泡、茶巾、红茶（安溪铁观音、安溪黄金桂、大红袍、铁罗汉、凤凰单枞、冻顶乌龙）适量。

实训步骤： 备具→认识安溪铁观音→认识安溪黄金桂→认识大红袍→认识铁罗汉→认识凤凰单枞→认识冻顶乌龙→收具

参考课时： 1学时，教师示范10分钟，学生练习30分钟，考核、教师点评5分钟。

预习思考：① 乌龙茶可分为哪几类？

② 乌龙茶感官审评的指标包括哪些？

操作标准：

名称	类属与创制	产地	品质特征					
			形状	色泽	汤色	香气	滋味	叶底
安溪铁观音	历史名茶，创制于清乾隆年间	福建省安溪县	肥壮圆结、沉重匀整	砂绿油润、红点鲜艳	金黄明亮	浓馥持久、富兰花香	醇厚甘鲜、回甘悠长	软亮、肥厚红边
安溪黄金桂	历史名茶，创制于清光绪年间	福建省安溪县	紧细卷曲、匀整	金黄油润	金黄明亮	高强清长	鲜醇鲜爽	色泽黄绿、红边明显、尚软亮
大红袍	历史名茶，传说创制于明代	福建省武夷山天心岩九龙巢	条索匀整、壮实	绿褐鲜润	金黄清澈	兰花香	甘爽滑顺	软亮、边红中绿
武夷水仙	历史名茶，传说创制于清代	福建省武夷山	条索匀整紧结、粗壮	乌褐油润	橙黄清澈	浓郁鲜锐、具兰花香	醇浓鲜滑甘爽	软亮、叶缘微红
凤凰单枞	历史名茶，传说创制于宋代	广东省潮安县凤凰山	挺直肥硕	鳝褐油润	深黄明亮	浓郁花香	甘醇爽口	绿腹红边
冻顶乌龙	历史名茶，传说创制于清代	台湾南投县鹿谷乡冻顶山	条索紧结匀整、卷曲成球	墨绿油润	蜜黄透亮	清香持久	浓醇甘爽	绿腹红边

能力检测：

序号	测试内容	应得分	扣分	实得分
1	认识安溪铁观音	20分		
2	认识安溪黄金桂	20分		
3	认识大红袍	15分		
4	认识武夷水仙	15分		
5	认识凤凰单枞	15分		
6	认识冻顶乌龙	15分		
	总　分	100分		

 实训任务单2-4：认识黄茶与白茶

实训目的：了解黄茶和白茶的分类，熟悉黄茶和白茶品质的感官审评指标；掌握君山银针、莫干黄芽、蒙顶黄芽、政和白毫银针、白牡丹、贡眉的感官审评方法。

实训要求：通过训练能够识别并比较君山银针、莫干黄芽、蒙顶黄芽三种黄茶以及政和白毫银针、白牡丹、贡眉三种白茶的品质特征。

实训器具：茶盘、审评杯、审评碗、评茶盘、叶底盘、称茶器（天平）、计时器、吐茶桶、茶匙、随手泡、茶巾、红茶（君山银针、莫干黄芽、蒙顶黄芽、政和白毫银针、白牡丹、贡眉）适量

实训步骤：备具→认识君山银针→认识莫干黄芽→认识蒙顶黄芽→认识政和白毫银针→认识白牧丹→认识贡眉→收具

参考课时：1学时，教师示范10分钟，学生练习30分钟，考核、教师点评5分钟。

预习思考：① 黄茶、白茶分别可分为哪几类？
② 黄茶、白茶感官审评的指标包括哪些？

操作标准：

名称	类属与创制	产地	品质特征					
			形状	色泽	汤色	香气	滋味	叶底
君山银针	历史名茶，始产于唐代	湖南省洞庭湖君山周围	芽壮挺直、匀整露毫	黄绿	杏黄明净	清香浓郁	甘甜醇和	黄亮匀齐
莫干黄芽	恢复历史名茶，古称莫干山芽茶，1979年恢复生产	浙江省德清县莫干山区	细如雀舌、芽壮显毫	绿润微黄	嫩黄清澈	清香幽雅	鲜爽醇和	嫩黄成朵
蒙顶黄芽	恢复历史名茶，1959年恢复生产	四川省名山县蒙山	扁平挺直、满披白毫	嫩黄油润	黄亮	甜香浓郁	甘醇	嫩黄匀齐
政和白毫银针	历史名茶，创制于1889年（福建白茶约始创于150年前）	福建省政和	芽壮肥硕、挺直似针	毫多白如云、银绿有光泽	浅黄	毫香新鲜	鲜爽微甜	银白、芽针完整
白牡丹	历史名茶，1922年政和开始生产	福建省政和、建阳、松溪、福鼎等县市	绿叶夹银白毫心	面绿背白	杏黄	毫香明显	甜醇	叶张肥嫩、芽叶连枝、叶底浅绿
贡眉	历史名茶，也称寿眉，继白牡丹后创制	福建省建阳等县市	芽壮叶嫩、卷紧如眉	灰绿或墨绿	浅橙黄	鲜爽	清甜醇爽	黄绿明亮、柔软

能力检测：

序号	测试内容	应得分	扣分	实得分
1	认识君山银针	20分		
2	认识莫干黄芽	20分		
3	认识蒙顶黄芽	15分		
4	认识政和白毫银针	15分		
5	认识白牡丹	15分		
6	认识贡眉	15分		
	总　　分	100分		

▼ 实训任务单2-5：认识黑茶及其紧压茶

实训目的： 了解黑茶的分类，熟悉黑茶品质的感官审评指标；掌握黑毛茶、云南普洱沱茶、普洱茶砖、米砖茶、七子饼茶、梅花饼茶的感官审评方法。

实训要求： 通过训练能够识别并比较黑毛茶、云南普洱沱茶、普洱茶砖、米砖茶、七子饼茶、梅花饼茶六种黑茶的品质特征。

实训器具： 茶盘、审评杯、审评碗、评茶盘、叶底盘、称茶器（天平）、计时器、吐茶桶、茶匙、随手泡、茶巾、红茶（黑毛茶、云南普洱沱茶、普洱茶砖、米砖茶、七子饼茶、梅花饼茶）适量

实训步骤： 备具→认识黑毛茶→认识云南普洱沱茶→认识普洱茶砖→认识米砖茶→认识七子饼茶→认识梅花饼茶→收具

参考课时： 2学时，教师示范30分钟，学生练习50分钟，考核、教师点评5分钟。

预习思考： ① 黑茶可分为哪几类？
② 黑茶感官审评的指标包括哪些？

操作标准：

名称	类属与创制	产地	品质特征					
			形状	色泽	汤色	香气	滋味	叶底
黑毛茶	历史名茶，已有近千年历史	湖南省安化、桃江、沅江、汉寿等地	条索粗卷、欠紧结	黄褐	橙黄微暗	醇厚、略带松烟香	醇厚	黄褐
云南普洱沱茶	历史名茶，属黑茶紧压茶，明代已有记载	云南省下关茶厂	似碗臼状、紧结光滑、白毫显露	褐红	红浓	陈香	醇厚回甘	稍粗、深猪肝色
普洱茶砖	历史名茶，属黑茶紧压茶，明代已有记载	云南省勐海、德宏自治州	长方形、棱角整齐、压痕清晰光滑、紧厚结实	褐红	深红褐色	陈香	醇和	深猪肝色
米砖茶	历史名茶，紧压茶，明代中期已呈砖茶雏形	湖北省赵李桥茶厂	表面光洁美观、砖形棱角分明、纹面图案清晰秀丽	乌润	明亮	醇和	醇厚	深褐
七子饼茶	历史名茶，紧压茶，周朝已有记载	云南省易武、勐海、景东及下关等地	紧结、圆整、显毫	褐红	深红褐色	纯正、陈香	醇浓	深猪肝色
梅花饼茶	历史名茶，紧压茶，由宋代龙凤团茶演变而来	云南省下关、勐海及德宏等地	饼状紧结、端正光滑	褐红	深红褐色	陈香	醇浓	猪肝色

能力检测：

序号	测试内容	应得分	扣分	实得分
1	认识黑毛茶	20分		
2	认识云南普洱沱茶	20分		
3	认识普洱茶砖	15分		
4	认识米砖茶	15分		
5	认识七子饼茶	15分		
6	认识梅花饼茶	15分		
	总　分	100分		

项目小结

　　本项目主要涉及茶树知识、茶叶分类、茶叶加工和贮存、茶叶鉴别与选购、中国名茶等方面内容,具体介绍了茶树的外形特征、生长环境及品种;中国茶叶的基本分类及其特征;茶叶加工的基本工艺流程及茶叶贮存方法;茶叶感官鉴别方法及茶叶选购的要点;中国茶区的分布、中国名茶的种类;中国十大名茶的种属、产地、品质特征、制作工艺等。为了提升学生能力,还专门设计了介绍茶树形态特征和生长环境、认识绿茶、认识红茶、认识乌龙茶、认识黑茶、认识黄茶与白茶等实训任务。

项目练习

一、判断题

1. (　　) 看色泽就可以区别新茶与陈茶。
2. (　　) 君山银针属于六大茶类中的黄茶。
3. (　　) 红茶按加工工艺分为滇红、宁红、宜红工夫三大类。
4. (　　) 名茶可分为传统名茶、恢复历史名茶、创新名茶三大类。
5. (　　) 全国可以分为四大产茶区：西南茶区、华南茶区、江南茶区和江北茶区。

二、选择题

1. 茶树性喜温暖、湿润,最适宜的生长温度为(　　)。
　　A. 15 ℃ ~ 20 ℃　　　　　　　　B. 16 ℃ ~ 20 ℃
　　C. 18 ℃ ~ 20 ℃　　　　　　　　D. 18 ℃ ~ 25 ℃
2. 乌龙茶按产地分为闽北乌龙、闽南乌龙、广东乌龙、台湾乌龙。下面属于广东乌龙的是(　　)。
　　A. 武夷岩茶　　　　　　　　　　B. 铁观音
　　C. 凤凰单枞　　　　　　　　　　D. 冻顶乌龙
3. 红茶的发酵度是(　　),其叶色深红,茶汤呈朱红色。

A. 0%   B. 30%

C. 50%   D. 100%

4. 审评茶叶时大部分茶都比较注重（   ）两因子。

    A. 滋味与汤色   B. 香气与滋味

    C. 香气与汤色   D. 香气与叶底

三、简答题

1. 简述六大基本茶类的产地和品质特点。

2. 简述中国十大名茶的产地以及主要品质特征。

实践

实践内容：以学习团队为单位，课后走访茶艺馆和茶叶市场。

能力要求：1. 能够区分不同的茶类，能够辨认中国十大名茶；

            2. 调查当地茶叶的消费和茶叶市场的营销状况；

            3. 结合实践过程，撰写一篇字数 1 000 字左右的调查报告。

项目三　茶艺基础

学习目标

➤ 掌握各类茶具的特点，并会运用这些特点来选配茶具。
➤ 能熟练掌握泡茶用水的选择。
➤ 能在学习活动中熟练掌握茶类的冲泡与品饮的基本要素，并应用于茶类冲泡技能的训练中。
➤ 熟练掌握泡茶的基本手法；学会欣赏茶艺技法的内涵美。
➤ 熟练掌握泡茶的基本程式，学会欣赏茶艺程式的韵律之美。

模块一　茶具知识

 具体任务

➤ 在学习活动中采用直观的方法认识茶具的种类，并掌握其功能。
➤ 认识不同类型的茶具，掌握茶具的选配。

 任务一　茶具种类

"器为茶之父"，茶具的材质对茶汤的香气和味道有重要的影响，因此茶具多以材质的不同来进行分类。最常使用和出现最多的茶具主要有紫砂茶具、瓷器茶具、漆器茶具、金属茶具、玻璃茶具和竹木茶具六大类。

一、紫砂茶具

紫砂是陶土的一个种类，产于中国宜兴。紫砂泥又叫紫砂矿，雅称"富贵土"，是制作紫砂壶（器）的主要原料。

经过科学分析，紫砂为多孔性材质，气孔微细、气密度高，这种特殊的结构使它具有良好的透气性和吐纳的特性。当紫砂器遇热时，气孔张开，将胎土内贮存之物吐出来，器具之内贮存是茶，便吐茶香；若贮存是油，就会吐油；久置不用，吸收了空气中的尘垢，就会吐尘垢。所以紫砂壶用来泡茶效果最好，且因为它的贮换功能，泡茶的效果还会越来越好，久用后，以沸水注入空壶也会有茶香溢出。

除此之外，紫砂对于冷热急变的适应性极强，寒冬腊月，置于温火烧茶或注入沸水，紫砂器也不会因温度急变而胀裂。

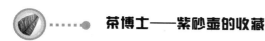 **茶博士——紫砂壶的收藏**

紫砂壶自明代出现以来就与茶文化紧密地结合在一起，除了其自身具有的实用价值和艺术价值之外，还有着丰富的文化内涵，是具有中华民族文化的外质内蕴的国粹。

一把好壶不仅仅是一件艺术品，也是一段历史的诉说，一种文明的象征，出自名家之手的优秀作品如今更是身价百倍。名壶的收藏热潮席卷东南亚和欧美国家，经久不衰，紫砂壶"一两紫砂一两金"的身价不断被古董收藏家以新的纪录刷新。也有越来越多的普通收藏者，"淘"出工艺精湛、独具特色的新紫砂壶收藏起来，在享受着收藏乐趣的同时，静待着其价值的提升。

*明代紫砂壶"四大名家"：董翰、赵梁、文畅、时朋*紫砂壶"三大妙手"：时大彬、李仲芳、徐友泉*近代名师：顾景洲、朱可心、蒋蓉、徐秀棠、汪寅仙、吕尧臣、徐汉棠、谭泉海、许四海

二、瓷器茶具

1. 白　瓷

白瓷于北朝时期已见雏形，但那时的釉色并不纯净，白中泛灰。到了唐朝，河北邢窑烧制出的白瓷，则是自有白釉瓷器以来的最完美产物，土质细润，坯质致密透明，色泽纯洁，欺霜赛雪，成品茶具轻巧精美，壁坚而薄，器型稳厚、线条流畅，敲之音清韵长，传热、保温性能皆强。因色泽纯白光洁，能更鲜明地映衬出各种类型茶汤之颜色，适用范围较青瓷更广。杜甫曾有诗称赞白瓷茶碗："大邑烧瓷轻且坚，扣如哀玉锦城传。"

白瓷的出现除了打破青瓷的垄断地位外，另一深远意义则在于为后代茶具盛行的青花瓷、釉里红瓷、五彩瓷和粉彩瓷等彩瓷器打下了深厚的工艺基础，为陶瓷茶具的发展注入了新的活力。

2. 青　瓷

青瓷为玻璃质的透明淡绿色青釉，瓷色纯净，青翠欲滴，既明澈如冰，又温润如玉，制造出来的茶具质感轻薄，圆滑柔和，陆羽在《茶经》中曾大力推崇。自商代出现原始瓷以来，青釉一直占据瓷釉的主流，至唐代，浙江越窑烧制的青瓷器，已经称得上炉火纯青。古诗中

"掞翠融青瑞色新"就是对越瓷色泽的赞美。宋代五大名窑，有四座都以产青瓷著称，其中龙泉哥窑生产的青瓷茶具，更是远销各地，至明代开始出口海外。明代的青瓷茶具更以其质地细腻、造型端庄、釉色青莹、纹样雅丽而蜚声中外，被视为稀世珍品。

3. 黑 瓷

黑瓷茶具开始于晚唐，在宋朝达到鼎盛，延续于元，明、清时衰微。宋代斗茶之风盛行，为黑瓷茶具的流行创造了非常便利的条件。白色茶沫与黑色茶盏色调分明，便于观察，且黑瓷胎体较厚，能够长时间保持茶温，最适宜于斗茶所用，这两点主要原因使得黑瓷茶具成为宋代瓷器茶具的最主要品种。

宋代有很多大量生产黑瓷茶具的瓷窑，其中以福建建窑生产的建盏最为著名。建盏配方独特，茶盏表面的细纹已经精致到"纹路兔毫"的地步，茶汤一旦入盏，能放射出五彩纷呈的点点光辉，增加了斗茶的情趣。蔡襄在《茶录》中曾说："建安所造者……最为要用。出他处者，或薄或色紫，皆不及也。"建安兔毫盏代表了黑瓷茶具的最高峰。

4. 彩 瓷

彩瓷是指带彩绘装饰的瓷器，比单色釉瓷更具美感，可细分为釉下彩、釉上彩、釉中彩以及釉上、釉下相结合的斗彩，于明清年间兴起。景德镇最负盛名的青花瓷茶具是典型的釉下彩瓷代表，其胎质坚薄，釉面光润明亮，釉色晶莹，蓝白花纹相映，淡雅清幽，造型多样。清代出现的釉上彩充分吸收了中国绘画的表现方式，瓷面上的绘画图案更富层次，出现凹凸浓淡的变化，立体感强，光泽透亮，粉润柔和。

5. 骨 瓷

骨瓷属软质瓷，是以骨粉加上石英混合而成，是当今世界上公认的最高档的瓷种。其制作过程极为复杂，工艺特殊，标准严格。骨瓷起源于英国，现在中国也已经掌握了骨瓷的制作工艺并能生产出在工艺、花面设计、器型风格上独具中华特色的骨瓷茶具。

骨瓷茶具比起普通陶瓷质地更为轻巧，器壁虽薄，却致密坚硬，不易破损，釉面光滑，瓷质细腻。骨瓷茶具的透光性和保温性都很好，规整度、洁白度、透明度、热稳定性等指标均要求极高。瓷的花面与釉面容为一体，不易磨损脱落，是有益于健康和环保的绿色瓷器。

茶博士——宋代五大名窑

宋代茶具分类精细，如饮茶用盏，注水用执壶（瓶），炙茶用铃，生火用铫等，主要器具材质多为瓷器，对瓷器的成色非常讲究，尤其追求茶盏的质地、纹路细腻和厚薄均匀。宋代制瓷工艺技术更加炉火纯青，且独具风格，浑然天成，釉色与式样较前朝都有翻新。

这时期的名窑层出不穷，首推五大名窑，即汝、官、钧、哥、定，继"南青北白"的局面后，竞相斗艳，难分轩轾。五大名窑各具特色，简单概括如下：

汝窑：五大名窑之首，以青瓷为主，以釉色纯正而名扬天下。

官窑：以青釉著称于世，对釉色之美极为重视，工艺带有雍容典雅的宫廷风格。

钧窑：北方青瓷一派，最大的成就是发明了制瓷史上的"窑变色釉"，釉色青中透红，灿若云霞。

哥窑：瓷器以纹片著名，里外披釉，均匀光洁，晶莹滋润。

定窑：以烧白瓷为主，瓷质细腻，质薄有光，坚密细腻，以丰富多彩的装饰花纹取胜。

五大名窑的兴旺贯穿了宋金元几代，至元朝时，器型、釉色方面更为可观，为明清两代瓷器茶具的发展奠定了坚实的基础。

（资料来源：《茶经》，于观亭，外文出版社）

三、漆器茶具

漆器的历史悠久，据史料记载，早在夏禹时代已见使用。在汉代，漆器被作为日用器具已日渐普遍。漆器制成茶具，有据可考的始见于清代。现代漆器生产广泛分布于山西平遥、甘肃天水、陕西凤翔以及北京、江苏、上海、重庆、福建等地。其中，以风格富丽华贵的北京雕漆、以镶嵌螺钿为特色的扬州漆器和色泽光亮、轻巧美观的福建脱胎漆器最富特色，制成的漆器茶具受到人们的欢迎。

四、金玉茶具

如果说唐代金银茶具还只是多为上流社会权贵富人显示身份地位所用，那么到了宋代，金银制造工艺又有进步，加上民风奢靡，斗茶之风盛行，金银茶具更被视为上品，即使在民间茶肆也有使用。蔡襄的《茶录》中曾有记载，当时流行的斗茶用具均以黄金为上，次一些则以银铁或瓷石为之，充分说明了金银器具在当时的受重视程度。

因玉石材料稀少、价格昂贵，且雕琢困难，用玉石制成的茶具成为普通人可望而不可及的奢侈品。时至今日，仍有一些人对玉石茶具格外青睐。材料上乘、工艺精湛的玉石茶具，是价值不菲的工艺品，值得赏玩与收藏。

五、玻璃茶具

玻璃在古时属稀罕之物，古人称之为琉璃。唐代著名诗人元稹曾专门赋诗咏之："有色同寒冰，无物隔纤尘。象筵看不见，堪将对玉人。"赞扬了琉璃的流光溢彩、拟珠似玉之美。皇家选其为礼佛供奉所用，足见其价值。宋代，独特的高铅琉璃器具面世；元明时期，民间也出现了规模较大的琉璃工艺作坊；清代，北京还出现了宫廷琉璃厂。

现代的玻璃在茶具制作中使用十分广泛，可以制成茶杯、茶壶、水壶、茶海、茶匙、茶漏、茶盏、茶托以及茶盘等。玻璃因其良好的散热性和通透性，人们常用它来冲泡各种细嫩绿茶。

六、竹木茶具

竹木茶具起源于民间，其经济实惠的特点最易被劳动大众接受。唐代茶圣陆羽在《茶经》

中所列的整套 28 种茶具，多数也为竹木所制。历史上，茶文化遍及乡野，在广大农村很多劳动人民都使用廉价的竹碗或木碗喝茶。南方海岛之地，还有人用椰壳加工而成的茶具泡茶，取材更为随意，清新别致，更像一件艺术欣赏品。

竹木茶具发展至今，与其自身的特性息息相关。竹木之材天然而生，来源广泛，便于加工，对茶叶无污染，对人体也无害。现代因竹木茶具保温性能良好，其外型简单粗放、朴实无华，蕴涵着一种古典的自然风韵，很耐观赏，颇受茶人的喜爱。

 ## 任务二　　常用茶器

"水为茶之母，器为茶之父"，对器的强调和要求正凸显了茶人对品茗的完美追求。现代使用的茶器需要兼具实用和美感的特性，从备水，到理茶、置茶、品茗和洁净，每一个环节和步骤都要求配备有专门且精致的茶器。

一、备水器

1. 煮水壶

煮水壶是用来煮开水用的泡茶辅助器具。陶制的煮水壶具有保温作用，是较佳材质。现代的煮水壶，通常会在壶底加一层保温材质，以保持水温。在茶艺表演中泡茶的时候，使用较多的有紫砂提梁壶、玻璃提梁壶和不锈钢壶等。

2. 茗　炉

茗炉是用来煮烧泡茶水的炉子。为表演茶艺的需要，现代茶艺馆经常备有一种以酒精灯为燃料的"茗炉"，将装好水的水壶放在"茗炉"上，可用来烧水或保持水温。

另外，现代茶艺馆及家庭使用最多的是"随手泡"，它是用电来加热烧水，加热开水时间较短，水开后可以自动断电，方便快捷。

3. 暖水瓶

暖水瓶是用来贮备沸水的泡茶辅助工具，具有保温作用。在泡茶时，当无需现场煮沸热水时使用。

4. 水　方

水方是用来贮存生水的泡茶辅助用具。陆羽的《茶经》中记载："水方以椆木、槐、楸、梓等合之，其里并外缝漆之，受一斗。"水方的出现增加了茶艺的精细与优雅。

二、理茶器

1. 茶　夹

茶夹又称茶筷，用于烫洗杯具和将茶渣自茶壶中夹出，有人也用它挟着茶杯洗杯，防烫又卫生。明代李贽写有隽永小品《茶夹铭》，其言"我老无朋，朝夕唯汝……夙兴夜寐，我与子始终"，素朴悠然的词句增加了茶夹的文化意蕴。

2. 茶 浆

撇去浮于茶汤表面的茶沫的用具,尖端用于通壶嘴。茶叶冲泡第一次时,表面会浮起一层泡沫,此时可用茶浆拨去泡沫。品茶时出现的泡沫不能用嘴吹或者直接倒掉一点,而是要用茶浆拨去。

3. 茶 针

状为一根细长针形的泡茶用具,故名为茶针,多以竹、木制成。茶针除去用来疏通茶壶的内网,保持水流畅,还用于疏通壶嘴以及茶盘出水孔,以免茶渣阻塞,造成出水不畅。茶针精致与修长尖细的外形,加上疏通涤滓的用途,为品茶提升了清静舒畅、精巧雅致的享受。

4. 茶 刀

茶刀通常在冲泡普洱茶时使用。用茶刀撬取干茶,将撬下的碎片放入壶中,冲泡时更容易得到较浓的茶汤。

三、置茶器

1. 茶 瓮

用于大量贮存茶叶的容器,通常为陶瓷。小口鼓腹,贮藏防潮。也可以用马口铁制成双层箱,下层放干燥剂(通常用生石灰),上层用于贮藏茶叶,双层间以带孔搁板隔开。经过茶瓮贮存的茶叶,可以保持茶叶口味的长期不变,甚至增加茶叶的韵味。

2. 茶 罐

作为备茶器具的茶罐一般分为茶样罐和贮茶罐两种。茶样罐为泡茶时用于盛放茶样的容器,体积较小,约装干茶 30～50 克。贮茶罐或叫贮茶瓶为大量贮藏茶叶用,约能贮茶 250～500 克。为确保密封,应用双层盖或防潮盖。贮茶罐一般为金属、瓷质或紫砂,造型美观多样。

3. 茶 匙

一种长柄、圆头、浅口的小匙,用于将茶叶由茶样罐中取出,或者从茶壶内取出茶渣时使用。茶匙多为竹质或木质,一端弯曲。茶匙要求击拂有力,古代也有以黄金、银、铜制成。

4. 茶 则

分盛茶叶用的器具,一般为竹制。将宽一点的竹杆切开,利用竹管内部自然形成的节隔,可制作成茶则。此种宽的茶则是盛散茶入壶的用具。另一类茶则偏小,有的一端尽头稍微向上隆起,在茶道中用来将粉末茶盛入茶碗。

5. 茶 荷

茶荷既可以观看鉴赏茶样的质色,同时也做置茶分样用。泡茶时,一般先将茶叶装入茶荷内,让客人鉴赏茶叶外观,再用茶匙将茶荷内的茶叶拨入壶中。

6. 茶 漏

茶漏呈圆形漏斗状,形制小巧,也叫做茶斗。用小茶壶泡茶时,将其放置壶口,以防茶叶洒落到壶外。茶漏在茶艺表演过程中具有导引茶叶入壶的功用。

四、品茗器

1. 茶 盅

茶盅也叫公道杯，形状似无盖的敞口茶壶。茶盅的容积要大于壶或盖碗，一般为瓷器、紫砂、玻璃器等。从外观上分为无柄和有柄两种，有的还有内置过滤网。

茶盅一般用于盛放泡好茶汤，再分倒各杯。如此，一可使各杯茶汤浓度均匀；二可沉淀茶渣。如果在茶盅上覆一滤网，还可以滤去茶渣、茶末。

2. 闻香杯

闻香杯顾名思义，是用来闻茶香的专用杯子。它的容积与品茗专用的品茗杯相仿，但杯身细长而高，容易聚香。

3. 品茗杯

茶杯是品茗时的重要茶具。现在常用品茗杯的材质主要有瓷、紫砂和玻璃。品茗杯以白底为佳，便于观察汤色。

4. 杯 托

杯托也称杯垫。是用以承托衬垫茶杯的垫子。茶托一般与所托茶杯在质地上保持一致，体现协调之美。

5. 茶 壶

茶壶是供泡茶和斟茶用的带嘴器皿，由壶盖、壶身、壶底、圈足四部分组成。壶盖有孔、钮、座、盖；壶身有口、延（唇墙）、嘴、流、腹、肩、把（柄、扳）等部分。由于壶的把、盖、底、形的细微差别，茶壶的基本形态就有近 200 种。泡茶时，茶壶大小依饮茶人数多少而定。茶壶的质地很多，目前使用较多的是以紫砂陶壶或瓷质茶壶。

小茶壶一般做工精细，适合独啜或者作为功夫茶具组中的泡茶壶出现。用小茶壶泡出的茶，味道格外甘醇芳香。明清时代以江苏宜兴的紫砂壶最为著名，如果出自名家之手，甚至是四方争购，价比黄金。

6. 盖 碗

盖碗又称"三才杯"，由盖、碗、托三部分组成，为现代茶艺最常使用的器具，清雅的风格能反映出茶的色彩美和纯洁美。在古代，盖碗的使用有讲究的礼仪，同时也是一种身份的象征。碗盖可以防尘、保温、闻香、拂去茶沫。鲁迅先生在《喝茶》一文中曾这样写道："喝好茶，是要用盖碗的。"

五、洁净器

1. 茶 船

茶船形状有盘形、碗形，不但托放茶碗，茶壶也放置其中，盛热水时供暖壶烫杯之用，也可用于养壶。当注入壶中的水溢满时，茶船可将水接住，避免弄湿桌面。茶船有竹木、陶、瓷及金属制品。

2. 茶　盘

茶盘即用来盛放茶壶、茶杯、茶道组、茶宠乃至茶食等器具的浅底器皿。其形状根据配套茶具，可方可圆或作扇形。形式可以是抽屉式或嵌入式，既可以是单层也可以是夹层，夹层用以盛废水。

茶盘的选材广泛，金、木、竹、陶皆可取。金属茶盘简便耐用，竹制茶盘清雅相宜，陶瓷茶盘精致讲究。放置茶壶、茶杯用的加彩搪瓷茶盘，也曾一度受到不少茶人的欢迎。

3. 水　盂

与文房中的水盂稍有不同，文房中的水盂用于盛磨墨用水，而茶艺中作为茶具洁净器皿的水盂主要用来贮放茶渣和废水。水盂多用陶瓷制作而成，也有玉、石、紫砂等。

4. 茶　巾

茶巾俗称茶布，主要功用为擦干茶壶，在品茶之前将茶壶或茶海底部残留的水擦干，也可用来擦拭滴落桌面的水滴。茶巾置于茶盘与泡茶者之间的案上，宜采用麻、棉等吸湿性较好的材质。同时，茶巾需手感柔软，花纹要柔和，也可以起到装饰的作用。

5. 容　则

容则是摆放茶则、茶匙、茶夹等器具的容器，属于洁净器的一种。容则取"海纳百川，有容则大"的意涵，有包养天地的韵味。容则与茶匙、茶夹、茶针、茶漏、茶则一起被称为"茶道六君子"。

六、其他辅助器具

在茶类冲泡过程中，为了更好体现整个流程的科学性与艺术性，还有一些辅助器具，共同组成茶席，如铺垫、茶巾盘、奉茶盘、盖置、壶垫、滤网、滤网架等。

 任务拓展——茶宠

很多喜爱品茶的朋友都会在自己的茶盘上摆放一件小小的陶制工艺品，通常为动物造型，如猪、狗、金蟾、貔貅等，也有人物，佛像等经典造型，这就是茶宠。人们一边喝茶一边用茶扫蘸茶汤轻轻拂刷表面，被茶汤滋润养着的茶宠日久就会显出色彩来，有的利用中空的原理，还会吐泡、喷水。紫砂茶宠与紫砂壶一样，时间久了也会升值。想要拥有一只漂亮的茶宠，一定要用心呵护和滋养，注意使用茶水淋漓刷扫而不是白水，这样才能事表面温润顺滑，通常普洱茶养茶宠比其他茶的成效会更快一些。有茶宠为伴为朴素的品茶增添了几分雅趣，得到很多茶人的喜爱。

（资料来源：《茶经》，于观亭，外文出版社）

模块二　用水知识

具体任务

➢ 了解水的分类及其指标。
➢ 掌握泡茶用水的选择。
➢ 熟悉名泉佳水。

自古，中国人就十分讲究饮茶择水，水中溶入了茶的清香芬芳，也溶入了茶道的精神品质、文化底蕴和审美理念。烹茶鉴水，也是中国茶道的一大特色。

 任务一　水的分类和指标

茶人们常说"水是茶之母"，"水是茶之体"。好水配好茶，名泉伴佳茗，可谓品茗之佳境。

一、水的类别

1. 按来源分类，水可以分为泉水（山水）、溪水、江水（河水）、湖水、井水、雨水、雪水、露水、自来水、纯净水、矿泉水、蒸馏水等。

2. 按硬度分类，水可以分为硬水和软水。碳酸钙含量 1 mg/L 称为硬度为 1 度。通过科学手段对水的分析，水中还含有电离状态的钙和镁的碳酸钙、硫酸盐和氯化物，水中钙、镁离子含量少于 8 mg/L 的称为软水，超过 8 mg/L 的称为硬水。

二、泡茶用水的指标

饮茶与水密不可分。好的泡茶用水可以通过以下几项进行综合判断。

1. 感官指标

水无异色，要求色度不超过 15 度，即浑浊度不超过 5 度，水不浑浊，呈透明状；水无异常的气味和味道，不含有肉眼可见物，通过感官判断为洁净。

2. 化学指标

水的 pH 值为 6.5~8.5。茶汤水色对 pH 相当敏感。pH < 6 时，水的酸性太大，汤色变淡；

pH > 7.5 时，呈碱性，茶汤变黑。

3. 硬度指标

水的硬度是反映水中矿物质含量的指标，它分为碳酸盐硬度和非碳酸盐硬度两种，前者在煮沸时产生碳酸钙、碳酸镁等沉淀，因此煮沸后水的硬度会改变，故称"暂硬度"，这种水称"暂时硬水"；后者煮沸时无沉淀产生，水的硬度不会发生改变，故称"永久硬度"，这种水称"永久硬水"。

水的硬度会影响茶叶成分的浸出率。软水中溶质含量较少，茶叶成分浸出率高；硬水中矿物质含量高，茶叶成分的浸出率低。尤其是当水的硬度 > 30 度时，茶叶中的茶多酚等成分的浸出率明显下降。并且水的硬度大，水中钙、镁等矿物质含量高，还会引起茶多酚、咖啡碱沉淀，造成茶汤变浑、茶味变淡。各类茶中的风味最易受水质的影响，如要泡好绿茶最好用硬度为 3 ~ 8 度的水。

4. 其他指标

水中氯离子浓度不超过 0.5 mg/L，否则有不良气味，茶的香气会受到很大影响。水中氯离子多时，可先积水放一夜，然后烧水时保持沸腾 2 ~ 3 分钟。

水中氯化钠的含量应该在 200 mg/L 以下，否则咸味明显，对茶汤的滋味有干扰。

水中铁浓度不超过 0.3 mg/L、锰不超过 0.1 mg/L，否则茶汤变黑，甚至生面浮起一层"锈油"。

 任务二　泡茶用水

一、用水要求

现代茶道认为，"源""活""甘""清""轻"五项指标俱全的水，才称得上宜茶美水。若要体现出茶的真味，唯有佳茗配美泉方可。

第一，水的来源要好，唐代陆羽《茶经》中记载有"其水，用山水上，江水中，井水下"。古人认为源于地层深处的泉脉之水，未被外界空气污染，泡出的茶汤滋味纯正。

第二，水源要活。流水不腐，在流动的活水中细菌不易繁殖，氧气和二氧化碳等气体的含量较高，同时活水有自然净化作用，泡出的茶汤特别鲜爽可口。

第三，水味要甘。即水一入口，舌尖立时便会有甜滋滋的美妙感觉。咽下去之后，喉中亦觉甜爽，用这样的水泡茶自然会增添茶之甘甜。因此古人有云"凡水泉不甘，能损茶味"。

第四，水质要清。水清则无杂、无色、透明、无沉淀物，方能体现茶汤本色。

第五，水体要轻。水的比重越大，说明溶解的矿物质越多。各种金属矿物质对茶汤的滋味都有或浓或淡的影响，甚至含有毒性。所以水以轻为美。

二、现代人泡茶用水的选择

1. 山泉水——位于无污染山区的天然泉水，终日处于流动状态，经过砂石的自然过滤，通常比较干净，味道略带甘美，水质的稳定度高，非常适合作为泡茶用水。

2. 江、河、湖水——属地表水，含杂质较多，混浊度较高，一般说来，沏茶难以取得较好的效果，但在远离人烟，又是植被生长繁茂之地，污染物较少，这样的江、河、湖水，仍不失为沏茶好水。

3. 井水——属地下水，悬浮物含量少，透明度较高。但它又多为浅层地下水，特别是城市井水，易受周围环境污染，用来沏茶，有损茶味。

4. 雨水和雪水——雨水和雪水被古人誉为"天泉"。用雪水泡茶，一向被人重视。如唐代大诗人白居易《晚起》诗中的"融雪煎香茗"，元代诗人谢宗可《雪煎茶》诗中的"夜扫寒英煮绿尘"。但是，现在空气污染严重，两者皆不适宜用来泡茶。

5. 自来水——由于自来水含氯，直接取用将破坏茶汤的味道，所以，在使用自来水时，一般需经过除氯和过滤的净化步骤。

6. 纯净水——现代科学的进步，采用多层过滤和超滤、反渗透技术，可以将一般的饮用水变成不含有任何杂质的纯净水，并使水的酸碱度达到中性。用这种水泡茶，不仅因为净度好、透明度高，沏出的茶汤晶莹透澈，而且香气滋味纯正，无异杂味，鲜醇爽口。

7. 矿泉水——一般来说，市面上包装出售的矿泉水不一定适合用来泡茶，因为水中矿物质的增加，影响水质本身的口感。

8. 蒸馏水——蒸馏水是人工制造出的纯水，水质绝对纯正，对茶汤表现毫无增减作用，泡茶效果并不优于其他水质，加上蒸馏水的成本高，以蒸馏水泡茶的人并不多。

 任务三　　名泉佳水

泉水水源多出自深山，或潜埋底层深处，而流出地面的泉水，经多次渗透过滤，以致有"泉从石出清宜冽"之说。神州大地，名泉众多，水质甘甜，历来被名人雅士竞相评论。

1. 中冷泉

后唐名士刘伯刍喜品天下甘泉，将适宜煮茶的泉水分为七等，而中冷泉自众多名泉中脱颖而出，被品评为"天下第一泉"。

中冷泉位于江苏镇江，在那座因"白娘子水漫金山"的美丽神话而家喻户晓的金山寺西侧塔影湖畔。中冷泉水被形容为"绿如翡翠，浓似琼浆"，水色碧绿，水质清澈，甘冽醇厚，极宜烹茶。用中冷泉水烹煮成的茶汤，味道清甜，细细品来，回味无穷，满口清香自唇齿间沁入人心脾。泉水南侧石栏上镌刻着遒劲有力的"天下第一泉"五个大字。

2. 玉　泉

虽然陆羽和刘伯刍都喜爱品评天下名泉，且都品出了各自心中的第一，但有一个天下第一泉因为得到了乾隆皇帝御口亲封，名号更为响亮，那就是位于北京西郊玉泉山东麓的玉泉。

玉泉水甘冽，水清而碧，澄洁似玉，故名玉泉。山由水得名，被称为"玉泉山"。乾隆皇帝嗜好饮茶，他常到玉泉观景，并令人汲取全国各大名泉的水样，和玉泉水相比较，感觉唯有玉泉水水轻质优，味道最为醇厚甘甜，泡出茶来香气纯正浓郁，凝香不散，遂封玉泉为天下第一泉，并亲笔题写了"天下第一泉"五个大字。

3. 谷帘泉

相传茶圣陆羽嗜茶，对泡茶之水极有研究，遍尝天下名泉之水，按所泡出茶汤的美味程度，称谷帘泉为"天下第一泉"。

谷帘泉位于庐山大汉阳峰康王谷中，如一匹白练自天空散落而下，绰约多姿。泉水甘腴清冷，清澈透明，味道香醇，无杂质污染，有益身体健康，几乎包揽了山泉水"八大功德"，自然成为泉水中的绝佳上品，泡出茶来甘润清香、清新爽口。

庐山上还有另外一大特产——庐山云雾茶。用谷帘泉水冲饮，好水好茶相得益彰，浓郁甘醇，满口生香，饮者无不交口称赞。

4. 趵突泉

趵突泉是泺水的源头，距今有2 700年的历史，是济南三大名胜之一，为七十二泉之首。泉水跳跃奔突，喷涌不息，故名"趵突"。泉水四季恒温，固定在18 ℃左右。

自古以来就有"不饮趵突水，空负济南游"之说。茶文化在趵突泉历史悠远，流传甚广。趵突泉水清冽甘美，可以直接饮用。用此水煮茶，色泽纯正，甘甜可口，余香醇厚，茶水可凸出杯面却不外溢，被称为"趵突一绝"。

5. 惠山泉

惠山泉位于江苏无锡惠山寺附近，陆羽在茶经中以茶味评定了天下名泉二十等，惠山泉居于第二。后唐评水大家刘伯刍则认为：宜于煮茶的泉水有七眼，惠山泉排第二。经过两方共同评判，惠山泉"天下第二泉"的美誉为世人所公认。

惠山泉水为山水，是通过了岩层裂隙过滤的地下水，含矿物质少，无色透明，水质纯良，甜美适口，"味甘"而"质轻"，宜以"煎茶为上"，是泉水中难得的泡茶珍品，名不虚传。

历代文人墨客在此留下了不少赞句，到了宋代，惠山泉水声誉更上一层楼，成为宫廷贡品。元代著名书法家赵孟頫慕名而来，并专门为惠山泉题写了"天下第二泉"五个大字，至今仍在泉亭后壁上，保存完好。

6. 虎跑泉

虎跑泉位于杭州西南，因唐代高僧性空被神仙托梦，见二虎刨地成泉，故而得名，带了几分宗教与神秘的色彩。它居西湖诸泉之首，与龙井泉并称天下第三泉。"龙井茶叶虎跑水"，被爱茶之人誉为"西湖双绝"。虎跑泉水水量丰沛，水质纯净，水色晶莹清透，澄碧如玉。因其中含有多种矿物元素，经常饮用会有很好的医疗保健作用。当地很多人都习惯在凌晨去虎跑泉边汲取清新的泉水，泡上一杯热气腾腾的龙井茶，在西湖之畔慢慢品饮，一股甘冽醇厚的甜香之味遍布唇舌之间，渐透齿颊，让人瞬间便觉神清气爽，自得其乐。

7. 龙井泉

龙井泉位于浙江省杭州市西湖西面的风篁岭上，是一个裸露型岩溶泉。古时候，龙井泉逢旱年却不干涸，古人认为其与大海相通，有神龙潜居，膜拜景仰，称其为"龙井"。龙井泉是与杭州虎跑泉齐名的天下第三泉，也是杭州四大名泉之一。

龙井泉水出自山岩中，清澈凛冽，味道甘甜，四季不旱，平滑如镜。历史上有"采取龙井茶，还烹龙井水"之说。

8. 虎丘寺石泉

苏州虎丘寺不仅以风景秀丽闻名遐迩，也以拥有天下名泉著称于世。茶圣陆羽曾在此长期居住，研究水质对饮茶的影响。他觉得虎丘寺山泉水甘甜可口，于是在山上挖筑了一口石井，并将其评定为"天下第五泉"，这便是今日的虎丘寺石泉，又称"陆羽泉"。而刘伯刍品过之后，深感其清甘味美，将其升级为第三，于是虎丘石泉便以"天下第三泉"名传天下。

虎丘石泉位于虎丘寺"千人石"右侧的"冷香阁"北面。这个"石泉"其实就是一口古石井，井口一丈见方，四面石壁，泉水长年清寒，碧色如玉，终身不涸。用它来泡茶，既能保持茶叶清香醇厚的本来味道，又增添了古井水甘甜鲜爽之美，如给好茶锦上添花。

模块三　泡茶知识

 具体任务

➤ 能在学习活动中熟练掌握茶类的冲泡与品饮的基本要素，并应用于茶类冲泡技能的训练中。
➤ 熟练掌握泡茶的基本手法；学会欣赏茶艺技法的内涵美。
➤ 熟练掌握泡茶的基本程式，学会欣赏茶艺程式的韵律之美。

 任务一　茶类冲泡与品饮的基本要素

一、茶类冲泡基本要素

茶叶的色、香、味是由茶叶中所含的各种化合物决定的，部分化合物能在冲泡过程中溶解于水，从而形成了茶汤的色泽、香气和滋味。泡茶时，应根据不同茶类的特点，调整水的温度、浸润时间和茶叶的用量。从而使茶的香味、色泽、滋味得以充分发挥。综合起来，泡好一壶茶主要有五大要素：一是茶具选配、二是茶叶用量、三是泡茶水温、四是冲泡时间、五是冲泡次数。

（一）茶具选配

随着我国茶具品种的丰富，冲泡技艺的不断创新，茶具搭配的方式越来越多，选配范围也越来越大。我们在选配茶具时，一般从以下几个方面来考虑。

一是根据茶叶品种来选配；二是根据饮茶风俗来选配；三是根据饮茶场合来选配；四是根据个人爱好来选配。

（二）茶叶用量

茶叶用量就是每杯或每壶中应当放入的茶叶分量。泡好一杯茶或一壶茶，首先要掌握茶叶用量。茶叶的用量并没有统一标准，主要根据茶叶种类、茶具大小及消费者的饮用习惯而定。水多茶少，滋味淡薄；茶多水少，茶汤苦涩不爽。一般而言，细嫩的茶叶用量要多；较粗的茶叶用量可少些。

普通的红、绿茶类（包括花茶），可大致掌握在 1 克茶冲泡 50 ~ 60 毫升水。如果是 200 毫升的杯（壶），那么，放入 3 克左右的茶叶，冲至七八分满，就成了一杯浓淡适宜的茶汤。若饮用云南普洱茶，则需放茶叶 5 ~ 8 克。

饮乌龙茶注重品味和闻香，故要汤少味浓，用茶量以茶叶与茶壶容积比例来确定，茶量大致是茶壶容积的 1/3 ~ 1/2。广东潮汕地区饮乌龙茶的人，用茶量达到茶壶容积的 1/2 ~ 2/3。

（三）泡茶水温

古人十分讲究泡茶的水温，认为煮水"老""嫩"都会影响到开水的质量，故应严格掌握煮水程度。明张源《茶录》中介绍的："汤有三大辨十五小辨。一曰形辨，二曰声辨，三曰气辨。形为内辨，声为外辨，气为捷辨。如虾眼、蟹眼、鱼眼连珠，皆为萌汤，直至涌沸如腾波鼓浪，水气全消，方是纯熟。如初声、转声、振声、骤声，皆为萌汤，直至无声，方是纯熟。如气浮一缕、二缕、三四缕，及缕乱不分，氤氲乱绕，皆为萌汤，直至气直冲贯，方是纯熟。"从以上经验可知，水要急火猛烧，待水煮到纯熟即可，切勿文火慢煮，久沸再用。

据测定，用 60 ℃ 的开水和 100 ℃ 的开水冲泡茶叶，在时间、水量和用茶量相同的情况下，茶汤中的茶汁浸出物含量，前者只是后者的 45% ~ 65%。这就是说，冲泡茶的水温高，茶汁就容易浸出，茶汤的滋味也就更浓；冲泡茶的水温低，茶汁浸出速度慢，茶汤的滋味也就相对淡一些。"冷水泡茶慢慢浓"说的就是这个意思。

泡茶水温的高低与茶的老嫩、松紧、大小有关。大致说来，茶叶原料粗老、紧实、整叶的，要比茶叶原料细嫩、松散、碎叶的，茶汁浸出要慢得多，所以冲泡水温要高。当然，水温的高低还与冲泡的茶叶品种有关。

具体说来，高级细嫩名茶，特别是名优高档的绿茶，冲泡时水温应在 80 ℃ 左右。大宗红茶、绿茶和花茶，由于茶叶原料老嫩适中，故可用 90 ℃ 左右的开水冲泡。

冲泡乌龙茶、普洱茶等特种茶，由于原料并不细嫩，加之用茶量较大，所以须用刚沸腾的 100 ℃ 开水冲泡。特别是冲泡乌龙茶，为了保持和提高水温，要在冲泡前用滚开水烫热茶具；冲泡后用滚开水淋壶加温，目的是增加温度，使茶香充分发挥出来。

（四）冲泡时间

茶叶的冲泡时间与茶叶种类、泡茶水温、用茶数量和饮茶习惯等都有关。一般来说，投茶量多的，冲泡时间宜短，反之则宜长。质量好的茶，冲泡时间宜短，反之宜长些。

茶的滋味是随着时间延长而逐渐增浓的。据测定，用沸水泡茶，首先会浸泡出咖啡碱、维生素、氨基酸等；大约到 3 分钟时，浸出物浓度最佳，这时饮起来，茶汤有鲜爽醇和之感，但缺少饮茶者需要的刺激味。以后，随着时间的延续，茶多酚浸出物含量逐渐增加。

对于注重香气的乌龙茶、花茶，泡茶时，为了不使茶香散失，不但需要加盖，而且冲泡时间不宜太长，通常 2~3 分钟即可。由于泡乌龙茶时用茶量较大，因此第一泡 1 分钟就可将茶汤倾入杯中，自第二泡开始，每次应比前一泡增加 15 秒左右，这样泡出的茶汤比较均匀。

白茶冲泡时，要求沸水的温度在 70 ℃左右，一般在 4~5 分钟后，浮在水面的茶叶才开始徐徐下沉，一般到 10 分钟，方可品饮茶汤。这是因为白茶加工未经揉捻，细胞未曾破碎，所以茶汁很难浸出，以致浸泡时间须相对延长，同时只能重泡一次。

另外，冲泡时间还与茶叶老嫩和茶的形态有关。一般说来，凡原料较细嫩，茶叶松散的，冲泡时间可相对缩短；相反，原料较粗老，茶叶紧实的，冲泡时间可相对延长。

（五）冲泡次数

据测定，茶叶中各种有效成分的浸出率是不一样的，最容易浸出的是氨基酸和维生素 C；其次是咖啡碱、茶多酚、可溶性糖等。一般茶冲泡第一次时，茶中的可溶性物质能浸出 50%~55%；冲泡第二次时，能浸出 30%左右；冲泡第三次时，能浸出约 10%；冲泡第四次时，只能浸出 2%~3%，几乎是白开水了。所以，通常茶叶以冲泡三次为宜。

颗粒细小、揉捻充分的红碎茶和绿碎茶成分很容易被沸水浸出，一般都是冲泡一次就将茶渣滤去，不再重泡；速溶茶也是采用一次冲泡法；功夫红茶则可冲泡二至三次；条形绿茶如眉茶、花茶通常只能冲泡二至三次；白茶和黄茶一般也只能冲泡一次，最多二次。

品饮乌龙茶多用小型紫砂壶，在用茶量较多（约半壶）的情况下，可连续冲泡四至六次，甚至更多。

二、茶类品饮基本要素

好茶会泡还要懂品。所谓"懂品"，就是通过品饮的过程，可以从观茶色、辨茶形、闻茶香、品茶味来判断茶叶品质的优劣。我们将这四个方面称为茶类品饮的四要素。

（一）观茶色

1. 干茶色泽是茶叶品质的体现。绿色的鲜叶因加工方法不同，制成绿茶、红茶、乌龙茶（青茶）、黄茶、白茶、黑茶等各种不同的茶类。不同茶类对色泽有不同的要求，但当年的高档茶叶一般具有一定的光泽。

2. 茶汤颜色与通透度是茶叶品质的展现。开汤观察。可同时泡几杯同种类茶叶比较其优劣。一般茶汁分泌最旺盛者，应视为好茶。观看茶汤要快、要及时，因为茶多酚类溶解在热水中后，与空气接触易氧化变色。

3. 叶底色泽是判定茶叶等级的依据之一。辨叶底主要靠视觉和触觉，即眼睛和手指，辨识老嫩、色泽、均匀度、软硬、厚薄来评定有无掺杂、异常和损伤等。一般情况下，叶底呈现规律为：红茶叶底——黄红到红褐色；绿茶叶底——翠绿到黄绿；乌龙茶叶底——绿叶红镶边；黄茶叶底——黄色；黑茶叶底——黑褐色；白茶叶底——黄白色。

（二）辨茶形

1. 干茶外形。干茶要看是否干燥，如回软，则质次。再看叶片是否整洁，如果有太多叶梗、杂质，则不是上等茶叶。还要看外观特征是否属于该茶类。

2. 茶叶开汤后的形状。看干茶的外形特征只能看出其质量的 30%，并不能马上断定是好茶或次茶。茶叶开汤后，其形态也会产生各种变化，或快、或慢地舒展开来，如舒展顺利且柔软飘逸，展露茶叶原本形态，令人赏心悦目，一般是较好的茶叶。

（三）闻茶香

1. 干茶香。将干茶盛少许于器皿中，或直接放在手掌中闻清香、浓香、糖香，有无异味、杂味等。

2. 茶汤香。茶泡好，茶汤倒出，趁热端杯闻茶汤热香，待茶汤渐冷，再闻冷香，看属于哪类茶香，是否有异味。

3. 叶底香。喝完茶汤，待茶渣冷却后，还可欣赏茶渣的冷香，即嗅杯底香，如是劣质茶则无香。嗅香气的技巧很重要，冲泡 5 分钟左右就应该开始嗅香气，最适宜嗅茶叶香气的叶底温度为 45 ℃ ~ 55 ℃，过高则感到烫鼻，低于 30 ℃ 时茶香低沉，特别是染有烟气等异味者，其茶香很容易随热气挥发而变得难以辨别。

4. 为了正确判断茶叶香气的高低、长短、强弱、清浊及纯杂等，嗅时应重复一两次，但每次嗅香时间不宜过长，以免因嗅觉疲劳而失去灵敏感，嗅香过程一般为 3 秒左右。嗅茶香的过程是：吸（1 秒）——停（0.5 秒）——吸（1 秒）。品味前嗅出茶的"高温香"。品味时嗅出茶的"中温香"。品味后便可嗅茶的"低温香"或"冷香"。好茶具有持久香气，有余香、冷香才是好茶。

（四）品茶味

1. 茶汤的滋味以微苦回甘为最佳，好茶喝来甘醇浓厚。

茶味的类型有：浓烈型，如绿茶中的熟板栗香，味浓而不苦，回味爽口有甜感；浓强型，"浓"表明茶汤中浸出物丰富，"强"指刺激性大，如红碎茶的滋味等；浓醇型，入口感到内含物质丰富，回味甜而甘爽，如功夫红茶、毛峰等；醇爽型，滋味不浓不淡，不苦不涩，回味爽口，如黄茶品种等；醇甜型，味感甜醇，如白茶等；醇和型，回味平和，如六堡茶等；平和型，鲜叶较老，多为中下档茶；鲜醇型，味鲜而醇，如猴魁、祁红等；陈醇型，如普洱茶等；淡薄粗青型，各类低级茶。

2. 品茶味的方法

人的舌头是辨别口味好坏的味觉器官，一般舌尖对甜味敏感，舌根对苦味敏感，舌缘两侧后部对酸味敏感，舌尖与舌缘两侧前部对咸味敏感，舌心对鲜味及涩味敏感，全舌对辛辣味都敏感。品滋味时，舌头的姿势要正确，把茶汤吸入嘴内后，舌尖顶住上层齿根，嘴唇微微张开，舌稍向上抬，使茶汤摊在舌中部，再用腹部呼吸从口慢慢吸入空气，使茶汤在舌上微微滚动，连吸两次气后，辨出滋味，即闭嘴，舌的姿势不变，从鼻孔中排出肺内废气，吐出茶汤。若初感有苦味的茶汤，应抬高舌位，把茶汤压入舌根，进一步评定苦的程度。

品茶味时茶汤温度以 40 ℃ ~ 50 ℃ 最为适合，如大于 70 ℃，味觉器官易烫伤，影响评味；而小于 40 ℃ 时，品评汤灵敏度差，且溶解于茶汤中的与滋味有关的物质在汤温下降时易被析出，汤味由协调变为不协调。

品味时，每一口茶汤的量以 5 毫升为宜，时间掌握在 3 ~ 4 秒内，将 5 毫升的茶汤在舌中回旋 2 次，品味 3 次即可，也就是 15 毫升的茶汤分 3 口喝。

任务二　泡茶的基本手法

知识准备

　　茶具的摆放一是要注意布局合理。摆放的位置方便实用，构图美观，层次分明，注重线条的变化。二是要注意摆放过程有序。一般的顺序是由前至后摆放。摆放时，左右要平衡，尽量不要有遮挡，如果有遮挡，则要按由低到高的顺序摆放，将低矮的茶具放在客人视线的最前方。三是要注意有礼。为了表达对客人的尊重，壶嘴不能对着客人，茶具上的图案要正向客人。

　　泡茶的基本手法是构成茶艺的细节，"细节定胜败"，操作好每个手法，才能体现茶艺的技艺之美，才能泡出一杯好茶。茶艺基本技法的设定包含了科学性与行为美的双重要求，目的在于使茶艺人员运用娴熟的技法，行云流水般圆融大方的表演，令观者处处会心，如沐春风。

　　泡茶的基本手法包括：茶巾折取用法；持壶手法；持盅（公道杯）手法；茶则、茶匙、茶夹、茶漏及茶针的操作（取用）手法；茶荷的操作手法；茶叶罐的操作手法；温（洁）壶法；温（洁）盖碗法；温（洁）杯法；温（洁）盅及滤网法；翻杯法以及取茶置茶法等。

能力提升

 实训任务单3-1：泡茶基本手法（一）

实训目的：掌握泡茶的基本手法；学会欣赏茶艺技法的形之美。
实训要求：掌握规范得体、圆融大方的动作要领，熟练操作。
实训器具：茶巾、茶壶（侧提壶、飞天壶、提梁壶、无把壶）、茶盅（无盖侧把、有盖无把）、茶荷、茶则、茶匙、茶夹、茶漏、茶针
参考课时：2学时，教师示范30分钟，学生练习50分钟，教师点评、考核10分钟。
预习思考：怎样折叠纸茶荷？
实训任务与操作标准：

任务	技法		操作标准	图示
茶巾折叠	长方形	八叠法	用于杯（盖碗）泡法。将正方形的茶巾平铺桌面，将茶巾上下对应横折至中心线处，接着将左右两端竖折至中心线，最后将茶巾竖着对折成长方形。将折好的茶巾放在茶盘内，折口朝内	

任务	技法		操作标准	图示
茶巾折叠	正方形	九叠法	用于壶泡法，不用茶巾盘。以横折法为例，将正方形的茶巾平铺桌面，将下端向上平折至茶巾2/3处，接着将茶巾对折，然后将茶巾右端向左竖折至2/3处，最后对折即成正方形。将折好的茶巾放茶盘中，折口朝内	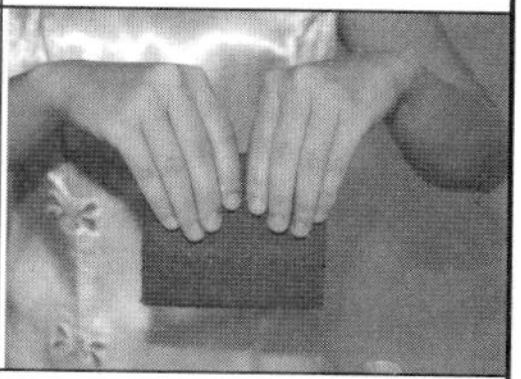
茶巾取用	夹拿、转腕、承托		双手平伸，掌心向下，张开虎口，手指斜搭在茶巾两侧，拇指与另四指夹拿茶巾；两手夹拿茶巾后同时向外侧转腕，使原来手背向上转腕为手心向上，顺势将茶巾斜放在左手掌呈托拿状，右手握住随手泡壶把并将壶底托在左手的茶巾上，以防冲泡过程中出现滴洒	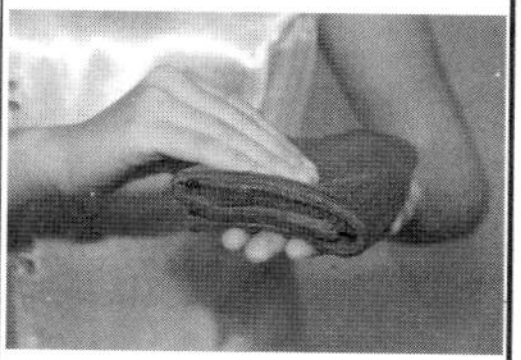
持壶手法	侧提壶	侧提、握提、托提	① 大型侧提壶法。右手拇指压壶把，方向与壶嘴同向，其余四指握壶把，左手食指、中指按住盖纽或盖，双手同时用力提壶； ② 中型侧提壶法。右手食指、中指握住壶把，大拇指按住壶盖一侧提壶； ③ 小型侧提壶法。右手拇指与中指握住壶把，无名指与小拇指并列抵住中指，食指前伸呈弓形，压住壶盖的盖纽或盖提壶	
	飞天壶		四指并拢握住提壶把，拇指向下压壶盖顶，以防壶盖脱落	
	提梁壶		握壶右上角，拇指在上，四指并拢握下	
	无把壶		右手虎口分开，平稳握住壶口两侧外壁（食指亦可抵住盖纽）提壶	
持盅手法	无盖侧把盅		茶盅又称公道杯。一般有两种形式用来拿取茶盅 拿取时，右手拇指、食指抓住壶提的上方，中指顶住壶提的中侧，其余二指并拢	
	有盖无把盅		右手食指轻按盖纽，拇指在流的左侧，剩下三指在流的右侧，呈三角鼎立之势	
茶则操作手法	亮相、拿、移动、使用、归位		用右手拿取茶则柄部中央位置，盛取茶叶；拿取茶则时，手不能触及茶则上端盛取茶叶的部位；用后放回时动作要轻	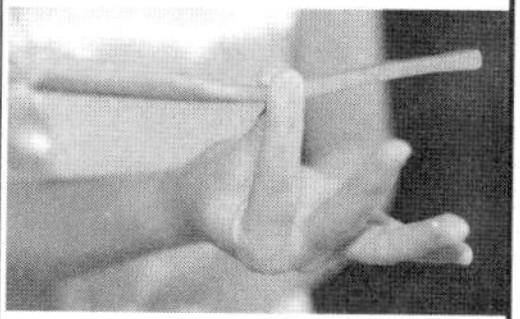

任务	技法	操作标准	图示
茶匙操作手法	亮相、拿、移动、使用、归位	用右手拿取茶匙柄部中央位置,协助茶则将茶拨至壶中;拿取茶匙时,手不能触及茶匙上端;用后用茶巾擦拭干净放回原处	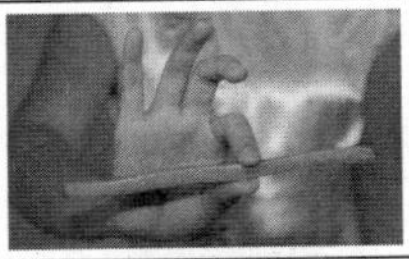
茶夹操作手法		用右手拿取茶夹的中央位置,夹取茶杯后在茶巾上擦拭水痕,拿取茶夹时手不能触及茶夹的上部;夹取茶具时,用力适中,既要防止茶具滑落、摔碎,又要防止用力过大毁坏茶具;收茶夹时,应用茶巾擦去茶夹上的手迹	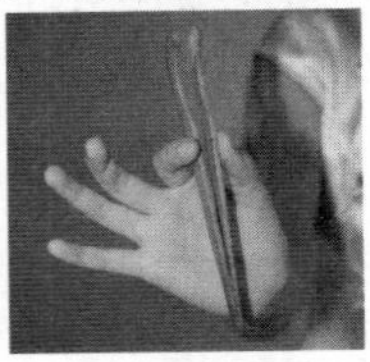
茶漏操作手法		用右手拿取茶漏的外壁放于茶壶壶口;手不能接触茶漏内壁;用后放回固定位置(茶漏在静止状态时放于茶夹上备用)	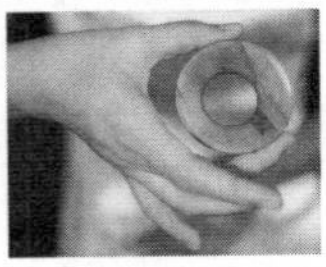
茶针操作手法		右手拿取针柄部,用针部疏通被堵塞的茶叶,刮去茶汤浮沫;拿取时手不能触及到茶针的针部位置;放回时用茶巾擦拭干净后用右手放回	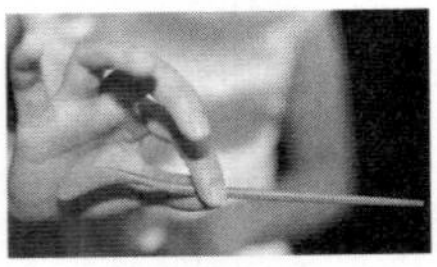
茶荷操作手法	端、转腕、承托	用左手拿取茶荷;拿取时,拇指与食指拿取两侧,其余手指托起	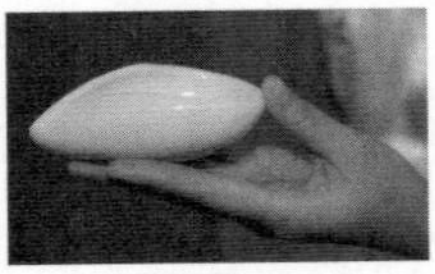
茶叶罐操作手法	捧、推、翻腕	用左手拿取茶叶罐,双手拿住茶叶罐下部,左手中指和食指将罐盖上推;打开后,将罐盖交于右手放于桌上,左手拿罐用茶则盛取茶叶;将茶叶罐上印有图案及文字的一面朝向客人;拿取时手勿触及茶叶罐内侧	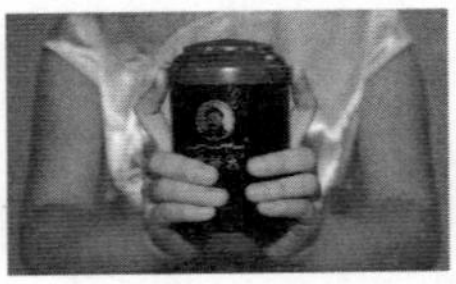

能力检测:

序号	测试内容	得分标准	应得分	扣分	实得分
1	茶巾折叠、取用	手法正确,姿势优雅	10分		
2	持壶手法	侧提、握提、托提手法正确,姿势优雅	10分		
3	持盅手法	夹拿、转腕、承托手法稳准,姿势优雅	10分		
4	茶则、茶匙、茶夹、茶漏、茶针、茶荷操作手法	亮相、拿、移动、使用、归位手法正确,姿势优雅、圆融大方	60分		
5	茶叶罐操作手法	捧、推、翻腕手法正确,姿态优雅	10分		
总　分			100分		

实训任务单3-2：**泡茶基本手法（二）**

实训目的：掌握泡茶的基本手法；学会欣赏茶艺技法的内涵美。
实训要求：掌握规范得体、圆融大方的动作要领，熟练操作。
实训器具：紫砂壶、盖碗、品茗杯、闻香杯、玻璃杯、茶叶罐、茶道组、茶巾
参考课时：2 学时，教师示范 30 分钟，学生练习 50 分钟，教师点评、考核 10 分钟。
预习思考：如何欣赏茶艺技法的内涵美？
实训任务与操作标准：

任　务	操作标准	图　示
温（洁）壶法	① 开盖。单手大拇指、食指与中指拈壶盖的壶纽而提壶盖，提腕依半圆形轨迹将其放入茶壶左侧的盖置（或茶盘）中； ② 注水。单手或双手提水壶，按逆时针方向回转一圈低斟，使水流沿壶口冲入，然后提腕将水高冲入茶壶，待注水量为茶壶总容量的 1/2 时复压腕低斟，回转手腕一圈后断水，然后轻轻将水壶放回原处； ③ 加盖。单手完成，将开盖顺序颠倒即可； ④ 荡壶。取茶巾置左手上，右手提壶放在左手茶巾上，双手协调按逆时针方向转动手腕，令壶身内部充分接触开水； ⑤ 弃水。根据茶壶的样式以正确手法提壶将水倒入水盂	
温（洁）盖碗法	① 开盖。单手用食指按住盖纽中心下凹处，大拇指和中指扣住盖纽两侧提盖，同时向内转动手腕（左手顺时针，右手逆时针）回转一圈，并依抛物线轨迹将盖斜搭在碗托一侧； ② 注水。单手或双手提水壶，按逆时针方向回转手腕一圈低斟，使水流沿碗口注入；然后提腕高冲；待注水量为碗总容量的 1/3 时复压腕低斟，回转手腕一圈及时断水，然后轻轻将水壶放回原处； ③ 复盖。单手依开盖动作逆向复盖； ④ 荡碗。右手虎口分开，大拇指与中指搭在碗身上部位置，食指点按碗盖盖纽处；左手托住碗底，端起盖碗右手按逆时针方向转动手腕，双手协调令盖碗内各部位充分接触热水后，放回茶盘； ⑤ 弃水。右手提壶纽将碗盖靠右侧斜盖，即在盖碗左侧留一小隙；依前法端起盖碗平于水盂上方，向左侧翻手腕，水即从盖碗左侧小隙中流进水盂	

任 务		操 作 标 准	图 示
温（洁）杯法	品茗杯	① 翻杯时即将杯相连排成一字或圆圈，右手提壶，用往返斟水法或循环斟水法向各杯内注入开水至满，壶复位； ② 左手持茶夹，按从左向右的次序，夹持品茗杯，侧放人紧邻的右侧品茗杯中，用茶夹转动品茗杯一圈，倒水归位； ③ 最后一杯直接回转手腕将水倒入茶盘即可	
	闻香杯	① 翻杯时即将杯相连排成一字或圆圈，右手提壶，用往返斟水法或循环斟水法向各杯内注入开水至满，壶复位； ② 用"三龙护鼎"手法拿起闻香杯，中指拨杯底，将水倒入品茗杯，斜架在品茗杯上，以大指、食指、中指拿起并向内转动清洗品茗杯，复位	
	玻璃杯	① 单提开水壶，顺时针或逆时针转动手腕，令水流沿茶杯内壁冲入，约总量的1/3后右手提腕断水，逐个注水完毕后水壶复位； ② 右手拿杯底，左手托杯身，杯口朝左，旋转杯身，使开水与茶杯各部分充分接触，在旋转中将杯中水倒入茶船或者茶盘，放下茶杯	
温（洁）盅及滤网法		用开壶盖法揭开盅盖（无盖者省略），将滤网置放在盅内，注开水及其余动作同温壶法	
翻杯法	无柄杯	① 右手虎口向下、反手握茶杯的左侧基部或杯身，同时左手大拇指和虎口部位轻托在茶杯的右侧基部或杯身，双手同时翻杯，成双手相对捧住茶杯，轻轻放下； ② 品茗杯、闻香杯，可单手也可双手同时翻杯。即手心向下，用拇指与食指扣住茶杯外壁，中指拨杯底，同时向内转动手腕使杯口朝上，轻轻置于茶盘上	
	有柄杯	右手虎口向下，反手将食指插入杯柄环中，用大拇指与食指、中指三指捏住杯柄，左手手背朝上用大拇指、食指与中指轻扶茶杯右侧基部，双手同时向内转动手腕，轻轻置于杯托或茶盘上	

任 务		操 作 标 准	图 示
取茶置茶法	茶荷、茶匙法	左手横握已开盖的茶样罐，开口向右移至茶荷上方；右手以大拇指、食指及中指三指手背向下捏茶匙，伸进茶样罐中将茶叶轻轻扒出拨进茶荷内，称为"拨茶入荷"；目测估计茶样量，足够后右手将茶匙放回茶艺组合中；依前法取盖压紧盖好，放下茶样罐。待赏茶完毕后，右手重取茶匙，从左手托起的茶荷中将茶叶分别拨进冲泡具中。此法适用于弯曲、粗松茶叶的使用，它们容易纠结在一起，不容易用倒的方式将它们倒出来。如冲泡名优绿茶时常用此法取茶样	
	茶则法	左手横握已开盖的茶样罐，右手大拇指、食指、中指和无名指四指捏住茶则柄从茶艺组合中取出茶则；将茶则插入茶样罐，手腕向内旋转舀取茶样；左手配合向外旋转手腕令茶叶疏松易取；茶则舀出的茶叶待赏茶完毕后直接投入冲泡器；然后将茶则复位；再将茶样罐盖好复位。此法适合各种类型茶叶的使用	

能力检测：

序号	测试内容	得分标准	应得分	扣分	实得分
1	温（洁）壶	开盖、注水、加盖、荡壶手法正确，姿势优雅	10 分		
2	温（洁）盖碗	开盖、注水、加盖、荡碗手法正确，姿势优雅	20 分		
3	温（洁）杯	翻杯、夹杯、提壶等手法正确，姿势优雅	20 分		
4	温（洁）盅	开盖、注水、加盖、荡盅手法正确，圆融大方	10 分		
5	翻杯	翻杯手法正确，姿势优美	20 分		
6	取茶置茶	茶荷、茶匙、茶则使用手法正确，姿势优雅	20 分		
总 分			100 分		

任务三　泡茶的基本程式

知识准备

泡茶的程式是茶艺形式的具体表现之一，这部分也称为"行茶法"。行茶法分为三个阶段，第一个阶段是准备，第二个阶段是操作，第三个阶段是结束。

准备阶段是指在客人来临前的所有准备工作，准备工作的多少视情况决定，但必须保障操作工作能顺利进行。操作阶段是指整个泡茶过程。结束阶段是操作完成后的收具整理工作。

不同的茶类有不同的冲泡方法，但冲泡任何一类茶，以下泡茶程式是需要共同遵守的。

一、选　具

根据将要冲泡的茶叶以及品饮人数选择并且布置好相应的茶具。

二、赏　茶

在泡饮之前，通常要进行赏茶。赏茶时，先取一杯干茶，置于白纸（或盛茶专用器具，如茶荷）上，让品饮者先欣赏干茶的色、形，再闻一下香，充分领略茶的天然风韵；或者倾斜旋转茶叶罐，将茶叶倒入茶则。用茶匙把茶则中的茶叶拨入赏茶盘，欣赏干茶的成色、嫩匀度，嗅闻干茶香气。

三、温杯洁具

将选好的茶具用开水一一加以冲泡，以提高杯温。在冬天，温杯尤显重要，它有利于茶叶的冲泡。温杯的同时也起到清洁用具的目的，平添饮茶情趣。

四、置　茶

置茶是将茶叶从茶盘或茶则中均匀拨入各个茶壶（杯、盏）内。

五、冲　泡

将温度适宜的开水注入茶壶。如果冲泡重发酵茶或茶形紧结的茶叶时，要先洗茶，即让茶叶有一个舒展的过程，然后将开水再次注入壶中，一段时间后，即可将茶汤倒出。

六、奉　茶

冲泡后尽快将茶用双手递给客人，以便让客人不失时机地闻香品尝。为避免茶叶长时间浸泡在水中，失去应有风味，在第二、第三泡时，可将茶汤倒入公道杯中，再将茶汤低斟入品茶杯中。

七、品　饮

饮茶前，一般多以闻香为先导，再品茶啜味。饮一小口，让茶汤在嘴内回荡，与味蕾充分接触，然后徐徐咽下，并用舌尖抵住齿根并吸气，回味茶的甘甜。

八、收　具

品茶结束后，应将茶杯收回，将壶（杯、盏）中的茶渣倒出，将所有茶具清洁后归位。泡茶基本程式主要包含投茶、冲泡、斟茶、奉茶、品茗、续茶等技法。

能力提升

🌱 实训任务单3-3：泡茶基本程式及其技法

实训目的： 掌握泡茶的基本程式及其技法；学会欣赏茶艺程式的韵律之美。
实训要求： 掌握规范得体、圆融大方的动作要领，熟练操作。
实训器具： 随手泡、茶盘、茶道组、玻璃杯、品茗杯、闻香杯、盖碗、茶巾
参考课时： 2 学时，教师示范 30 分钟，学生练习 50 分钟，教师点评、考核 10 分钟。
预习思考： 怎样欣赏茶艺程式的韵律之美？

实训任务与操作标准：

任　务		操作标准
投茶	上投法	先斟水，后投茶。适用于卷曲、重实、细嫩的茶叶
	中投法	先斟 1/3 杯水，再投茶，然后再冲水。适用于较易下沉的茶叶
	下投法	先投茶，后斟水。适用于扁平易浮的茶叶
冲泡	单手回旋注水法	单手提水壶，用手腕逆时针或顺时针回旋，令水流沿茶壶口（茶杯口）内壁冲入茶壶（杯）内
	双手回旋注水法	如果开水壶比较沉，可用此法冲泡。右手提壶，左手垫茶巾托在壶底部；右手手腕逆时针回旋，令水流沿茶壶口（茶杯口）内壁冲入茶壶（杯）内
	回旋高冲低斟法	单手提开水壶注水，让水流先从茶壶壶肩开始，逆时针绕圈至壶口、壶心，提高水壶令水流在茶壶中心处持续注入，直至七分满时压腕低斟（同单手回旋注水法）；注满后提腕断水
	"凤凰三点头"注水法	指右手提壶靠近壶口或杯口注水，再提腕使开水壶提升，此时水流如高山流水，接着仍压腕将开水壶靠近壶口或杯口继续注水，如此反复 3 次，至所需水量即提腕断水 水壶高冲低斟反复 3 次，寓意为向来宾鞠躬 3 次以示欢迎

任 务		操作标准
斟茶	茶盅斟茶	① 将泡好的茶汤一次全部斟入茶盅内，使茶汤浓度一致； ② 持茶盅分茶入杯，每杯七分满
	茶壶斟茶	提茶壶，将泡好的茶汤从左至右依次斟茶，第一杯倒二分满，第二杯倒四分满，第三杯倒六分满，第四杯倒至七分满。再回转分茶，将每杯都斟至七分满
奉茶		① 双手端起茶托，收至自己胸前； ② 从胸前将茶杯端至客人面前，轻轻放下，伸出右掌，手指自然合拢，行伸掌礼，示意"请喝茶" 奉茶时要注意先长后幼、先客后主。在奉有柄茶杯时，注意茶杯柄的方向是客人的顺手面。杯面画有图案的杯子，使用时要正面朝向客人
品茗	盖碗品茗	① 右手端住茶托右侧，左手托住底部端起茶碗； ② 右手用拇指、食指、中指捏住盖纽掀开盖，持盖至鼻前闻香； ③ 左手端碗，右手持盖向外撇茶3次，以观汤色； ④ 右手将盖倾斜盖放碗口，双手将碗端至嘴前啜饮
	闻香杯与品茗杯品茗	① 右手端品茗杯反扣在盛有茶水的闻香杯上； ② 右手用食指、中指反夹闻香杯，拇指抵在品茗杯上（手心向上），内旋右手腕，使手心向下，拇指托住品茗杯，左手端品茗杯，然后双手将品茗杯连同闻香杯一起放在茶托右侧； ③ 左手扶住品茗杯，右手旋转闻香杯后提起，使闻香杯中的茶进入品茗杯； ④ 右手提起闻香杯后握于手心，左手斜搭于右手外侧上方闻香； ⑤ 用"三龙护鼎"的手法，男性单手端杯，女性左手手指托住杯底，小口啜饮

能力检测：

序号	测试内容	得分标准	应得分	扣分	实得分
1	投茶	上、中、下投茶法手法正确，姿势优雅	10 分		
2	单手回旋注水法	单手回旋注水手法正确，姿势优雅	10 分		
3	双手回旋注水法	双手回旋注水手法正确，姿势优雅	10 分		
4	回旋高冲低斟法	回旋高冲低斟手法正确，圆融大方	10 分		
5	"凤凰三点头"	"凤凰三点头"注水手法正确，姿势优美	10 分		
6	斟茶	茶盅斟茶和茶壶斟茶手法正确，姿势优雅	10 分		
7	奉茶	端、奉、请手法正确，姿势优雅	10 分		
8	盖碗品茗	盖碗品茗手法正确，姿势优雅	10 分		
9	双杯品茗	闻香杯与品茗杯品茗手法正确，姿势优雅	20 分		
	总　分		100 分		

项目小结

本项目主要涉及茶具知识、泡茶用水、名泉佳水、泡茶基本手法、泡茶基本程式等方面内容，具体介绍了各类茶器及其功能、不同类型不同材质的茶具；茶具的选配；水的分类及其标准；泡茶用水的选择；中国的名泉佳水；泡茶和品饮的要素；泡茶的基本手法；泡茶的基本程式等。为了提升学生能力，还专门设计了泡茶基本手法和泡茶基本程式的实训任务。

项目练习

一、判断题

1. （　　）最常使用和出现最多的茶具主要有紫砂茶具、瓷器茶具、漆器茶具、金属茶具、玻璃茶具和竹木茶具六大类。
2. （　　）瓷器茶具按色泽不同分为白瓷、青瓷和黑瓷茶具等。
3. （　　）自来水因为经过消毒，可以直接泡茶。
4. （　　）每公升水中钙、镁离子含量大于 8 毫克的称为软水。
5. （　　）冲泡乌龙茶、普洱茶等特种茶，由于原料并不细嫩，加之用茶量较大，所以须用刚沸腾的 100 ℃ 开水冲泡。

二、选择题

1. 冲泡花茶时，为了不使茶香散失，不但需要加盖，而且冲泡时间通常（　　）分钟即可。

    A. 1 ~ 2   B. 2 ~ 3   C. 3 ~ 4   D. 4 ~ 5

2. 乌龙茶的叶底一般是（　　）。

    A. 蜻蜓头青蛙腿   B. 嫩绿到墨绿   C. 褐色   D. 绿叶红镶边

3. 品茶的基本程序是：赏干茶外形——开汤——将茶汤倒入闻香杯——倒品茗杯——（　　）——取茶壶中茶叶辨认。

    A. 取闻香杯嗅香——观汤色——取品茗杯品味

    B. 观汤色——取闻香杯嗅香——取品茗杯品味

    C. 观汤色——取品茗杯品味——取闻香杯嗅香

    D. 取闻香杯嗅香——取品茗杯品味——观汤色

4. 盖碗蕴涵"天盖之，地载之，人育之"的道理，所以又称（　　）。

    A. 兔毫盏   B. 玉书煨   C. 三才杯   D. 茶荷

三、简答题

1. 按材质分，茶具有哪几大类？各有什么优缺点？
2. 如何选购紫砂壶？
3. 好水的主要指标有什么？
4. 简述茶具选用的要求。

项目实践

实践内容：以学习团队为单位进行泡好一杯茶的实践。

能力要求：1. 能够根据不同茶叶，选择不同茶具，分别用自来水、静置一天后的自来水以及矿泉水各冲泡一杯茶；

2. 谈谈泡茶过程，分享泡茶体验（如茶具选择、茶叶用量、水质及水温对茶汤的影响等）。

项目四　茶艺礼仪

学习目标

➢ 了解茶艺服务人员仪容修饰的主要内容、要求和化妆的基本技巧。
➢ 掌握茶艺服务人员服饰搭配的技巧。
➢ 掌握茶艺服务人员各种服务姿态的基本要求及要领。
➢ 能在茶事服务工作中熟练、准确运用各种礼节。
➢ 提高茶艺服务人员的个人形象和职业素质。

模块一　茶艺服务人员的仪容与服饰

 具体任务

➢ 了解茶艺服务人员仪容修饰的主要内容、要求和化妆的基本技巧。
➢ 掌握茶艺服务人员服饰选择与搭配方法。
➢ 运用适当的修饰方法、化妆技巧和服饰搭配，塑造完美的茶艺服务人员形象。

　　礼仪是对礼节、仪式的统称。它是指在人际交往中，自始至终地以一定的、约定俗成的程序、方式来表现律己、敬人的行为准则或规范的总和。而行茶礼仪是指茶艺服务人员，在茶事服务工作中，用以维护企业或个人形象，对服务对象表示尊重与友好的行为规范。行茶礼仪不主张采用太夸张的动作及客套语言，而多采用含蓄、温和、谦逊、诚挚的礼仪动作，尽量用微笑、眼神、手势、姿势等传情达意。

任务一　茶艺服务人员的仪容

端庄的仪容、和谐的服饰是茶艺服务人员必备的条件之一。当茶艺服务人员的仪容、服饰、心态与环境相融合时，能够使客人产生好感，这样有利于提高服务质量与工作效率。

一、头部修饰

1. 整洁的发型

头发是人体的制高点，是别人第一眼关注的地方。所以，在茶艺服务工作中，个人形象的塑造，一定要"从头做起"。

作为茶艺服务人员，头发应干净整齐，避免头部向前倾时头发散落到前面来挡住视线影响操作，同时还要避免头发掉落到茶具或操作台上，否则客人会感觉很不卫生。

发型原则上要适合自己的脸型和气质，按泡茶时的要求进行梳理。如果是短发，在低头时，头发不要落下挡住视线；如果是长发，泡茶时应将头发束起，否则将会影响操作。

2. 端庄的面部

护理、保养面部，保持健康的肤色。在为客人泡茶时茶艺服务人员面部表情要平和放松，面带微笑。

女茶艺服务人员在为客人泡茶时，可化淡妆，不能浓抹脂粉，也不要喷洒味道浓烈的香水。男茶艺服务人员，泡茶前要将面部修饰干净，不留胡须，以整洁的姿态面对客人。

二、手部修饰

优美的手型是对茶艺服务人员的要求。因此茶艺服务人员要注意以下几点。

一是适时的保养，保持清洁，指甲要及时修剪整齐，保持干净，不留长指甲；二是手上不要佩戴饰物。佩戴太"出色"的手饰，会有喧宾夺主的感觉，显得不够高雅，而且体积太大的戒指、手链也容易敲击到茶具，发出不协调的声音，甚至会打破茶具；三是不要涂指甲油，否则给人一种不卫生和夸张的感觉。

 ## 任务二　茶艺服务人员的服饰

一、茶艺服务人员服装修饰的必要性

服装既是一种文化，也是一种"语言"。它反映着一个民族的文化素养、精神面貌和物质文明发展的程度，反映出一个人的职业、文化修养、审美意识以及人生态度。着装的原则是得体和谐。

在泡茶过程中，如果服装颜色、式样与茶具环境不协调，"品茗环境"就不会是优雅的。茶艺服务人员在泡茶时服装不宜太鲜艳，要与环境、茶具相匹配。品茶需要一个安静的环境，平和的心态。另外，服装式样以中式为宜，袖口不宜过宽，否则会沾到茶具或茶水，给人一种不卫生的感觉。服装要经常清洗，保持整洁。

二、茶艺服务人员服饰选择与搭配方法

茶艺是一门高雅的艺术，艺茶的过程是科学性与艺术性的结合，所以，在茶艺服务中需要讲究服装的选择与搭配。

1. 根据茶艺服务场所的主题来选择与搭配

茶艺服务场所的主题广泛多样，如复古风的茶馆，追求古韵的雍容华贵，茶艺服务人员可选择缎料光面材质，设计古典的服装；追求禅意平淡、致远的境界，茶艺服务人员可选择素色面料的中式长衫和同色缎裤，这种服饰的选择，不仅准确地反映了"平常就是禅"的主题，更有效地传递了一种宁静的意境，给人以平静而长久的感受。

2. 根据茶艺服务场所的色彩来选择与搭配

色彩比较直观，反映着茶艺服务场所设计者的思想和感情。根据茶艺服务场所的色彩来选择和搭配服饰，首先要对色彩层次有一个准确的把握，也就是分清主体的色彩和整体色彩氛围。如主体的色彩较统一，那么就构成了茶艺服务场所的主体色；若主器物色彩不统一，那就要确定茶艺服务场所整体的色彩氛围,茶艺服务场所整体的色彩氛围一般以背景为标志。把握了茶艺服务场所的色彩氛围就可以用以下三种方法来选择服装和搭配。

一是加强色，就是以茶艺服务场所的主体色或总体色彩氛围进行同类色的加强。如茶艺服务场所的主体色是红色，服装也选红色，会起到色彩层次加强与丰富的作用。二是衬托色，就是以间色或中性色对茶艺服务场所的主体色或总体色彩氛围进行衬托，使整体色彩更显和谐。如茶艺服务场所的主体色是白色，服装可选淡青色、淡绿色、淡蓝色等。三是反差色，就是服装的颜色与茶艺服务场所主体色或总体色彩氛围形成强烈的反差。反差色虽也同样起着衬托作用，但这种衬托感觉更为强烈。如茶艺服务场所的主体色或总体色彩氛围为白色，服装可选黑色、红色等。

3. 根据茶艺服务场所的风格来选择与搭配

茶艺服务场所的风格是茶艺服务场所设计者以独特的见解和独特的手法表现出的茶艺服务场所的面貌特征。其中茶艺服务人员的服饰的选择也是体现茶艺服务场所风格的一个重要因素，所以服饰必须依据茶艺服务场所的风格来选择，如都市风格的茶席，可选流行款式的旗袍等。

模块二　茶艺服务人员的仪姿

具体任务

➤ 掌握"站、坐、走、蹲"姿势的动作要领。
➤ 运用适当的方法训练"站、坐、走、蹲"的姿势，掌握优雅的举止。
➤ 演练"站、坐、走、蹲"姿势，塑造完美的茶艺服务人员形象。

仪姿是无声的"语言"，它反映了一个人的素质、受教育的程度，仪姿决定了一个人的"第一印象"以及被信任度。作为茶艺服务员，优雅的仪姿是必备的素质。要做到姿态优雅，除了有娴熟的行茶技能，还要具备大方优雅的姿态，使品茶成为一种精神的享受。

 ## 任务一　茶艺服务人员的站姿

一、站姿要领

详见实训任务单 4-1。

二、站姿训练

1. "背靠背"训练法

两人一组背靠背站立，两人背部中间夹一张纸。要求两人脚跟、臀部、双肩、背部、后脑勺贴紧，纸不能掉下来。每次训练 10～15 分钟。

2. "四靠"训练法

单人靠墙站立，要求脚跟、臀部、双肩、背部、后脑勺贴紧墙面，同时将右手放到腰与墙面之间，用收腹的力量夹住右手。每次训练 10～15 分钟。

3. "顶书""夹纸"训练法

（1）用顶书本的方法来练习。头上顶一本书，为使书本不掉下来，就会自然地头上顶、下颌微收，眼平视，身体挺直。

（2）先在两腿间膝盖处夹一张纸，以标准站姿站好，然后再将一本书搁到头顶，调整书的平衡后保持标准站姿。

每次训练时间因人而异，逐次延长。

 任务二　茶艺服务人员的坐姿

一、坐姿要领

1. 标准坐姿

详见实训任务单 4-1。

2. 侧点式坐姿

侧点式坐姿分左侧点式和右侧点式，采取这种坐姿，也是很好的动作造型。左侧点式坐姿要双膝并拢，两小腿向左斜伸出，左脚跟靠于右脚内侧中间部位，左脚脚掌内侧着地，右脚跟提起，脚掌着地。右侧点式坐姿相反。

3. 跪式坐姿

坐下时将衣裙放在膝盖底下，显得整洁端庄，手臂腋下留有一个品茗杯大小的余地，两臂似抱圆木，五指并拢，手背朝上，重叠放在膝盖头上，双脚的大拇指重叠，臀部垒在其上，臀部下面像有一纸之隔之感．上身如站立姿势，头顶有上拔之感，坐姿安稳。

4. 盘腿坐姿

这种坐姿一般适合于穿长衫的男性或表演宗教茶道。坐时用双手将衣服撩起（佛教中称提半把），徐徐坐下，衣服后层下端铺平，右脚置在左脚下，用两手将前面下摆稍稍提起，不可露膝，再将左脚置于右腿下，最后将右脚置于左腿上。

二、坐姿训练

1. 练习入座要从左侧轻轻走到座位前，转身后右脚向后撤半步，从容不迫地慢慢坐下，然后把右脚与左脚并齐。离座时右脚向后收半步，而后起立。

2. 坐姿可在教室或居室随时练习，坚持每次 10 ~ 20 分钟。

3. 女士坐姿切忌两膝盖分开，两脚呈八字形；不可两脚尖朝内，脚跟朝外，两脚呈内八字形；坐下要保持安静，忌东张西望；双手可相交搁在大腿上，或轻搭在扶手上，但手心应向下。

任务三　茶艺服务人员的走姿

一、走姿要领

1. 走姿的基本方法和要求

详见实训任务单 4-1。

2. 走姿五要素

（1）步位

步位是指行走时，脚掌落地的位置。行走时，要尽可能保持直线前进，一般要求是：女茶艺服务人员的步位应正向落在行走的直线上；男茶艺服务人员的步位则应是脚掌的内侧正向触碰行走的直线。

（2）步速

步速是指行走时的速度。要保持步态的优美，行进的速度应保持均匀、平稳，不能过快过慢、忽快忽慢。茶艺服务人员在行走时要保持一定的步速，不要过急，否则会给客人不安静、急躁的感觉。一般来说，男茶艺服务人员的步伐应矫健、刚毅、洒脱，具有阳刚之美，步伐频率每分钟 108~110 步；女茶艺服务人员的步伐应轻盈、柔软、娴淑，具有阴柔之美，步伐频率每分钟 118~120 步，如穿裙装或旗袍，步速则慢一些，每分钟约 110 步。

（3）步幅

步幅是每一步前后脚之间距离，要求步幅不能过大，因为步幅过大，人体前倾的角度必然加大，茶艺服务人员经常手捧茶具来往较易发生意外。一般要求是：女茶艺服务人员的步幅在 20 厘米左右为宜；男茶艺服务人员的步幅在 25 厘米左右为宜。

（4）步韵

步韵就是行进的韵律。茶艺服务人员在行进时，膝盖和脚腕要富于弹性，腰部应成为身体重心移动的轴线，双臂应自然轻松一前一后地摆动，保持身体各部位之间动作的和谐，使自己走在一定的韵律之中，显得自然优美，否则就失去节奏感。

（5）步态

步态是一种微妙的语言，它能反映出一个人的情绪。当心情喜悦时，步态就轻盈、欢快，有跳跃感；当情绪悲哀时，步态就沉重、缓慢，有忧伤感；当踌躇满志时，步态就坚定明快，有自信力；当生气时，步态就强硬、愤慨。人们往往可从步态中觉察出人的心理变化。茶艺服务人员的步态还要分场合，脚步的强弱、轻重、快慢、幅度及姿势，要因地、因人、因事而宜。

3. 优美的变向走姿

（1）前行步

向前行走时，要保持身体直立挺拔。行进中与来宾或同事相互问候时，要伴随着头和上体向左或向右的转动，并微笑点头致意，配以恰当的语言。

（2）后退步

当点单结束或奉上茶后离开茶客或与茶客告别时，应该是先向后退两三步，再转身离去。

后退的步幅要小，转体时要身先转，头稍后一些转。

（3）前行转身步（详见实训任务单 4-1）

（4）后退转身步（详见实训任务单 4-1）

二、走姿训练

1. 双肩摆动训练。身体直立，以身体中线为轴向前摆 30 度，向后摆至不能摆动为止。注意纠正肩部过于僵硬和双臂横摆的问题。

2. 走直线训练。找条直线，行走时两脚内侧落在该线上，证明走路时两只脚的步位基本正确。注意纠正内外八字脚和步幅过大或过小的问题。

3. 步度与呼吸应配合成规律的节奏。穿礼服、裙子或旗袍时，步幅不可过大，应轻盈优美。若穿长裤步幅可稍大，这样会显得生动些，但最大步幅也不可超过脚长的 1.6 倍。

任务四　茶艺服务人员的蹲姿与跪姿

在茶事服务中，需要取低处物品或拾起落在地上的东西时，茶艺服务者要利用屈膝动作下蹲。具体的做法是脚稍分开，站在要拿或拾的东西旁边，屈膝蹲下，不要低头，也不要弯背，要慢慢低下腰部拿取，以显文雅。若遇物较重还可利用腿力以免扭伤腰部。在茶馆服务中或茶艺表演中奉茶时，或给客人奉茶时，如果茶桌较矮时，可采用蹲姿服务。

一、蹲　姿

（一）蹲姿要领

详见实训任务单 4-1。

1. 交叉式蹲姿

2. 高低式蹲姿

3. 点地式蹲姿

（二）蹲姿训练

1. 女茶艺服务人员。女茶艺服务人员无论采用哪种蹲姿，都要注意将腿靠紧，臀部向下。如果头、胸和膝关节不在同一角度上，这样的蹲姿就更典雅优美。

2. 男茶艺服务人员可选用第二种姿态，两腿之间可有适当距离。

二、跪　姿

详见实训任务单 4-1。

（一）跪姿要领

（二）跪姿训练

模块三 茶艺服务人员的举止规范

具体任务

➤ 掌握茶艺服务常用礼节的动作要领。
➤ 运用适当的方法，训练鞠躬礼、伸掌礼、注目礼、点头礼和叩手礼，掌握优雅举止。
➤ 演练茶事服务常用礼节，提升服务水平。

 任务一 茶艺服务常用礼节

礼节是人们在日常生活中，特别是在交际场合中，相互问候、致意、祝愿、慰问以及给予必要的协助与照料的惯用形式，是礼貌在语言、行为、仪态等方面的具体表现。礼节具有各种形式，包括现代世界大多数国家通行的点头致意礼、握手礼，一些佛教国家的双手合十礼以及西方的拥抱礼、亲吻礼等。

一、鞠躬礼

鞠躬是中国的传统礼仪，即弯腰行礼。一般用在茶艺表演者迎宾、送客或开始表演时。鞠躬礼从行礼姿势上可分三种：即站式、坐式和跪式鞠躬礼。而不同姿势的鞠躬礼又可细分为"浅度鞠躬礼""中度鞠躬礼"和"深度鞠躬礼"三种类型，茶艺师可根据茶事服务工作的性质、内容、规模及环境因素适当选择。详见实训任务单4-2。

二、伸掌礼

伸掌礼是在茶事服务工作中常用的特殊礼节。行伸掌礼时应五指自然并拢，手心向上，左手或右手从胸前自然向左或向右前伸。伸掌礼是在请客人帮助传递茶杯或其他物品时采用的礼节，一般应同时讲"请"或"谢谢"。

三、注目礼和点头礼

注目礼即茶艺服务人员的眼睛庄重而专注地看着对方；点头礼即点头致意。这两个礼节一般在茶艺服务人员向客人敬茶或奉上物品时联合应用。

四、叩手礼

叩手礼即以手指轻轻叩击茶桌来行礼。相传清代乾隆皇帝微服私访江南时，有一次乾隆皇帝装扮成仆人，而太监装扮成主人到茶馆去喝茶。乾隆为太监斟茶、奉茶，太监诚惶诚恐，想跪下谢主隆恩又怕暴露身份，在情急之下太监急中生智，马上将右手的食指与中指并拢，指关节弯曲，在桌面上作跪拜状轻轻叩击，以后这一礼节便在民间广为流传。目前，不少地区的习俗中，长辈或上级给晚辈或下级斟茶时，下级和晚辈必须用双手指作跪拜状叩击桌面二三下；晚辈或下级为长辈或上级斟茶时，长辈或上级只需单指叩桌面二三下表示谢谢。也有的地方在平辈之间敬茶或斟茶时，单指叩击表示我谢谢你；双指叩击表示我和我先生（太太）谢谢你；三指叩击表示我们全家人都谢谢你。

五、其他礼节和忌讳

在民间，不同地区和不同民族都有自己的茶事礼节，介绍如下。

1. 民间习俗斟茶只斟七分杯，谓之"酒满敬客，茶满欺人"。

2. 当茶杯排成圆形时，讲究逆时针巡壶斟茶，表示欢迎客人，而忌讳顺时针方向斟茶。

3. 在广东，客人用盖碗品茶时，如果不是客人自己揭开杯盖要求续水，茶艺服务人员不可以主动为客人揭盖添水，否则视为不礼貌。

4. 不同民族还有不同的茶礼和忌讳。如蒙古族敬茶时，客人应躬身双手接茶而不可单手接茶；土家族人忌讳用有裂缝或缺口的茶碗上茶；藏族同胞忌讳把茶具倒扣放置；部分西北地区的少数民族忌讳高斟茶冲起满杯泡沫等。

各地的茶礼、茶俗很多，我们应尽可能地学习和掌握，以便在茶事服务中避免犯忌。因而，应训练养成逆时针回转斟茶的习惯。

任务二　茶艺服务人员的礼貌用语

茶艺服务者使用礼貌敬语的基本要求是：语言亲切，音量适中，音调简洁清晰，充分体现主动、热情、礼貌、周到、谦虚的态度。根据不同对象，恰当运用服务敬语，对国内茶客使用普通话，对外宾使用日常外语。做到客到有请，客问必答，客走道别。具体要求如下：

1. 宾客登门时主动打招呼，使用招呼语，如"您好""欢迎光临"等；

2. 称呼宾客时，使用称呼语，如"先生""太太""女士""夫人"等；

3. 与客人谈话时要杜绝使用"四语"，即蔑视语、烦躁语、否定语和顶撞语，如"哎""喂""不行""没有了"等；

4. 向宾客问好时使用问候语，如"您好""早晨好""晚上好""您辛苦了""晚安"等；

5. 听取宾客要求时，要微微点头，使用应答语，如"好的""明白了""请稍候""马上就来""马上就办"等；

6. 服务有不足之处或宾客有意见时，使用道歉语，如"对不起""打扰了""让您久等了""请原谅""给您添麻烦了"等；

7. 感谢宾客时，使用感谢语，如"谢谢""感谢您的提醒"等；

8. 宾客离别时，使用道别语，如"再见""欢迎再次光临""祝您一路平安"等。

能力提升

 实训任务单4-1：茶艺服务人员仪姿训练

实训目的：① 通过本任务单的训练，使学生掌握标准茶艺服务仪姿训练的基本方法和步骤，塑造良好的形体，体现形体美；② 使学生加深对服务姿态相关知识的了解，养成良好的习惯，提高其综合素质和生活品质。

实训要求：动作准确规范、协调自然，姿势大方得体，含意表达清晰。

实训器具：礼仪镜（形体训练室）、椅子、书本等

参考课时：2 学时，教师示范 30 分钟，学生练习 50 分钟，教师点评、检测 10 分钟。

预习思考：驼背、含胸、挺肚等不良站姿习惯可以通过哪些练习进行修正？

实训任务及操作标准：

任务		操作标准
站姿		头正颈直、目光平视、下颌微收、面带微笑、肩平臂垂、挺胸收腹、立腰提臀、两脚并拢，两脚尖呈 45°～60°
坐姿		缓缓走到座位前，右腿后点半步，确定椅子的位置，重心移至两腿之间坐下（着裙装的女士以手拢裙），坐椅子的 1/2～2/3 处，调整坐姿。要求头正颈直、目光平视、下颌微收、面带微笑、肩平臂垂、挺胸收腹、两脚并拢，女士脚跟相靠，脚尖张开约成 45°，男士约成 60°。双手不操作时，平放在操作台上，面部表情轻松愉悦，面带微笑
走姿	标准式	上身正直，目光平视，面带微笑；肩部放松，手臂自然前后摆动，手臂与身体的夹角一般在 10°～15°，摆动幅度为 35 厘米左右，向前行走线迹为直线。茶事服务时一般双手搭握在前腹部
	前行转身式	① 前行左转身步。在行进中，当要向左转体时，以右脚掌为轴心，向左转 90° ② 前行右转身步。与前行左转身步相反
	后退转身式	① 后退左转身步。当后退向左转体走时，以右脚为轴心向左转体 ② 后退右转身步。当后退右转体走时，以左脚掌为轴心，向右转体 90°，同时向右迈右脚 ③ 后退后转身步。要向后转体走时，如左脚先退，要在后退一步或三步时，以左脚为轴心，向右转体 180°；如右脚先退，则向左转体
蹲姿	交叉式	右腿向左侧前方跨一步，蹲下时左腿在后与右腿交叉重叠
	高低式	左腿向前跨半步下蹲，女士主要右膝内侧靠于左小腿内侧，两腿靠紧再向下蹲，男士两膝可稍开
	点地式	同高低式，下蹲时右膝盖点地
跪姿		① 在站立姿势的基础上，右脚后错半步跪下 ② 右膝着地，右脚掌心向上，随之左膝着地，左脚掌心向上，两脚心相交 ③ 身体重心调整坐落在双脚跟上，上身保持挺直，双手自然交叉相握摆放于腹前 ④ 两眼平视，表情自然，面带微笑

站姿图示：

站姿正面图示 站姿侧面图示

坐姿图示：

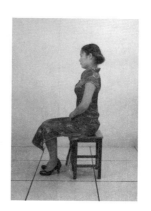

坐姿正面图示 坐姿侧面图示

走姿图示：

走姿正面图示 走姿侧面图示

蹲姿图示：

高低式蹲姿正面图示

高低式蹲姿侧面图示

点地式蹲姿正面图示

点地式蹲姿侧面图示

交叉式蹲姿正面图示

交叉式蹲姿侧面图示

跪姿图示：

跪姿正面图示　　　　　　　　　　　　跪姿侧面图示

实训任务单4-2：茶艺服务人员礼节训练

实训目的： ① 通过本任务单的训练，使学生掌握标准茶艺服务礼节训练的基本方法和步骤；② 使学生加深对服务礼节相关知识的了解，养成良好的习惯，提高综合素质。

实训要求： 动作准确规范、协调自然，姿势大方得体，含意表达清晰。

参考课时： 1 学时，教师示范 10 分钟，学生练习 30 分钟，教师点评、检测 5 分钟。

实训器具： 礼仪镜（形体训练室）、垫子等

预习思考： 鞠躬礼训练的关键是什么？

实训任务与操作标准：

任　务		操作标准
站式鞠躬礼	浅度	在站式礼的基础上弯腰约30°。缓缓弯腰，双臂自然下垂，手指自然合拢，双手呈"八"字形轻扶于双腿上，缓缓直起，目视脚尖，俯下和起身速度一致，动作轻松，自然柔软
	中度	在站式礼的基础上弯腰约45°，具体操作同上
	深度	在站式礼的基础上弯腰约90°，具体操作同上
坐式鞠躬礼	浅度	在坐式礼的基础上弯腰15°。头身前倾，双臂自然弯曲，手指自然合拢，双手掌心向下，自然平放于双膝上或双手呈"八"字形轻放于双腿中、后部位置，直起时目视膝盖，缓缓直起，面带微笑，俯、起时的速度、动作要求同站式鞠躬礼
	中度	在坐式礼的基础上弯腰约30°。双手呈"八"字形轻放于1/2大腿处，其余操作同上
	深度	在坐式礼的基础上弯腰约45°，具体操作同上

任　务		操作标准
跪式鞠躬礼	浅度	在跪式礼的基础上弯腰约15°。头身前倾，双臂自然下垂，手指自然合拢，双手呈"八"字形，掌心向下放于双膝位置，指尖触地，直起时目视手指尖，缓缓直起，面带微笑俯、起时的速度、动作要求同站式鞠躬礼
	中度	在跪式礼的基础上弯腰约30°，双手掌心向下，手指触地于膝前地面，其余操作同上
	深度	在跪式礼的基础上弯腰约45°，双手掌心向下，平扶触地于膝前地面，其余操作同上
伸掌礼		五指自然并拢，手心向上，左手或右手从胸前自然向左或向右前伸。同时讲"请"或"谢谢"
注目礼和点头礼		茶艺服务人员的眼睛庄重而专注地看着对方并点头致意
叩手礼		用双手指作跪拜状叩击桌面两三下

站式鞠躬图示：

浅度站式鞠躬孔正面图示

浅度站式鞠躬礼侧面图示

中度站式鞠躬礼正面图示

中度站式鞠躬礼侧面图示

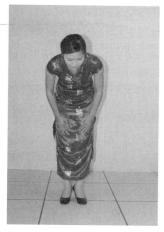

深度站式鞠躬礼正面图示　　　　　　深度站式鞠躬礼侧面图示

坐式鞠躬礼图示：

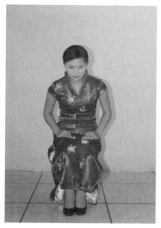

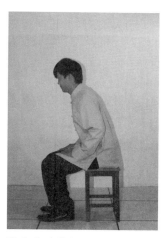

浅度坐式鞠躬礼正面图示　　　　　　浅度坐式鞠躬礼侧面图示

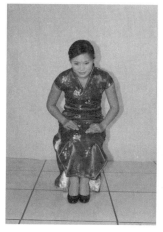

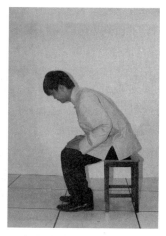

中度坐式鞠躬礼正面图示　　　深度坐式鞠躬礼正面图示　　　深度坐式鞠躬礼侧面图示

跪式鞠躬礼图示：

浅度跪式鞠躬礼正面图示

浅度跪式鞠躬礼侧面图示

中度跪式鞠躬礼正面图示

中度跪式鞠躬礼侧面图示

深度跪式鞠躬礼正面图示

深度跪式鞠躬礼侧面图示

能力检测：

序号	测试内容	应得分	实得分	序号	测试内容	应得分	实得分
1	站姿	10分		6	站式鞠躬礼	10分	
2	坐姿	10分		7	站式鞠躬礼	10分	
3	走姿	10分		8	站式鞠躬礼	10分	
4	蹲姿	10分		9	伸掌礼、叩手礼	10分	
5	跪姿	10分		10	注目礼、点头礼	10分	
	总分						

项目小结

本项目主要涉及茶艺服务人员仪容与服饰、茶艺服务人员仪姿、茶艺服务人员举止规范等方面内容，具体介绍了仪容修饰、化妆技巧和服饰搭配；茶艺服务人员站、坐、走、蹲姿的要领及训练方法；茶艺服务常用礼节的动作要领、鞠躬礼、伸掌礼、注目礼、点头礼和叩手礼的训练方法等。为了提升学生能力，还专门设计了茶艺服务人员化妆技术以及茶艺服务人员的仪姿训练等实训任务。

项目练习

一、判断题

1.（   ）礼仪是对礼节和仪式的统称。

2.（   ）在为客人泡茶时面部表情要平和放松，不要微笑。

3.（   ）民间习俗斟茶只斟八分杯，谓之"酒满敬客，茶满欺人"。

4.（   ）顺时针巡壶斟茶，是表示对客人的欢迎。

二、选择题

1. 在长辈或上级给晚辈或下级斟茶时，下级和晚辈必须用双手指作跪拜状叩击桌面（   ）下。

    A. 1~2   B. 2~3   C. 3~4   D. 4~5

2. 不同民族还有不同的茶礼和忌讳。如（   ）族敬茶时，客人应躬身双手接茶而不可单手接茶。

    A. 蒙古族   B. 朝鲜族   C. 汉族   D. 藏族

3. 与客人谈话时要杜绝使用"四语"，即（   ）。

    A. 蔑视语、烦躁语、否定语和礼貌语   B. 蔑视语、无礼语、否定语和顶撞语

    C. 蔑视语、烦躁语、否定语和顶撞语   D. 蔑视语、烦躁语、肯定语和顶撞语

4. 中度站式鞠躬礼是在站式礼的基础上弯腰约（   ）。

    A. 15°   B. 30°   C. 45°   D. 90°

三、简答题

1. 简述叩手礼的来历。
2. 走姿五要素分别是什么？

项目实践

实践内容： 以学习团队为单位，设计一茶艺服务礼仪情景剧或茶艺服务礼仪操。

能力要求： 1. 撰写礼仪操（情景剧）设计方案；
             2. 团队集体排练；
             3. 堂上演练，师生双方评价。

项目五　茶艺技能

羽目标

➢ 熟练掌握绿茶的玻璃杯泡法和盖碗泡法、红茶的壶杯泡法和碗杯泡法、乌龙茶的碗盅泡法和壶盅（双杯）泡法等茶艺的冲泡程式和基本手法，并灵活应用于其他茶类的冲泡。

➢ 能进行西湖龙井、茉莉花茶、铁观音等流行茶艺的表演，了解特色茶艺表演。

➢ 能在团队的协作下，编创茶艺文案并表演所编创的茶艺表演作品。

模块一　基础茶艺

　具体任务

➢ 能在学习活动中熟练掌握绿茶的玻璃杯泡法和盖碗泡法茶艺的冲泡程式和基本手法，并应用于黄茶、白茶、花茶等茶类的冲泡。

➢ 熟练掌握红茶的壶杯泡法和碗杯泡法茶艺的冲泡程式和基本手法，能应用于乌龙茶、普洱茶等茶类的冲泡。

➢ 熟练掌握乌龙茶的碗盅泡法和壶盅（双杯）泡法茶艺的冲泡程式和基本手法。

　　生活中的茶艺就是研究如何泡好一壶茶的技艺和如何享受一杯茶的艺术。要想泡好一壶茶，就要根据不同茶叶的品质特点来选择合适的冲泡器具。

　　一般来说，高档绿茶一般使用玻璃杯冲泡，避免闷黄茶叶，利于观赏茶舞；冲泡一些中高档红绿茶，如工夫红茶、眉茶、烘青和珠茶等，因以闻香品味为首要，而观形略次，可用瓷杯直接冲饮；低档红绿茶，其香味成分略低，用壶沏泡，水量较多而集中，有利于保温，能充分浸出茶之内含物，可得较理想之茶汤，并保持香味；工夫红茶可用瓷壶或紫砂壶来冲泡，然后将茶汤倒入白瓷杯中饮用；红碎茶体型小，用茶杯冲泡时茶叶悬浮于茶汤中不方便饮用，宜用茶壶泡沏；乌龙茶宜用紫砂壶冲泡；袋泡茶可用白瓷杯或瓷壶冲泡；高档花茶可用玻璃杯或白瓷杯冲饮，以显示其品质特色，也可用盖碗或带盖的杯冲泡，以防止香气散失；普通低档花茶，则用瓷壶冲泡，可得到较理想的茶汤，保持香味。

总的来说，按主泡器具分，各类茶冲泡的最基础的茶艺技能有：玻璃杯泡法、盖碗泡法、大壶泡法、壶杯泡法、壶盅（双杯）泡法、碗杯泡法以及碗盅泡法。下面，我们以绿茶、红茶以及乌龙茶的常规茶艺为例，分别介绍这些基础茶艺技能。

 任务一　绿茶茶艺

知识准备

绿茶属不发酵茶类，基本特征是叶绿汤清。冲泡绿茶时，以保持茶叶自身的嫩绿为贵。一般选用材质密度高、气孔率低、吸水率小的器具冲泡绿茶。目前，绿茶的冲泡一般使用玻璃杯或盖碗作主泡器。

用玻璃杯冲泡绿茶，一是可以保持茶香；二是能够及时散热，避免闷黄茶叶；三是可以较好地观赏茶舞。冲泡高级绿茶一般用敞口厚底玻璃杯，玻璃杯不易吸香，能更好地保持绿茶的清香；玻璃杯传热、散热比较快，不易闷黄茶叶；玻璃杯质地透明，晶莹剔透，形态各异，用玻璃杯泡茶，明亮翠绿的茶汤、芽叶的细嫩柔软、茶芽在沏泡过程中的上下起伏、芽叶在浸泡过程中的逐渐舒展等情形，可以一览无余，是一种动态的艺术欣赏。特别是冲泡各类名优绿茶，玻璃杯中轻雾缥缈，清澈碧绿，芽叶朵朵，亭亭玉立，赏心悦目，别有风味。

盖碗泡法也是绿茶冲泡常用的一种方法，鲁迅先生在《喝茶》一文中曾这样写道："喝好茶，是要用盖碗的。于是用盖碗。果然，泡了之后，色清而味甘，微香而小苦，确是好茶叶"。盖碗泡茶有以下好处。一是出汤时间快。由于盖碗保温性能较玻璃杯好，茶的内质更易析出，加上盖碗中每次茶叶浸泡的时间很短，茶叶也不易被闷黄，使得茶汤滋味更甘醇。二是使用方便。盖碗上大下小，下面有杯托，喝茶时不易滑落，还可避免烫手，清洗也比较方便。三是较易控制茶汤浓度。泡茶时，可以用杯盖在水面刮动，这叫做翻江倒海，使整碗茶水上下翻转，轻刮则淡，重刮则浓，起到很好的匀汤作用。四是节省时间。由于盖碗宜于保温，茶量易控，冲泡所需时间短。五是便于观赏叶底。在倒茶时，盖碗可以控制盖口的大小，能在最快的时间内把茶汤沥尽，叶底一目了然。

能力提升

 实训任务单5-1：绿茶玻璃杯泡法

实训目的：掌握玻璃杯冲泡法的基本手法及基本程序；学会正确地选择泡茶水温。

实训要求：掌握翻杯、润杯、摇香等手法，熟练运用玻璃杯泡茶的上、中、下投茶法，熟练掌握回旋斟水、"凤凰三点头"等技法；掌握规范、得体的操作流程及典雅大方的动作要领。

实训器具： 主泡器：无刻花透明玻璃杯 3 至 6 只；

备水器：随手泡 1 把、凉汤壶 1 把；

辅助器：茶盘 1 个、茶叶罐（绿茶适量）1 个、茶道组（只用茶匙）1 套、茶巾 1 条、水盂 1 个、茶荷 1 个

参考课时： 2 学时，教师示范 30 分钟，学生练习 50 分钟，教师点评、考核 10 分钟。

预习思考： ① 为什么冲泡绿茶的水温不能过高？

② 什么是上投法、中投法、下投法？

实训步骤与操作标准：

步　骤	操作标准
布席	① 茶艺师上场，行鞠躬礼，落座 ② 将茶叶罐、茶道组、茶巾、水盂、茶荷分置于茶盘两侧 ③ 将玻璃杯按对角线、"一"字形或"品"字形摆放在茶盘的中心位置 ④ 将烧开的水倒入凉汤壶中凉汤备用 ⑤ 将茶巾折叠整齐备用
赏茶	① 用茶匙将茶叶从茶叶罐中轻轻拨入茶荷 ② 将茶荷双手捧起，送至客人面前请客人欣赏干茶外形、色泽及嗅闻干茶香气 ③ 如有必要时，用简短的语言介绍即将冲泡的茶叶的品质特征和文化背景
洁杯	① 将水注入杯中 1/3，三杯水量要均匀，注水时采用逆时针悬壶手法 ② 左手伸平，掌心微凹，右手端杯底，将水杯平放在左手上，双手向前搓动，用滚杯的手法将水倒入水方
置茶	绿茶投茶方式有三种：上投法、中投法、下投法；（每 50 ml 水用茶 1 g） ① 上投法：将水注入杯中七分满，将干茶轻轻拨入已经冲水的玻璃杯中 ② 中投法：将水注入杯中 1/3，将干茶拨入已冲水的玻璃杯 ③ 下投法：将干茶轻轻拨入杯中，加水至七分满 ④ 动作要领：左手拿茶荷，右手拿茶匙，两手放松，缓缓投茶
温润泡	① 将降了温的开水沿杯壁注入杯中约 1/4，注意避免直接浇在茶叶上，以免烫坏茶叶 ② 左手托杯底，右手扶杯身，以逆时针的方向旋转三圈，使茶叶充分浸润 ③ 冲泡时间掌握在 15～50 秒，视茶叶的紧结程度而定
冲泡	① 用"凤凰三点头"的手法注水至七分满，水壶有节奏地三起三落水流不间断，使水充分激荡茶叶，加速茶叶中有益物质的析出 ② 按从前到后、从左到右、先左后右最后中间的顺序
奉茶	① 右手轻握杯身中下部，左手托杯底，双手将茶端放到奉茶盘上，用奉茶盘送到客人面前，按主次、长幼顺序奉茶 ② 使用礼貌用语"请喝茶"或"请品饮"，并行伸掌礼 ③ 当客人杯中茶水余 1/3 时，及时续水
品茶	① 端杯。女性一般以左手手指轻托茶杯底，右手持杯；男性可单手持杯。 ② 品茶。先闻香，次观色，再品味，而后赏形。 闻香：将玻璃杯移至鼻前，细闻幽香；观色：移开玻璃杯，观看清澈明亮的汤色； 品味：趁热品啜，深吸一口气，使茶汤由舌尖滚至舌根，细品慢咽，体会茶汤甘醇的滋味； 赏形：欣赏茶叶慢慢舒展，芽笋林立，婷婷可人的茶舞

步　骤	操作标准
续水	当客人杯中只余 1/3 左右茶汤时，需要及时续水。如果水温过低，达不到泡茶的标准，需将壶中已烧沸未用尽的温水倒掉，重新煮水。通常情况下，一杯茶续水两次，续水手法采用"凤凰三点头"或"高冲低斟法"均可
复品	第二泡茶香最浓，滋味最醇，要充分体验甘泽润喉、齿颊留香的感觉。第三泡茶淡若微风，应静心体会，静坐回味，茶趣无穷
收具	① 将杯具清洗干净，整齐摆放在茶盘上，用茶巾将茶盘擦拭干净 ② 行鞠躬礼，退场

能力检测：

序号	测试内容	得分标准	应得分	扣分	实得分
1	布席	物品准备齐全，摆放整齐，有美感，便于操作	10分		
2	赏茶	取茶动作轻缓，不掉渣，语言介绍生动、简洁	10分		
3	洁杯	水量均匀，逆时针回旋	10分		
4	置茶	选择合适的投茶方式，投茶量把握正确	10分		
5	温润泡	注水量均匀，水流沿杯壁下落，润茶的动作美观	10分		
6	冲泡	熟练运用"凤凰三点头"	20分		
7	奉茶	按顺序奉茶，使用礼貌用语，行伸掌礼	10分		
8	品茶	姿势正确，姿态优雅大方	10分		
9	收具	杯子、茶盘干净，摆放整齐	10分		
		总　分	100分		

实训任务单5-2：绿茶盖碗泡法

实训目的： 掌握盖碗冲泡绿茶的基本手法及基本程序；学会正确地选择泡茶用水。

实训要求： 掌握盖碗的润杯、摇香等手法，熟练掌握回旋斟水、凤凰三点头等技法；掌握规范、得体的操作流程及典雅大方的动作要领。

实训器具： 主泡器：盖碗（含碗托）3 至 4 套；

备水器：随手泡 1 套、凉汤壶 1 把；

辅助器：茶盘 1 个、茶叶罐（绿茶适量）1 套、茶道组（只用茶匙）1 套、茶巾 1 条、水盂 1 个、茶荷 1 个

参考课时： 2 学时，教师示范 30 分钟，学生练习 50 分钟，教师点评、考核 10 分钟。

预习思考： ① 为什么盖碗又称"三才碗"？

② 泡茶用水的基本标准是什么？

实训步骤与操作标准：

步骤	操作标准
布席	① 茶艺师上场，行鞠躬礼，落座 ② 将茶叶罐、茶道组、茶巾、水盂、茶荷分置于茶盘两侧 ③ 将盖碗按对角线、"一"字形或"品"字形摆放在茶盘的中心位置 ④ 将烧开的水倒入凉汤壶中凉汤备用 ⑤ 将茶巾折叠整齐备用
赏茶	① 用茶匙将茶叶从茶叶罐中轻轻拨入茶荷 ② 将茶荷双手捧起，送至客人面前请客人欣赏干茶外形、色泽及嗅闻干茶香气 ③ 如有必要时，用简短的语言介绍即将冲泡的茶叶的品质特征和文化背景
洁碗	以开盖、注水、复盖、荡碗、弃水的步骤温洁盖碗，按从前到后（对角线）、从左到右（"一"字形）、先左后右最后中间（"品"字形）的顺序洁碗
置茶	① 开盖。按从前到后、从左到右、先左后右最后中间的顺序 ② 投茶。左手拿茶荷，右手拿茶匙，两手放松，缓缓将茶叶拨入盖碗中，投茶量为每50 ml 水用茶约 1g
温润泡	① 将降了温的开水注入杯中约 1/4 ② 盖上碗盖，左手托碗底，右手扶碗身，以逆时针的方向回旋三圈，使茶叶充分浸润 ③ 温润时间掌握在 15～50 秒，视茶叶的紧结程度而定
冲泡	① 用"凤凰三点头"的手法注水至七分满，水壶有节奏地三起三落水流不间断，使水充分激荡茶叶，加速茶叶中有益物质的析出 ② 按从前到后、从左到右、先左后右最后中间的顺序
奉茶	① 如果茶客围坐较近，可右手轻握杯身中下部，左手托杯底，直接用双手端取茶杯，先在茶巾上请按一下，吸净杯底残水后双手端杯奉茶 ② 如果茶客坐得比较远，则需双手将茶杯端放到奉茶盘上，用奉茶盘送到客人面前，按主次、长幼顺序奉茶 ③ 使用礼貌用语"请喝茶"或"请品饮"，并行伸掌礼 ④ 当客人杯中茶水余 1/3 时，及时续水
品茶	闻香：端起盖碗置于左手，左手托碗托，右手三指捏盖钮，逆时针转动手腕让碗盖边沿浸入茶汤，右手顺势揭开碗盖，将碗盖内侧朝向自己，凑近鼻端左右平移细闻茶香 观色：嗅闻茶香后，用碗盖撇去茶汤表面的浮叶，边撇边观赏汤色，然后将碗盖左低右高斜盖在碗上（盖碗左侧留一小缝） 品味：左手托碗托，右手大拇指、中指捏住碗沿下方，食指轻搭盖钮，提起盖碗，手腕向内旋转 90°使虎口朝向自己，从小缝处小口啜饮。男士可免去左手托碗托
续水	当客人杯中只余 1/3 左右茶汤时，需要及时续水。如果水温过低，达不到泡茶的标准，需将壶中已烧沸未用尽的温水倒掉，重新煮水。通常情况下，一杯茶续水两次，续水手法采用"凤凰三点头"或"高冲低斟法"均可
复品	第二泡茶香最浓，滋味最醇，要充分体验甘泽润喉、齿颊留香的感觉。第三泡茶淡若微风，应静心体会，静坐回味，茶趣无穷
收具	① 将杯具清洗干净，整齐摆放在茶盘上，用茶巾将茶盘擦拭干净 ② 行鞠躬礼，退场

能力检测：

序号	测试内容	得分标准	应得分	扣分	实得分
1	布席	物品准备齐全，摆放整齐，有美感，便于操作	10 分		
2	赏茶	取茶动作轻缓，不掉渣，语言介绍生动、简洁	10 分		
3	洁碗	水量均匀，逆时针回旋	10 分		
4	置茶	选择合适的投茶方式，投茶量把握正确	10 分		
5	温润泡	注水量均匀，水流沿杯壁下落，润茶的动作美观	10 分		
6	冲泡	熟练运用低斟高冲和"凤凰三点头"手法	20 分		
7	奉茶	按顺序奉茶，使用礼貌用语，行伸掌礼	10 分		
8	品茶	姿势正确，姿态优雅大方	10 分		
9	收具	杯子、茶盘干净，摆放整齐	10 分		
	总　　分		100 分		

❦ 实训任务单5-3：绿茶大壶泡法

实训目的： 掌握大壶冲泡绿茶的基本手法及基本程序；掌握大壶冲泡绿茶合适的投茶量、泡茶水温、浸泡时间及冲泡次数。

实训要求： 掌握翻杯、悬壶高冲、匀汤分茶等技巧；掌握规范得体的操作流程及典雅大方的动作要领。

实训器具： 主泡器：250 ml 瓷壶 1 把、有把或无把瓷杯 4 只；

备水器：随手泡 1 把；

辅助器：茶盘 1 个、茶叶罐（大宗绿茶适量）1 个、茶道组 1 套、茶巾 1 条、水盂 1 个、茶荷 1 个、奉茶盘 1 个

参考课时： 2 学时，教师示范 30 分钟，学生练习 50 分钟，教师点评、考核 10 分钟。

预习思考： ① 选用大壶冲泡大宗绿茶的好处是什么？

② 冲泡大宗绿茶的最佳水温是多少？

实训步骤与操作标准：

步骤	操作标准
布席	① 茶艺师上场，行鞠躬礼，落座 ② 将茶叶罐、茶道组、茶巾、茶巾盘、水盂、茶荷分置于大茶盘两侧，以方便操作 ③将奉茶盘上的茶杯依次用双手翻正并放置在大茶盘内，按先左后右的顺序"一"字或弧线形排开 ④ 将茶巾折叠整齐备用

步骤	操作标准
温壶	① 揭开壶盖，单手用拇指、食指、中指捏盖纽掀开壶盖，逆时针转动手腕将壶盖放置于茶盘上 ② 提随手泡，按弧线运动轨迹回转手腕一圈低斟，然后提腕高冲至壶容量的 1/4，复压腕低斟，回转手腕壶嘴上扬断水，复盖 ③ 左手拿茶巾，右手持壶放在左手茶巾上，双手协调动作，让壶身内部充分接触热气，荡涤冷气，然后弃水
置茶	① 揭开壶盖，单手用拇指、食指、中指捏盖纽掀开壶盖，逆时针转动手腕将壶盖放置于茶盘上 ② 左手拿茶荷，右手拿茶匙，两手放松，缓缓将茶叶拨入瓷壶中，投茶量为每 50 ml 水用茶约 1 g
温润泡	① 当随手泡中的水到达二沸，即气泡如涌泉连珠时，关掉随手泡开关，将水注入凉汤壶 ② 采用回旋注水法向壶内注入少量（约茶壶容量的 1/4）开水，使茶叶充分浸润吸水膨胀，此时杯中茶叶充分吸水舒展，开始散发香气。温润时间约 15～50 秒，视茶叶的紧结程度而定 ③ 右手握壶把或提梁，左手上搁置茶巾托住壶底，逆时针转动茶壶三圈，归位
冲泡	① 单手揭盖，然后双手执壶，采用高冲低斟或"凤凰三点头"的手法注水至壶肩，促使茶叶上下翻动、飞舞。这一手法能使开水充分激荡茶叶，加速茶叶中各种有益物质的析出 ② 注水毕，按揭盖的顺序复盖，汤壶、茶巾归位 在冲泡程序中要求右手提壶有节奏地由低至高反复点三下，使茶壶三起三落水流不间断，水量控制均匀
静蕴	静置 2～5 分钟
洁杯	在静蕴等待之时，按先左后右的顺序洁杯
分茶	双手或单手持壶，按先左后右的顺序斟茶入杯。为避免叶底闷黄，斟茶完毕后茶壶复位并揭开壶盖放置在茶盘上
奉茶	① 艺师双手将泡好的茶一一端放到奉茶盘上 ② 泡人员端起奉茶盘，茶艺师离席，带领助泡人员行至客席，由茶艺师按主次、长幼顺序奉茶给客人 ③ 用礼貌用语，并行伸掌礼 ④ 茶完毕，茶艺师、助泡人员归位
品茶	① 闻香：端起茶杯，凑近鼻端细闻茶香 ② 观色：观赏茶汤颜色 ③ 品味：女性一般以左手手指轻托茶杯底，右手持杯；男性可单手持杯
续水	① 若茶壶中的茶汤已尽或不多时，则双手或单手执壶，采用"凤凰三点头"直接向茶壶内注水至壶肩。每壶茶一般泡 2～3 次，因茶类而异，也可依宾客要求而定 ② 若宾客茶杯中只余 1/3 左右茶汤时，需要及时续水。茶艺师持茶壶直接向宾客杯中斟茶，注意斟茶动作轻柔，以免茶汤溅出
复品	第二泡茶香最浓，滋味最醇，要充分体验甘泽润喉、齿颊留香的感觉。第三泡茶淡若微风，应静心体会，静坐回味，茶趣无穷
收具	① 将杯具清洗干净，整齐摆放在茶盘上，用茶巾将茶盘擦拭干净 ② 行鞠躬礼，退场

能力检测：

序号	测试内容	得分标准	应得分	扣分	实得分
1	布席	物品准备齐全，摆放整齐，有美感，便于操作	10分		
2	温壶	水量均匀，逆时针回旋	10分		
3	置茶	取茶动作轻缓，不掉渣，投茶量把握正确	20分		
4	温润泡	手法准确、动作优美	10分		
5	冲泡	注水量均匀，悬壶高冲的手法准确、动作美观	20分		
6	分茶、奉茶	分茶茶量准确，奉茶有序，行伸掌礼	20分		
7	收具	杯子、茶盘干净，摆放整齐	10分		
	总　　分		100分		

任务二　　红茶茶艺

知识准备

红茶属全发酵茶类。红茶品饮有清饮和调饮两种方法。清饮，即在茶汤中不加任何调料，使茶发挥本性固有的香气和滋味；调饮，则在茶汤中加入调料，以佐汤味。中国大多数地方都采用清饮冲泡。条形红茶的基本特征是红汤红叶，条形细紧纤长，色泽乌润，香气持久，滋味浓醇鲜爽，汤色红艳明亮。冲泡红茶一般选用材质为瓷、紫砂、玻璃制品的茶具，犹以白瓷为最佳。

能力提升

实训任务单5-4：红茶瓷壶（壶杯）泡法

实训目的： 掌握瓷壶冲泡红茶的基本手法及基本程序；掌握合适的投茶量、泡茶水温、浸泡时间及冲泡次数。

实训要求： 掌握翻杯、悬壶高冲、匀汤分茶等技巧；掌握规范得体的操作流程及典雅大方的动作要领。

实训器具： 主泡器：瓷壶1把，品茗杯4只；

　　　　　　备水器：随手泡1把；

　　　　　　辅助器：茶盘1个、茶叶罐（红茶适量）1个、茶道组1套、茶巾1条、水盂1个、茶荷1个

参考课时： 2 学时，教师示范 30 分钟，学生练习 50 分钟，教师点评、考核 10 分钟。

预习思考： ① 为什么说冲泡红茶的最佳器具是瓷壶？

　　　　　　② 冲泡红茶的最佳水温是多少？

实训步骤与操作标准：

步骤	操作标准
布席	① 茶艺师上场，行鞠躬礼，落座 ② 将茶叶罐、茶道组、茶巾、水盂、茶荷分置于茶盘两侧 ③ 将瓷壶摆放在茶盘的中心位置，茶杯以一定的构图（集中或并列）置于瓷壶前方 ④ 随手泡煮水至二至三沸备用 ⑤ 将茶巾折叠整齐备用
赏茶	① 用茶匙将茶叶从茶叶罐中轻轻拨入茶荷 ② 将茶荷双手捧起，送至客人面前请客人欣赏干茶外形、色泽及嗅闻干茶香气 ③ 如有必要时，用简短的语言介绍即将冲泡的茶叶的品质特征和文化背景
温壶	① 揭开壶盖，以回旋注水法温壶、壶盖及壶身 ② 将壶内的水依次注入茶杯
置茶	① 单手（左右手均可）开盖，逆时针转动手腕将壶盖置于茶盘上 ② 左手拿茶荷，右手拿茶匙，两手放松，缓缓将茶叶拨入瓷壶中，投茶量为每 50 ml 水用茶约 1 g
冲泡	① 用逆时针悬壶高冲的手法注水至瓷壶，使水充分激荡茶叶，加速茶叶中有益物质的溶出，注意不要向壶中心冲水，以免冲破壶胆 ② 左手拿起壶盖逆时针推掉壶口的浮沫，右手提壶将盖上的浮沫冲净后盖好，以使茶汤清新纯净
温杯	① 采用茶夹法从左至右依次温杯 ② 将杯内废水倒于水盂
分茶	从左至右依次分茶，第一杯倒二分满，第二杯倒四分满，第三杯倒六分满，第四杯倒至七分满。再回转分茶，将每杯都斟至七分满
奉茶	① 如果茶客围坐较近，可直接用双手端取茶杯，先在茶巾上请按一下，吸净杯底残水后放在杯垫上（可不用），双手端杯垫奉茶 ② 如果茶客坐得比较远，则需双手将茶杯端放到奉茶盘上，用奉茶盘送到客人面前，按主次、长幼顺序奉茶 ③ 使用礼貌用语"请喝茶"或"请品饮"，并行伸掌礼
品茶	闻香：端起茶杯（品茗杯用"三龙护鼎"的手法），虎口朝向茶艺师自己，凑近鼻端细闻茶香 观色：观赏茶汤颜色 品味：小口啜饮，让茶汤在口腔中停留一会儿，徐徐咽下，充分领略茶汤的滋味
收具	① 将杯具清洗干净，整齐摆放在茶盘上，用茶巾将茶盘擦拭干净 ② 行鞠躬礼，退场

能力检测：

序号	测试内容	得分标准	应得分	扣分	实得分
1	布席	物品准备齐全，摆放整齐，有美感，便于操作	10分		
2	赏茶	取茶动作轻缓，不掉渣，语言介绍生动、简洁	10分		
3	温壶、置茶	水量均匀，手法正确，投茶量把握准确	20分		
4	冲泡	注水量均匀，悬壶高冲的手法准确、动作美观	10分		
5	温杯、分茶	洗杯手法正确而优美，分茶手法正确，茶量准确	20分		
6	奉茶、品茶	奉茶有礼有序，品茶姿势正确，姿态优雅	20分		
7	收具	杯子、茶盘干净，摆放整齐	10分		
总　分			100分		

❧ 实训任务单5-5：红茶盖碗（碗杯）泡法

实训目的： 掌握盖碗冲泡红茶的基本手法及基本程序；掌握合适的投茶量、泡茶水温、浸泡时间及冲泡次数。

实训要求： 掌握盖碗的润杯、摇香等手法；掌握规范得体的操作流程及典雅大方的动作要领。

实训器具： 主泡器：盖碗1个、品茗杯4个；

备水器：随手泡1把；

辅助器：茶盘1个、茶叶罐（红茶适量）1个、茶道组1套、茶巾1条、水盂1个、茶荷1个

参考课时： 2学时，教师示范30分钟，学生练习50分钟，教师点评、考核10分钟。

预习思考： ① 用盖碗冲泡条形红茶有什么好处？

② 红茶分为几个种类？各自的工艺特点是什么？

实训步骤与操作标准：

步骤	操作标准
布席	① 茶艺师上场，行鞠躬礼，落座 ② 将茶叶罐、茶道组、茶巾、水盂、茶荷分置于茶盘两侧 ③ 将盖碗摆放在茶盘的中心位置，茶杯以一定的构图位置（集中或并列）置于盖碗前方，茶席的构图应体现实用性与艺术性相结合的原则 ④ 随手泡煮水至二至三沸备用 ⑤ 将茶巾折叠整齐备用

步骤	操作标准
赏茶	① 用茶匙将茶叶从茶叶罐中轻轻拨入茶荷 ② 将茶荷双手捧起，送至客人面前请客人欣赏干茶外形、色泽及嗅闻干茶香气 ③ 如有必要时，用简短的语言介绍即将冲泡的茶叶的品质特征和文化背景
温杯	① 揭开碗盖，以回旋注水法温碗，盖上碗盖，浇淋碗身 ② 将碗内的水从左至右依次注入品茗杯
置茶	① 单手（左右手均可）开盖，逆时针转动手腕将碗盖置于碗托或茶盘上 ② 左手拿茶荷，右手拿茶匙，两手放松，缓缓将茶叶拨入瓷壶中，投茶量为每 50 ml 水用茶约 1 g
冲泡	① 用逆时针悬壶高冲的手法注水至盖碗，使水充分激荡茶叶，加速茶叶中有益物质的析出 ② 左手拿起碗盖逆时针刮掉碗口的浮沫，右手提壶将盖上的浮沫冲净后盖好，以使茶汤清新纯净
洗杯	① 采用茶夹法从左至右依次洗杯 ② 将杯内废水倒于水盂
分茶	从左至右依次分茶，第一杯倒二分满，第二杯倒四分满，第三杯倒六分满，第四杯倒至七八分满。再回转分茶，将每杯都斟至七八分满
奉茶	① 如果茶客围坐较近，可直接用双手端取品茗杯，先在茶巾上轻按一下，吸净杯底残水后放在杯垫上（可不用），双手端杯垫奉茶 ② 如果茶客坐得比较远，则需双手将茶端放到奉茶盘上，用奉茶盘送到客人面前，按主次、长幼顺序奉茶 ③ 使用礼貌用语"请喝茶"或"请品饮"，并行伸掌礼
品茶	闻香：端起品茗杯用"三龙护鼎"的手法，虎口朝向茶艺师自己，凑近鼻端细闻茶香 观色：观赏茶汤颜色 品味：小口啜饮，让茶汤在口腔中停留一会儿，徐徐咽下，充分领略茶汤的滋味
续茶	依次收回品饮杯，注入开水重新温杯。在进行第二、第三道茶的冲泡时，采用延长冲泡时间的方法来保持足够的茶汤浓度
收具	① 将杯具清洗干净，整齐摆放在茶盘上，用茶巾将茶盘擦拭干净 ② 行鞠躬礼，退场

能力检测：

按布席、赏茶、温杯、置茶、冲泡、洗杯、分茶、奉茶、品茶以及收具等内容进行能力检测，具体评分标准详见实训任务单 5-4 的能力检测。

任务三　乌龙茶茶艺

知识准备

乌龙茶是介于不发酵茶（绿茶）与全发酵茶（红茶）之间的一种茶类。乌龙茶既具有绿茶的清香和花香，又具有红茶醇厚的滋味。叶片边缘因发酵呈红褐色，中间部仍保持天然绿色，形成"绿叶红镶边"的特色。

冲泡乌龙茶一般不使用玻璃茶具。原因有两个方面：一是玻璃杯通透易见，乌龙茶叶子粗大，经过揉捻做青，叶子有破损，沏泡后叶子完全舒展，形状不雅观，叶子的色泽呈黄绿色，并无特别的美感；二是玻璃杯易于散热。乌龙茶要求较高的水温沏泡，玻璃杯容易散热，不能有效浸出茶叶内含物，影响茶汤的滋味，所以，用玻璃杯沏泡乌龙茶是不适宜的。

冲泡乌龙茶可使用紫砂壶或瓷质盖碗等茶具，特别是用紫砂茶壶、闻香杯、品茗杯的组合来沏泡乌龙茶则效果更佳。先用紫砂茶壶沏泡乌龙茶，发挥出乌龙茶的茶汤品质特征，再将茶汤注入闻香杯，利用闻香杯的留香特性，可以欣赏嗅闻茶汤的热香、温香、冷香；而后将闻香杯中的茶汤注入小品茗杯，在品茗前还可欣赏茶汤的汤色，然后品尝茶汤的滋味。类似这种紫砂茶具的，还有白瓷系列等组合，它们较好地展现了乌龙茶的香气、滋味、汤色等品质特征，掩饰了乌龙茶叶形、叶色的不足。

能力提升

 ### 实训任务单5-6：乌龙茶碗盅泡法

实训目的：掌握盖碗冲泡乌龙茶的基本手法及基本程序；掌握合适的投茶量、泡茶水温、浸泡时间及冲泡次数。

实训要求：掌握盖碗的润杯、摇香等手法；掌握规范得体的操作流程及典雅大方的动作要领。

实训器具：主泡器：盖碗1个，茶盅1个、品茗杯4个；
　　　　　　备水器：随手泡1把；
　　　　　　辅助器：茶盘1个、茶叶罐（乌龙茶适量）1个、茶道组1套、茶巾1条、水盂1个、茶荷1个

参考课时：2学时，教师示范30分钟，学生练习50分钟，教师点评、考核10分钟。

预习思考：① 用盖碗冲泡乌龙茶有什么好处？
　　　　　　② 乌龙茶分为几个种类？武夷岩茶的代表品种及其主要品质特征是什么？

实训步骤与操作标准：

步骤	操作标准
布席	① 茶艺师上场，行鞠躬礼，落座 ② 将茶叶罐、茶道组、茶巾、水盂、茶荷分置于茶盘两侧 ③ 将盖碗摆放在茶盘的中心位置，茶杯以一定的构图位置（集中或并列）置于盖碗前方，茶盅摆放在盖碗的一侧，如果使用滤网，可将茶盅和滤网、滤网架分列于盖碗的两侧，茶席的构图应体现实用性与艺术性相结合的原则 ④ 随手泡煮水至二至三沸备用 ⑤ 将茶巾折叠整齐备用
赏茶	① 用茶匙将茶叶从茶叶罐中轻轻拨入茶荷 ② 将茶荷双手捧起，送至客人面前请客人欣赏干茶外形、色泽及嗅闻干茶香气 ③ 如有必要时，用简短的语言介绍即将冲泡的茶叶的品质特征和文化背景
温杯	① 揭开碗盖，以回旋注水法温碗，盖上碗盖，浇淋碗身 ② 将碗内的水注入架上滤网的公道杯，再将公道杯中的水从左至右依次注入品茗杯
置茶	① 单手（左右手均可）开盖，逆时针转动手腕将碗盖置于碗托或茶盘上 ② 左手拿茶荷，右手拿茶匙，两手放松，缓缓将茶叶拨入瓷壶中，投茶量为每 50 ml 水用茶约 1 g
冲泡	① 用逆时针悬壶高冲的手法注水至盖碗，使水充分激荡茶叶，加速茶叶中有益物质的析出 ② 左手拿起碗盖逆时针推掉碗口的浮沫，右手提壶将盖上的浮沫冲净后盖好，以使茶汤清新纯净 ③ 浸泡的时间大约 1 分钟
洗杯	① 采用茶夹法从左至右依次温杯 ② 将杯内废水倒于水盂
分茶	从左至右依次分茶，茶汤浓淡均匀，每杯茶量为七分满
奉茶	① 如果茶客围坐较近，可直接用双手端取品茗杯，先在茶巾上请按一下，吸净杯底残水后放在杯垫上（可不用），双手端杯垫奉茶 ② 如果茶客坐得比较远，则需双手将茶端放到奉茶盘上，用奉茶盘送到客人面前，按主次、长幼顺序奉茶 ③ 使用礼貌用语"请喝茶"或"请品饮"，并行伸掌礼
品茶	闻香：端起品茗杯用"三龙护鼎"的手法，虎口朝向茶艺师自己，凑近鼻端细闻茶香 观色：观赏茶汤颜色 品味：小口啜饮，让茶汤在口腔中停留一会儿，徐徐咽下，充分领略茶汤的滋味
续茶	依次收回品茗杯和闻香杯，注入开水重新温杯。在进行第二、第三道茶的冲泡时，采用延长冲泡时间的方法来保持足够的茶汤浓度。第二道茶应浸泡 1 分 15 秒左右，以后每增加一道延长浸泡时间大约 15 秒。如果茶叶耐泡，还可继续冲泡第四道、第五道茶，甚至更多道。斟茶、奉茶程序同第一道茶
收具	① 将杯具清洗干净，整齐摆放在茶盘上，用茶巾将茶盘擦拭干净 ② 行鞠躬礼，退场

能力检测:

序号	测试内容	得分标准	应得分	扣分	实得分
1	布席	物品准备齐全，摆放整齐，有美感，便于操作	10分		
2	赏茶	取茶动作轻缓，不掉渣，语言介绍生动、简洁	10分		
3	温杯、置茶	水量均匀，手法正确，投茶量把握准确	10分		
4	冲泡	注水量均匀，悬壶高冲的手法准确、动作美观	10分		
5	洗杯、分茶	洗杯手法正确而优美，分茶手法正确，茶量准确	20分		
6	奉茶、品茶	奉茶有礼有序，品茶姿势正确，姿态优雅	20分		
7	续茶	逆时针悬壶高冲的手法准确、动作美观	10分		
8	收具	杯子、茶盘干净，摆放整齐	10分		
		总　分	100分		

实训任务单5-7：乌龙茶壶盅（双杯）泡法

实训目的： 掌握双杯壶泡法冲泡乌龙茶的基本手法及基本程序；掌握合适的投茶量、泡茶水温、浸泡时间及冲泡次数。

实训要求： 掌握小紫砂壶使用方法；掌握翻杯、温壶、温杯、低斟高冲、斟茶、双杯翻转等技巧；掌握规范得体的操作流程及圆融大方的动作要领。

实训器具： 主泡器：紫砂壶1个、茶盅1个、闻香杯（含品茗杯和杯垫）4套、滤网（含滤网架）1个；

　　　　　备水器：随手泡1套；

　　　　　辅助器：茶盘1个、茶叶罐（乌龙茶适量）1个、茶道组1套、茶巾1条、水盂1个、茶荷1个

参考课时： 2学时，教师示范30分钟，学生练习50分钟，教师点评、考核10分钟。

预习思考： ① 乌龙茶的双杯壶泡法源于哪里？

　　　　　　② 台式乌龙茶主要代表品种有哪些？各自的主要品质特征是什么？

实训步骤与操作标准：

步骤	操作标准
布席	① 茶艺师上场，行鞠躬礼，落座 ② 将茶叶罐、茶道组、茶巾、水盂、茶荷分置于茶盘两侧 ③ 将小紫砂壶摆放在茶盘的中心位置，茶杯以一定的构图位置（集中或并列）置于紫砂壶前方，茶盅摆放在盖碗的一侧，如果使用滤网，可将茶盅和滤网、滤网架分列于盖碗的两侧，茶席的构图应体现实用性与艺术性相结合的原则 ④ 随手泡煮水二至三沸后备用 ⑤ 将茶巾折叠整齐备用
赏茶	① 用茶匙将茶叶从茶叶罐中轻轻拨入茶荷，圆形紧结的茶可用茶则取茶 ② 将茶荷双手捧起，送至客人面前请客人欣赏干茶外形、色泽及嗅闻干茶香气 ③如有必要时，用简短的语言介绍即将冲泡的茶叶的品质特征和文化背景
温壶	① 揭开壶盖，以回旋注水法温壶，盖上壶盖，浇淋壶身 ② 将壶内的水注入架上滤网的茶盅，再将茶盅中的水从左至右依次注入闻香杯和品茗杯 ③ 可将闻香杯中的水倒入品茗杯后斜架于品茗杯上
置茶	① 单手（左右手均可）开盖，逆时针转动手腕将壶盖置于茶盘上 ② 左手拿茶荷，右手拿茶匙，两手放松，缓缓将茶叶拨入瓷壶中，注意投茶时不要将茶叶洒落到茶盘上 ③ 投茶量为疏松条形茶用量为茶壶容积的 2/3 左右，球形及紧结的半球形茶的用量为茶壶容积的 1/3 左右
摇香 （闻香）	摇茶的目的是使茶香借着热度散发出来，并使开泡后茶质易于释出 ① 茶叶入壶后，迅速盖上壶盖，双手捧壶轻轻前后晃动几下 ② 将壶盖打开一条缝，嗅闻摇香后的茶味，有助于进一步了解茶性。在摇香的过程中应动作优美、轻盈，闻香时，壶盖开口不要太大
洗茶	① 将 100℃ 的沸水高冲入壶，待水沫溢出壶口时，用壶盖轻轻抹去，淋去浮沫，盖上壶盖 ② 立即将茶汤注入茶盅，分于各闻香杯中。洗茶之水可以用于闻香
冲泡	① 用逆时针悬壶高冲的手法注水至紫砂壶，使水充分激荡茶叶，加速茶叶中有益物质的溶出。注意不要向壶中心冲水，以免冲破壶胆 ② 左手拿起碗盖逆时针推掉碗口的浮沫，右手提壶将盖上的浮沫冲净后盖好，以使茶汤清新纯净
烫杯	① 先用手洗法转洗闻香杯，再用茶夹法从左至右依次转洗品茗杯 ② 温洗后的每个闻香杯和品茗杯都分别在茶巾上沾干外壁和杯底的残水
投汤	① 待冲泡 1 分钟后，将茶汤注入茶盅 ② 茶盅置于茶巾上拭干外壁及底部的残水，从左至右依次将茶水分到各闻香杯中至八分满 台湾茶人把斟茶称为投汤，投汤有两种方式：①将茶汤倒入公道杯，用公道杯向各个茶杯斟茶（优点：各杯的茶汤浓度均匀，没有茶渣）②用泡茶壶直接向杯中斟茶（优点：茶香散失少，茶汤热；缺点：茶汤浓淡不易均匀）

步骤	操作标准
奉茶	① 扣杯、翻杯。奉茶前，先将品茗杯逐个扣于相对应的闻香杯上，再翻转使品茗杯在下，闻香杯在上 ② 如果茶客围坐较近，可直接用双手端取品茗杯，先在茶巾上请按一下，吸净杯底残水后放在双杯垫上（可不用），双手端杯垫奉茶 ③ 如果茶客坐得比较远，则需双手将茶端放到奉茶盘上，用奉茶盘送到客人面前，按主次、长幼顺序奉茶 ④ 使用礼貌用语"请喝茶"或"请品饮"，并行伸掌礼
品茶	闻香：端起品茗杯用"三龙护鼎"的手法，虎口朝向茶艺师自己，凑近鼻端细闻茶香 观色：观赏茶汤颜色 品味：小口啜饮，让茶汤在口腔中停留一会儿，徐徐咽下，充分领略茶汤的滋味
续茶	依次收回品饮杯，注入开水重新温杯。在进行第二道、第三道茶的冲泡时，采用延长冲泡时间的方法来保持足够的茶汤浓度。第二道茶应浸泡 1 分 15 秒左右，以后每增加一道延长浸泡时间大约 15 秒。如果茶叶耐泡，还可继续冲泡第四道、第五道茶，甚至更多道。斟茶、奉茶程序同第一道茶
收具	① 将杯具清洗干净，整齐摆放在茶盘上，用茶巾将茶盘擦拭干净 ② 行鞠躬礼，退场

能力检测：

序号	测试内容	得分标准	应得分	扣分	实得分
1	布席	物品准备齐全，摆放整齐，有美感，便于操作	10 分		
2	赏茶	取茶动作轻缓，不掉渣，语言介绍生动、简洁	10 分		
3	温杯、置茶	水量均匀，手法正确，投茶量把握准确	10 分		
4	摇香、闻香	手法正确，动作优美	10 分		
5	洗茶、冲泡	注水量均匀，悬壶高冲的手法准确、动作美观	20 分		
6	烫杯、投汤	熟练运用茶夹法滚杯，分茶手法正确，动作优美	20 分		
7	奉茶	按顺序奉茶，使用礼貌用语，行伸掌礼	10 分		
8	收具	杯子、茶盘干净，摆放整齐	10 分		
总　分			100 分		

模块二 茶艺表演

具体任务

➤ 在学习活动中认识茶艺表演的涵义、基本要素以及茶艺表演的类型。

➤ 能运用西湖龙井、碧螺春、茉莉花茶、铁观音、大红袍等五大流行茶艺表演的步骤、程式以及解说词进行茶艺表演。

➤ 熟悉禅茶、道茶、宫廷茶、文士茶、信阳毛尖等五大特色茶艺表演。

➤ 能在团队的协作下，编创并表演创新的茶艺表演作品。

 任务一 茶艺表演概述

一、茶艺表演的涵义

茶艺表演是在茶艺的基础上产生的，它是通过各种茶叶冲泡技艺的形象演示，科学地、生活化地、艺术化地展示泡饮过程，使人们在精心营造的艺术氛围中，得到美的享受和熏陶。茶艺表演是茶文化的动态展示形式，它源于生活而高于生活。茶艺既为"艺"，就需提供一个欣赏的过程，或者说，茶艺必须有一个展示茶之美并让人感悟茶之美的过程，茶艺表演则是这一欣赏过程的艺术化。

二、茶艺表演的基本要素

茶艺表演是一门生活艺术，构成这门艺术的是人、茶、水、器、技、境六要素。要使茶艺之美得到很好的表现，在表演的过程中就必须追求人之美、茶之美、水之美、器之美、技之美以及境之美，让这六美贯穿茶艺表演的整个过程，展现茶艺表演的艺术魅力，使茶艺表演成为我国茶艺事业发展的加速器。

1. 人之美

六要素中首要的是人。人是万物之灵，人是社会的核心，人之美是自然美的最高形态，人的美是社会美的核心。在茶艺诸要素中茶由人制、境由人创、水由人鉴、茶具器皿由人选择组合、茶艺程序由人编排演示，人是茶艺最根本的要素，同时也是景美的要素。从大的方面讲，人的美有两个含义。一是作为自然人所表现的外在的形体美；另一方面是作为社会人所表现出的内在的心灵美。从茶艺美学的角度出发，茶人之美应从仪表美、语言美、心灵美等方面进行塑造。

2. 茶之美

对于同一事物，不同的人有不同的态度。面对茶，茶艺师应该用艺术的眼光，带着感情色彩和想象力去全面鉴赏茶的名之美、形之美、色之美、香之美、味之美。

3. 水之美

"从来名士能评水，自古高僧爱斗茶。"郑板桥的这幅茶联极生动地说明了"评水"是茶艺的一项基本功。早在唐代，陆羽在《茶经》中对宜茶用水就有明确的规定。他说："其水用山水上、江水中、井水下。"明代的茶人张源在《茶录》中写道："茶者水之神，水者茶之体。非真水莫显其神，非精茶曷窥其体。"最早提出评水标准的是宋徽宗赵佶，他在《大观茶论》中写道："水以清轻甘洁为美。轻甘乃水之自然，独为难得。"这位精通百艺独不懂得治国的皇帝最先把"美"与"自然"的理念引入到鉴水之中，升华了茶文化的内涵。现代茶人认为"清、轻、甘、冽、活"五项指标俱佳的水，才称得上宜茶美水。

4. 器之美

《周易·系辞》中载："形而上者谓之道，形而下者谓之器。"形而上是指无形的道理、法则、精神，形而下是指有形的物质。在茶艺中，我们要重视形而上，即在茶艺中要以道驭艺，用无形的茶道来指导茶艺。受"美食不如美器"思想的影响，我国自古以来无论是饮还是食，都极看重器之美。到了近代，茶的品种已发展到六大类上千种，而茶具更是琳琅满目，美不胜数。我们按质地来分类，茶具可分为陶土茶具，瓷器茶具、玻璃茶具、金属茶具、漆器茶具、竹木茶具、其他茶具七大类。按照茶具的功能可分为烧火器具、煮水器具等十类。

5. 技之美

茶艺的技之美，主要包括茶艺程序编排的内涵美和茶艺表演的技艺之美。每一门表演艺术都有其自身的特点和个性，在茶艺表演时要准确把握个性，掌握尺度，表现出茶艺独特的美学风格，所以，在茶艺表演的动作编排上，应该符合轻盈、连绵、圆融三个特点。

6. 境之美

"境"作为中国古典美学范畴，历来受到文学家和艺术家的高度重视。人们普遍认为品茶是诗意的生活方式，所以极重意境。王国维在《人间词话》中提出境界说，他认为境界包括自然景物与人的思想感情以及二者的高度融合。茶艺特别强调造境，要求做到环境美、意境美、人境美和心境美。四境俱美，才能达到中国茶艺至美天乐的境界。

三、茶艺表演的类型

纵观各种茶艺表演，大体可分为以下几种类型。

1．根据编创茶艺表演取材

（1）民俗茶艺表演

民俗茶艺表演取材于特定的民风、民俗、饮茶习惯，以反映民俗文化等方面为主的，经过艺术的提炼与加工的，以茶为主体的茶艺表演，如"西湖茶礼""台湾乌龙茶茶艺表演""赣南擂茶""白族三道茶""青豆茶"等。

（2）仿古茶艺表演

仿古茶艺表演取材于历史资料，经过艺术的提炼与加工，大致反映历史原貌为主体的茶艺表演，如"公刘子朱权茶道表演""唐代宫廷茶礼""韩国仿古茶艺表演"。

（3）其他茶艺表演

其他茶艺表演取材于特定的文化内容，经过艺术的提炼与加工，以反映该特定文化内涵为主体的茶艺表演，如"禅茶表演""火塘茶情""新娘茶"。

2．根据茶艺表演流行的程度

（1）流行茶艺表演

这类茶艺表演推出后，深受广大观众、茶客的喜爱，已成为经典流行的茶艺表演，如"西湖龙井茶茶艺表演""碧螺春茶茶艺表演""茉莉花茶茶艺表演""铁观音茶艺表演""大红袍茶艺表演"以及"普洱茶茶艺表演"等。

（2）特色茶艺表演

这类茶艺表演推出后，以其独特的历史、文化、地域、民俗等领域的特色深受广大观众、茶客的喜爱，已成为经典特色的茶艺表演，如"文士茶茶艺表演""禅茶茶艺表演""道茶茶艺表演""宫廷茶茶艺表演"以及"信阳毛尖茶道表演"等。

 任务二　流行茶艺表演

知识准备

在我国，茶艺表演成为一种需要是近 20 年的事情。人们在改革开放和物质生活日益满足的条件下，开始重视中国传统文化的继承与生活质量的提高，欲从满足生理需要的大众饮品中重新品出古人早以传承但在近百年的民众生活中渐以消失的中国茶文化的内涵。而林林总总的茶艺馆中推出的茶艺表演，无疑成了普及茶文化精神、引导人们如何领悟中国茶道的最佳载体。因而，茶艺表演的出现成为普及茶文化必不可缺的茶艺传承方式，从可能性的存在变为一种实际需要。

目前，在茶艺表演市场比较流行的如西湖龙井茶茶艺表演、茉莉花茶茶艺表演以及铁观音茶艺表演等，它们深受广大观众、茶客的喜爱和欢迎，已成为经典流行的茶艺表演。

能力提升

🌿 实训任务单5-8：西湖龙井茶艺表演

实训目的： 掌握龙井茶的冲泡表演技艺；学会欣赏茶艺表演的艺之美。

实训要求： 掌握规范、得体的操作流程及典雅、大方的动作要领，熟练操作。

实训器具： 主泡器：无刻花透明玻璃杯3只；

备水器：随手泡、凉汤壶；

辅助器：茶盘1个、茶叶罐（特级龙井茶适量）1个、茶道组1套、茶巾1条、水盂1个、茶荷1个、香炉1个、香3炷

参考课时： 2学时，教师示范30分钟，学生练习50分钟，教师点评、考核10分钟。

预习思考： ① 如何鉴赏龙井茶？

② 茶艺表演的基本要素有哪些？

实训步骤与操作标准：

步骤	茶艺程序	解　说
备具	布席—凉汤	（介绍茶具） "上有天堂，下有苏杭。"西湖龙井是素有"人间天堂"之称的杭州市的名贵特产。清代嗜茶皇帝乾隆品饮了龙井茶之后，曾写诗赞道："龙井新茶龙井泉，一家风味称烹煎。寸芽生自烂石上，时节焙成谷雨前。何必凤团夸御茗，聊因雀舌润心莲。呼之欲出辨才在，笑我依然文字禅。"今天就请各位当回皇帝过把瘾，品一品润如莲心的龙井茶，并欣赏龙井茶茶艺
焚香	焚香除妄念	俗话说："泡茶可修身养性，品茶如品人生"，古今品茶都讲究要平心静气。"焚香除妄念"就是通过点燃这炷香，来营造一个祥和肃穆的气氛
洗杯	冰心去凡尘	茶，致清致洁，是天涵地育的灵物，泡茶要求所用的器皿也必须至清至洁。"冰心去凡尘"就是用开水再烫一遍本来就干净的玻璃杯，做到茶杯冰清玉洁，一尘不染，以示对嘉宾的尊敬
凉汤	玉壶养太和	龙井茶属于芽茶类，因为茶叶细嫩，若用滚烫的开水直接冲泡，会破坏茶芽中的维生素并造成熟汤失味。"玉壶养太和"是把开水壶中的水预先倒入瓷壶中养一会儿，使水温降至80℃左右
投茶	清宫迎佳人	苏东坡有诗云："戏作小诗君勿笑，从来佳茗似佳人"。"清宫迎佳人"就是用茶匙把茶叶投放到冰清玉洁的玻璃杯中。动作不急不缓，避免将茶叶洒在外面，每杯取茶3~5克
润茶	甘露润莲心	以逆时针方向回旋的手法，向杯中注入约1/3的热水，起到润茶的作用
冲水	凤凰三点头	冲泡龙井也讲究高冲水。在冲水时使水壶有节奏地三起三落而水流不间断，这种冲水的技法称为"凤凰三点头"，意为凤凰再三向嘉宾们点头致意
泡茶	碧玉沉清江	冲入热水后，龙井茶吸收了水分，逐渐舒展开来并慢慢沉入杯底，我们称之为"碧玉沉清江"

步骤	茶艺程序	解　说
奉茶	观音捧玉瓶	佛教传说中观音菩萨常捧着一个白玉净瓶，净瓶中的甘露可消灾祛病，救苦救难。这道程序是茶艺师向客人奉茶，意在祝福好人们一生平安
赏茶	春波展旗枪	杯中的热水如春波荡漾，在热水的浸泡下，茶芽慢慢地舒展开来，尖尖的叶芽如枪，展开的叶片如旗。一芽一叶的称为旗枪，一芽两叶的称为"雀舌"。在清碧澄净的茶水中，千姿百态的茶芽在玻璃杯中或上下浮沉，或左右晃动，好像生命的绿精灵在舞蹈，茶人们称之为"杯中看茶舞"，十分生动有趣。这是冲泡绿茶的特色程序
闻香	慧心悟茶香	龙井茶有四绝："色绿、形美、香郁、味醇"。所以我们品饮龙井要一看、二闻、三品味。现在来闻一闻茶香，龙井茶的香郁如兰。乾隆皇帝在闻茶香时曾形容说好比是"古梅对我吹幽芬"。让我们细细地再闻一闻，寻找这种清醇悠远、难以言传的生命之香
品茶	淡中品至味	品饮龙井也极有讲究，清代茶人陆次之说："龙井茶，真者甘香而不洌，啜之淡然，似乎无味，饮过之后，觉有一种太和之气，弥漫于齿颊之间，此无味之味，乃至味也。"请各位慢慢啜，细细品，让龙井茶的太和之气沁入我们的肺腑，使我们益寿延年。让龙井茶的"无味"启迪我们的灵性，使我们对生活有更深刻的感悟
谢茶	自斟乐无穷	品茶之乐，乐在闲适，乐在怡然自得。在品了头道茶之后，我们的茶艺表演就告一段落了，接下来请各位自斟自酌，通过亲自动手，从茶事活动中去感受修身养性，品味人生的无穷乐趣

能力检测：

序号	测试内容	得分标准	应得分	扣分	实得分
1	布席、焚香	物品齐全、整齐、有美感；手法正确、优雅	10分		
2	洗杯、凉汤	水量均匀，逆时针回旋；手法正确，水不外溅	10分		
3	投茶、润茶	投茶方式及投茶量正确；润茶的动作美观	10分		
4	冲水、泡茶	"凤凰三点头"手法熟练	20分		
5	奉茶、赏茶	使用礼貌用语，方法正确，姿势优雅	20分		
6	品茶、谢茶	手法正确，姿态优美	20分		
7	解说	语言准确、语音柔和、语速恰当	10分		
总　分			100分		

实训任务单5-9：茉莉花茶茶艺表演

实训目的：掌握茉莉花茶的冲泡表演技艺；学会欣赏茶艺表演之美。

实训要求：掌握规范、得体的操作流程及典雅、大方的动作要领，熟练操作。

实训器具：主泡器：盖碗 3 只；

备水器：随手泡 1 套、凉汤壶 1 把；

辅助器：茶盘 1 个、茶叶罐（特级茉莉花茶适量）1 个、茶道组 1 套、茶巾 1 条、水盂 1 个、茶荷 1 个、香炉 1 个、香 1 炷

参考课时：2 学时，教师示范 30 分钟，学生练习 50 分钟，教师点评、考核 10 分钟。

预习思考：① 如何选购茉莉花茶？

② 茉莉花茶的冲泡要素是什么？

实训步骤与操作标准：

步骤	茶艺程序	解 说
备具	布席—凉汤	（介绍茶具） 　　花茶是诗一般的茶，她融茶之韵与花之香于一体，通过"引花香，增茶味"，使花香茶味珠联璧合，相得益彰。从花茶中，我们可以品出春天的气息。花茶是诗一般的茶，所以在冲泡和品饮花茶时也要求有诗一样美的程序。今天为大家表演的花茶茶艺共有十道程序
烫杯	春江水暖鸭先知	我们称之为"春江水暖鸭先知"。"竹外桃花三两枝，春江水暖鸭先知"是苏东坡的一句名诗。苏东坡不仅是一个多才多艺的大文豪，而且是一个至情至性的茶人。借助苏东坡的这句诗描述烫杯，请各位嘉宾充分发挥自己的想象力，看一看在茶盘中经过开水烫洗之后，冒着热气的、洁白如玉的茶杯，像不像一只只在春江中游弋的小鸭子？
赏茶	香花绿叶相扶持	赏茶也称为"目品"。"目品"是花茶三品（目品、鼻品、口品）中的头一品，目的即观察鉴赏花茶茶坯的质量，主要是观察茶坯的品种、工艺、细嫩程度及保管质量。今天请大家品的是特级茉莉花茶，这种花茶的茶坯多为优质绿茶，茶坯色绿质嫩，在茶中还混合有少量的茉莉花干，花干的色泽应白净明亮，这称之为"锦上添花"。在用肉眼观察了茶坯之后，还要干闻花茶的香气。通过上述鉴赏，我们一定会感到好的花茶确实是"香花绿叶相扶持"，极富诗意，令人心醉
投茶	落英缤纷玉杯里	我们称之为"落英缤纷玉杯里"。"落英缤纷"是晋代文学家陶渊明先生在《桃花源记》一文中描述的美景。当我们用茶导把花茶从茶荷中拨进洁白如玉的茶杯时，花干和茶叶飘然而下，恰似"落英缤纷"
冲水	春潮带雨晚来急	冲泡花茶也讲究"高冲水"。冲泡特级茉莉花茶时，要用 90℃左右的开水。热水从壶中直泄而下，注入杯中，杯中的花茶随水浪上下翻滚，恰似"春潮带雨晚来急"
闷茶	三才化育甘露美	冲泡花茶一般要用"三才杯"，茶杯的盖代表"天"，杯托代表·地"，中间的茶杯代表"人"。茶人们认为茶是"天涵之，地载之，人育之"的灵物。闷茶的过程象征着天、地、人三才合一，共同化育出茶的精华

步骤	茶艺程序	解　说
敬茶	一盏香茗奉知己	敬茶时应双手捧杯，举杯齐眉，注目嘉宾并行点头礼，然后从右到左，依次一杯一杯地把沏好的茶敬奉给客人，最后一杯留给自己
闻香	杯里清香浮清趣	闻香也称为"鼻品"，这是三品花茶的第二品，品花茶讲究"未尝甘露味，先闻圣妙香"。闻香时"三才杯"的天、地、人不可分离，应用左手端起杯托，右手轻轻地将杯盖掀开一条缝，从缝隙中去闻香 闻香时主要看三项指标：一闻香气的鲜灵度，二闻香气的浓郁度，三闻香气的纯度。细心地闻优质花茶的茶香是一种精神享受。您一定会感悟到在"天、地、人"之间有一股新鲜、浓郁、纯正、清和的花香伴随着清悠高雅的茶香，氤氲上升，沁人心脾，使人陶醉
品茶	舌端甘苦人心底	品茶是指三品花茶的最后一品——口品。在品茶时依然是天、地、人三才杯不分离。品茶时应小口喝入茶汤，使茶汤在口腔中稍事停留，这时轻轻用口吸气，使茶汤在舌面流动，以便茶汤充分与味蕾接触，有利于更精细地品悟出茶韵。然后闭紧嘴巴，用鼻腔呼气，使茶香直贯脑门，只有这样才能充分领略花茶所独有的"味轻醍醐，香薄兰芷"的花香与茶韵
回味	茶味人生细品悟	我们称之为"茶味人生细品悟"。茶人们认为一杯茶中有人生百味，有的人"啜苦可励志"，有的人"咽甘思报国"。无论茶是苦涩、甘鲜还是平和、醇厚，从一杯茶中茶人们都会有良多的感悟和联想，所以品茶重在回味
谢茶	饮罢两腋清风起	唐代诗人卢仝在他的传颂千古的《走笔谢孟谏议寄新茶》一诗中写出了品茶的绝妙感受。他写道："一碗喉吻润，二碗破孤闷。三碗搜枯肠，惟有文字五千卷。四碗发轻汗，平生不平事，尽向毛孔散。五碗肌骨轻，六碗通仙灵，七碗吃不得也，唯觉两腋习习清风生。"茶是祛襟涤滞，致清导和，使人神清气爽，延年益寿的灵物，让我们共同干了这头道茶后，再请各位嘉宾慢慢自斟自品，去寻找卢仝七碗茶后"两腋习习清风生"的绝妙感受。 　好，请让我以茶代酒，祝大家多福多寿，长健长乐

能力检测：

序号	测试内容	得分标准	应得分	扣分	实得分
1	备具、烫杯	物品摆放整齐，有美感；水量均匀，手法正确，	10分		
2	赏茶、投茶	方法正确，姿势优雅；投茶方式、投茶量正确	20分		
3	冲水、敬茶	手法熟练、姿势优美、顺序正确	20分		
4	闻香、品茶	方法正确，姿势优雅	20分		
5	回味、谢茶	姿态优雅、茶具干净整洁	20分		
6	解说	语言准确、语音柔和、语速恰当	10分		
总　分			100分		

实训任务单5-10：铁观音茶艺表演

实训目的： 掌握铁观音的冲泡表演技艺；学会欣赏茶艺表演的水之美。

实训要求： 掌握规范、得体的操作流程及典雅、大方的动作要领，熟练操作。

实训器具： 主泡器：紫砂壶1个、茶盅1个、闻香杯（含品茗杯和杯垫）4套、滤网（含滤网架）1个；

              备水器：随手泡1套；

              辅助器：茶盘1个、茶叶罐（铁观音茶适量）1个、茶道组1套、茶巾1条、水盂1个、茶荷1个

参考课时： 2学时，教师示范30分钟，学生练习50分钟，教师点评、考核10分钟。

预习思考： ① 如何选购铁观音茶？
            ② 铁观音茶的冲泡要素是什么？

实训步骤与操作标准：

步骤	茶艺程序	解　说
备具	孔雀开屏	这是孔雀向它的同伴展示它美丽的羽毛，在泡茶之前，让我借"孔雀开屏"这道程序向大家展示我们这些典雅精美、工艺独特的功夫茶具。茶盘：用来陈设茶具及盛装不喝的余水。宜兴紫砂壶：也称孟臣壶。茶盅：与茶滤合用起到过滤茶渣的作用，使茶汤更加清澈亮丽。闻香杯：因其杯身高，口径小，用于闻香，有留香持久的作用。品茗杯：用来品茗和观赏茶汤。茶道组：茶漏放置壶口，扩大壶嘴，防止茶叶外漏；茶则量取茶叶；茶夹夹取品茗杯和闻香杯；茶匙拨取茶叶；茶针疏通壶口。茶托：托取闻香杯和品茗杯。茶巾：拈拭壶底及杯底的余水。随手泡：保证泡茶过程的水温
煮水	火煮山泉	泡茶用水极为讲究，宋代大文豪苏东坡是一个精通茶道的人，他总结泡茶的经验时说："活水还须活火烹"。火煮甘泉，即用旺火来煮沸壶中的山泉水，今天我们选用的是纯净水
赏茶	叶嘉酬宾	叶嘉是宋代诗人苏东坡对茶叶的美称，"叶嘉酬宾"是请大家鉴赏茶叶，可看其外形、色泽，以及嗅闻香气。这是特级铁观音，其颜色青中藏翠，外形为包揉形，以匀称、紧结、完整为上品
温壶	孟臣沐淋	孟臣是明代的制壶名家（惠孟臣），后人将孟臣代指各种名贵的紫砂壶，因为紫砂壶有保温、保味、聚香的特点，泡茶前我们用沸水淋浇壶身可起到保持壶温的作用。亦可借此为各位嘉宾接风洗尘，洗去一路风尘
洗杯	若琛出浴	茶是至清至洁，天涵地育的灵物，用开水烫洗一下本来就已经干净的品茗杯和闻香杯，使杯身杯底做到至清至洁，一尘不染，也是对各位嘉宾的尊敬

步骤	茶艺程序	解　说
投茶	乌龙入宫	茶似乌龙，壶似宫殿，取茶量通常为壶量的二分之一，这主要取决于大家的浓淡口味。苏轼把乌龙入宫比成佳人入室，他言："戏作小诗君一笑，从来佳茗似佳人。"在诗句中把上好的乌龙茶比作让人一见倾心的绝代佳人，轻移莲步，使得满室生香，形容乌龙茶的美好
冲泡	高山流水	铁观音茶的冲泡讲究高冲水，低斟茶
刮沫	春风拂面	用壶盖轻轻推掉壶口的水沫。乌龙茶讲究"头泡汤，二泡茶，三泡四泡是精华"。功夫茶的第一遍茶汤，我们一般只用来洗茶，俗称温润泡，也可用于养壶
二次冲泡	重洗仙颜	意喻着第二次冲水，浇淋壶身，保持壶温，让茶叶在壶中充分地释放香气
刮去残水	游山玩水	功夫茶的浸泡时间非常讲究，过长苦涩，过短则无味，因此要在最佳时间将茶汤倒出
出汤	祥龙行雨	取其"甘霖普降"的吉祥之意。"凤凰点头"象征着向各位嘉宾行礼致敬（出汤后提起滤网点三下，以滴尽滤网底部残留的茶汤）
扣杯	珠联璧合	我们将品茗杯扣于闻香杯上，将香气保留在闻香杯内，称为"珠联璧合"。在此祝各位嘉宾家庭幸福美满
翻杯	鲤鱼翻身	在中国古代的神话传说中，鲤鱼翻身跃过龙门可化龙升天而去，我们借这道程序，祝福在座的各位嘉宾跳跃一切阻碍，事业发达
奉茶	敬奉香茗	"坐酌泠泠水，看煎瑟瑟尘，无由持一碗，寄于爱茶人"
闻香	喜闻幽香	请各位轻轻提取闻香杯向内倾斜 45°，把闻香杯放在鼻前轻轻转动，你便可细细嗅闻，闻香杯里如同开满百花的幽谷，随着温度的逐渐降低，你可闻到不同的芬芳
持杯	三龙护鼎	即用大拇指和食指轻扶杯沿，中指紧托杯底，三指则为三龙，品茗杯为鼎，称"三龙护鼎"，这样举杯既稳重又雅观
观色	鉴赏汤色	品饮铁观音，首先要观赏茶汤的颜色。名优铁观音的汤色清澈、金黄、明亮，让人赏心悦目
品茗	细品佳茗	第一口玉露初品，茶汤入口后先吸气，使茶汤与舌尖、舌面的味蕾充分接触，满口生津；第二口好事成双，感受茶汤过喉鲜爽、甘醇的滋味；第三口一饮而下，顿觉齿颊流香，六根开窍清风生，飘飘欲仙最怡人。希望各位在快节奏的现代生活中，充分享受那份幽情雅趣，让忙碌的身心有个宁静的回归

能力检测：

序号	测试内容	得分标准	应得分	扣分	实得分
1	备具、煮水	物品准备齐全，摆放整齐，有美感，便于操作	10分		
2	赏茶、温具	手法正确，姿势优雅	10分		
3	投茶、冲泡	投茶方式和投茶量正确；手法正确，姿态优美	20分		
4	出汤、扣杯	方法正确，姿势优雅	20分		
5	翻杯、奉茶	手法正确，姿态优美	20分		
6	闻香、品味	手法正确，姿态优雅	10分		
7	解说	语言准确、语音柔和、语速恰当	10分		
总　分			100分		

任务三　特色茶艺表演

知识准备

所谓"特色茶艺表演"，即是指茶艺表演推出后，以其独特的历史、文化、地域、民俗等领域的特色深受广大观众、茶客的喜爱，已成为茶艺界经典的且独具特色的茶艺表演。这类茶艺表演除了坚持以茶道精神为指导，遵循合理性、科学性的原则，符合美学原理，符合中国传统文化的要求以外，特别注重挖掘优秀民族文化传统中的独特之处，形成自己独特的风格。茶艺表演作为中华茶文化的载体，特色茶艺表演起到了比较突显的作用。

目前，经典的特色茶艺表演如"文士茶茶艺表演""禅茶茶艺表演""宫廷茶茶艺表演"以及"信阳毛尖茶道表演"等。

能力提升

 实训任务单5-11：文士茶茶艺表演

实训目的： 掌握文士茶的冲泡表演技艺；学会欣赏文士茶茶艺表演的意境美。

实训要求： 掌握规范、得体的操作流程及圆融、大方的动作要领，熟练操作。

实训器具： 主泡器：白瓷盖碗若干只；

　　　　　　备水器：煮水壶（含酒精炉）1套或随手泡1套；

　　　　　　辅助器：木质托盘1个、茶叶罐（特级绿茶适量）1个、茶道组1套、茶巾1条、水盂1个、青瓷茶荷1个、香炉1个

参考课时： 2学时，教师示范30分钟，学生练习50分钟，教师点评、考核10分钟。

预习思考： 如何欣赏文士茶茶艺表演的意境美？

实训步骤与操作标准：

步骤（程式）	解　　说
布席 （开场白）	文士茶是对古时文人雅士的饮茶习惯加以整理而得来的，属汉族的盖碗泡法，所用茶具为盖碗，茶叶为高档绿茶。茶艺表演的服饰为江南妇女的传统服装——罗裙。这种服装古朴大方，展示出汉族年轻妇女的成熟美。 　　文士茶的艺术特色是意境高雅，凡而不俗。它给人以高山流水、巧遇知音的艺术享受。在表演上追求的是汤清、气清、心清、境雅、器雅、人雅的儒士境界 　　下面请欣赏文士茶茶艺表演
备器	白瓷盖碗若干只、木制托盘一个、开水壶和酒精炉一套（或随手泡一套）、青瓷茶荷一个、茶道组合一套、茶巾一条、茶叶罐一个（内装高级绿茶）
焚香	一位少妇手拈三炷细香默默祷告，这是在供奉茶神陆羽
涤器	品茶的过程是茶人涤洗自己心灵的过程，熬茶涤器，不仅是洗净茶具上的尘埃，更重要的是在净化提升茶人的灵魂
赏茶	由主泡人打开茶叶罐，用茶匙拨茶入茶荷，由两位副泡入托盘端于客人面前，用双手奉上，稍欠身，供客人鉴赏茶叶，并由解说人介绍茶叶名称、特征、产地
投茶	主泡人用茶匙将茶叶拨入盖碗中，每杯3～5克茶叶。投茶时，可遵照五行学说按金、木、水、火，土五个方位——投入，不违背茶的圣洁特性，以祈求茶带给人们更多的幸福
洗茶	这道程序是洗茶、润茶，向杯中倾入温度适当的开水，用水量为茶杯容量的1/4或1/5。迅速放下水壶，提杯按逆时针方向转动数圈，并尽快将水倒出，以免泡久了造成茶中的养分流失
冲泡	提壶冲水入杯，通常用"凤凰三点头"法冲泡，即主泡人将茶壶连续三下高提低放，此动作完毕，一盏茶即注满七成，表示对来客的极大敬意
献茶	由两位助泡托放置茶杯盘向几位主要来宾（专家、领导、长辈等）敬献香茗，面带微笑，双手欠身奉茶，并说："请品茶！"
收具	敬茶后，根据情况可由助泡人再给贵宾加水1～2次，主泡人将其他茶具收起，然后三位表演者退台谢幕

能力检测：

序号	测试内容	得分标准	应得分	扣分	实得分
1	备器、焚香	物品齐全、整齐、有美感；手法正确、优雅	20 分		
2	涤器、赏茶	手法正确，水流均匀，姿势优雅	20 分		
3	投茶、洗茶	投茶方式和投茶量正确；手法正确，姿态优美	20 分		
4	冲泡、献茶	手法正确，姿势圆融大方	20 分		
5	收具、解说	手法正确，姿态优雅；语言准确、语音优美	20 分		
总　分			100 分		

🌿 **实训任务单5-12：禅茶茶艺表演**

实训目的：掌握禅茶的冲泡表演技艺；学会欣赏禅茶茶艺表演的禅茶一味之内涵美。

实训要求：掌握规范、得体的操作流程及圆融、大方的动作要领，熟练操作。

实训器具：主泡器：紫砂壶 1 把、茶盅 1 个、闻香杯（含品茗杯和杯垫）若干套、滤网（含滤网架）1 个；

备水器：煮水壶 1 把、炭炉 1 个；

辅助器：竹茶盘 1 个、茶叶罐（铁观音茶适量）1 个、茶道组 1 套、茶巾 1 条、水盂 1 个、茶荷 1 个、香炉 1 个、木鱼 1 个、佛珠 1 串、插花 1 组

参考课时：2 学时，教师示范 30 分钟，学生练习 50 分钟，教师点评、考核 10 分钟。

预习思考：① 什么是禅茶？

② 你如何理解"禅茶一味"？

实训步骤与操作标准：

步骤	茶艺程序	解　说
备具	布席	"佛缘本是前生定，一笑相逢对故人。"我们每个人此时此刻的相见，都是生命中的预约，很高兴能在此为您表演"禅茶一味"。此表演共分十八道程序，大家可以用平和虚静的心态来领略"禅茶一味"的真谛
点香	祥云遥至	人生百年，宛如浮云，若非宿缘，岂能相见。炉香乍爇，法界蒙熏，海会菩萨，悉来云集。让这袅袅的香雾，幽雅的梵呗，平和我们的心境，一扫胸中的愁云
介绍茶具	众缘和合	佛对众生是无缘大慈的，也正如我们对各种茶具的喜爱一样不分彼此。佛教的基本观点认为，世间的一切都是由于各种条件的组合而成就，失去其中一个环节，就有可能无法完成。所以，我们要尊重世间的每个人与每件事。一如我们眼前的茶具，样样平等，没有差别
温壶	不染尘埃	佛教的僧侣及信徒们在四月初八"佛诞日"时要举行浴佛法会，即用香汤沐浴释迦太子像。我们烫洗茶具时也可使茶具洁净无尘，也昭示出礼佛修身可使心中洁净无尘，心无挂碍

步骤	茶艺程序	解 说
洗杯	法轮初转	法轮喻指佛法，而佛法就存在于日常平凡的生活琐事之中。洗杯时眼前转的是杯子，心中动的则是佛法。洗杯的目的是使茶杯洁净无尘；礼佛修身的目的是使心中洁净无尘。在转动杯子洗杯时，祈愿大家可以因看到杯转而心动悟道。 世间的一切都在转变之中，我们无法寻找到一个永恒不变的事物，这就是宇宙的真相。人生亦复如此，借此可以完善提升自我
赏茶	菩提一叶	佛法是无处不在的，古德曰："青青翠竹，悉是法身。郁郁黄花，无非般若。"用什么样的心来感受，就会有什么样的世界。诸位，从这片叶子中你们看到了什么？思悟佛道，观茗亦是如此
投茶	入世济生	地藏王菩萨为救度众生曾表示："我不入地狱，谁入地狱"。无量劫来，于地狱烦恼火宅，化现清凉莲池。茶亦似人，长于山林，耐寒忍暑，刚经火烹，又临水煮。投茶入壶，如菩萨入世，泡出的茶汤令人振奋精神，在此茶性和佛理是相通的
洗茶	万缘放下	用壶盖轻轻推掉壶口的水沫。乌龙茶讲究"头泡汤，二泡茶，三泡四泡是精华"。功夫茶的第一遍茶汤，我们一般只用来洗茶，俗称温润泡，也可用于养壶
冲泡	漫天法雨	佛法无边润泽众生，泡茶冲水如漫天法雨普降，使人如醍醐灌顶，豁然开悟。（高壶冲泡，用"凤凰三点头"的手法）
出汤	偃溪水声	师备禅师曾指引初入禅林者以倾听偃溪流水声为门径，参禅悟道，杯中之水如偃溪水声，可启人心智，助人觉悟。（壶中茶水注入公道杯中）
观色	观色悟空	菩萨无所住而生其心，观世间一切如梦幻泡影，了不可得。度一切众生，却丝毫不执著功德。但行好事，不问前程。壶中升起的热气如慈云袅袅，使人如沐春风，心生善念。（观赏公道杯中茶汤的品相）
分茶	甘露遍洒	普施甘露是使众生转迷成悟，离苦得乐的法门，而茶古称甘露，先苦后甘，可见佛茶一理，禅茶一味。（用"关公巡城"的手法分别注入各杯）
翻杯	反归自性	佛性处处存在，包容一切，天地万物，无不受到佛的慈悲爱护。转五浊恶世为清静佛土，转迷惑颠倒为皈依正觉，转三道苦难为人天善果
奉茶	祥开泓境	佛发大慈悲心，大愿力，在此祝愿各位永在吉祥泓境之境
闻香	香雾空濛 （香光庄严）	经云："如染香人身有香气。"道德生活产生的清香持久不失，不受顺风、逆风的影响，且是最好的庄严。将闻香杯轻轻提起，双手拢杯闻香，这沁人心脾的馨香可怡养身心
持杯	三业清净	我们把持杯的姿势，即用拇指、食指扶住杯身，中指托杯底，寓意为三业清净。指我们能够控制自己身、口、意三类行为，不受染污，起心动念、举口动舌、举首投足能为自己和别人带来欢喜
品茗	随波逐浪	云门宗接引学人的一个原则便是随波逐浪，随缘接物。品茶也应如此，将茶汤由舌尖滑至两侧再缓缓咽下，自由地体悟茶中百味，还可能从茶汤中悟出禅机佛理。品茶分为三口，其中一口为喝、二口为饮，三口为品
饮水	上善若水	既是圆满之灵觉，品过茶后再饮一小杯白水，细细回味，便会有苦尽甘来的圆满之感。古人赞叹水有多种美好品质，随圆就方，不失本色。（上白开水）
谢茶	乘愿再来	丛捻禅师曾云：自古禅茶一味，茶要常饮，佛要勤修，品过茶后要谢茶，谢茶则是为了各位以后相约再品茶。 有缘即至无缘去，一任青风送明月。 让我们常怀感恩的心，慈爱世人，恩惠万物。 愿大家六时吉祥。南无阿弥陀佛！

能力检测：

序号	测试内容	得分标准	应得分	扣分	实得分
1	备具、介绍	物品齐全、整齐；手法优雅、语言动听	10分		
2	温具、赏茶	水流均匀，水不外溅；手法正确，姿势优雅	10分		
3	投茶、冲泡	投茶方式和投茶量正确；手法正确，姿态优美	20分		
4	出汤、分茶	手法正确，姿态优美；水流均匀，水不外溅	20分		
5	翻杯、奉茶	手法正确，圆融大方；姿态优美，顺序准确	20分		
6	闻香、品茗	手法正确，圆融大方；姿态优美，神闲气定	10分		
7	谢茶、解说	姿势优雅、语言准确、语音优美	10分		
总分			100分		

实训任务单5-13：清代宫廷茶艺表演

实训目的： 掌握清代宫廷"三清茶"的冲泡表演技艺；学会欣赏清代宫廷茶艺表演的境之美。

实训要求： 掌握规范、得体的操作流程及圆融、大方的动作要领，熟练操作。

实训器具： 主泡器：细瓷壶1把、九龙盖碗1套（皇帝专用）、景德镇粉彩描金盖碗6套（群臣用）

备水器：煮水壶1把、陶水罐1把

辅助器：镀金小匙1把、小银匙6把、锡茶罐1个（内装贡茶龙井）、小银罐（或精细小瓷碗）3个、脱胎漆托盘2个（其中1个向皇帝献茶用）、炭火炉（筠炉）1个、茶巾1条、香炉1个

原　料：龙井茶、梅花干、松子仁、佛手柑各适量

参考课时： 2学时，教师示范30分钟，学生练习50分钟，教师点评、考核10分钟。

预习思考： ① 如何欣赏清代宫廷茶艺表演的境之美？

② 什么是"三清茶"？

实训步骤与操作标准：

步骤	茶艺程序	解　说
备具	布席	南方有嘉木，谁与共天堂。陆羽在《茶经》中写道"茶者，南方之嘉木也。"茶可以益智明思，促使人们修身养性，冷静从事，休歇尘缘，静静地品一杯茶，在享受这难得的"浮生半日闲"之际，心灵也必将得到升华，从而心物一如，归家稳坐，方能蓦然发现本来面目，水穷云起，春生夏长，柳绿花红。剥掉人类为使自己所谓的神圣而制造的一切伪装，按照人生的本来面目去真实地享受生活。接下来由我们南方嘉木茶艺表演队为大家献上宫廷"三清茶"茶艺。

134

步骤	茶艺程序	解　说
调茶	武文火候斟酌间	调茶由专职宫女进行,三清茶是以乾隆皇帝最爱喝的狮峰龙井茶为主料,佐以梅花、松子仁和佛手柑冲泡而成。梅花香清形美性高洁,它的五个花瓣象征五福,也预示着当年五谷丰登;松子仁洁白如玉,形象爽口,松树长寿,不怕严寒,象征着事业永远兴旺;佛手与"福寿"谐音,象征着福寿双全。一位宫女将佛手柑切成丝投入细瓷壶中,冲入沸水至1/3壶时,浸泡5分钟,再投入龙井茶,然后冲水至壶满。与此同时,另一位宫女用银匙将松子仁、梅花分到各个盖碗中。最后把泡好的佛手柑、龙井茶冲入各杯中
奉茶	三清香茗奉君前	宫女调好茶后,由主管太监把皇帝专用的九龙杯放入托盘,双手托过头顶,以跪姿敬奉"皇帝"(主客)
赐茶	赐茶愿臣心似水	"皇帝"接过新奉的香茗后,自己首先掀盖小啜一口,然后宣谕宫女赐茶。乾隆皇帝在《三清茶联句》的序言中对赐茶的目的讲得很明白,他是希望大臣饮茶后能"心清似水",做一个清正廉明的好官
品茶	清茶味中悟清廉	品饮三清茶主要目的不仅是祈求"五福齐享""福寿双全",更重要的是从龙井茶的清醇、梅花的清韵、松子和佛手的清香中去细细品悟一个"清"字。在日常生活中时时注意澡雪自己清纯的心性,培养自己清高的人格,努力做一个勤政爱民、清廉自律的"清官",精行俭德、处世清白之人
收具谢客		宫廷"三清茶"茶艺表演完毕,祝各位嘉宾五福齐享、福寿双全、万事如意!

能力检测:

序号	测试内容	得分标准	应得分	扣分	实得分
1	备具、调茶	物品齐全、整齐、有美感;手法正确、优雅	20分		
2	奉茶、赐茶	手法正确,姿势优雅	30分		
3	品茶	手法正确,姿势优雅	20分		
4	收具	物品摆放整齐,有美感,姿势圆融	10分		
5	解说	语言准确、语音柔和、语速恰当	20分		
		总分	100分		

 实训任务单5-14：信阳毛尖茶艺表演

实训目的：掌握信阳毛尖茶的冲泡表演技艺;学会欣赏信阳毛尖茶艺表演的内涵美。

实训要求： 掌握规范、得体的操作流程及圆融、大方的动作要领，熟练操作。

实训器具： 主泡器：玻璃杯 3 只、玻璃壶 1 把；

　　　　　　备水器：随手泡 1 把（煮水用）

　　　　　　辅助器：茶盘 1 个、茶叶罐（特级信阳毛尖茶适量）1 个、茶道组 1 套、茶巾 1 条、水盂 1 个、茶荷 1 个

参考课时： 2 学时，教师示范 30 分钟，学生练习 50 分钟，教师点评、考核 10 分钟。

预习思考： ① 如何欣赏信阳毛尖茶艺表演的内涵美？

　　　　　　② 了解信阳毛尖茶的品质特征。

实训步骤与操作标准：

步骤	茶艺程序	解　说
布席	（开场白）	各位来宾聚一堂，赏茗鉴艺共相商。茶呈雅韵点点翠，品茶悟道倾心尝。 今日敬君茗一盏，愿君普善盏盏汤。茶汤明绿人心醉，共度明静好时光。
赏茶	初识仙姿	茶叶渊源发中国，天女散花织绮罗。撒下九九香茶籽，九九茶苗势而播。 凡此九九吉祥意，信阳名茶久久系。据史记载商代始，天赐贡品唐传奇。 三千种饮女无涯，茶道辉煌堪明霞。东坡居士曾赞誉，淮南第一信阳茶。 诸君品鉴干茶禅，条索紧实芽叶展。传统手工工艺制，品高净绿遂天然。
辨水	鉴茶赏霖	真水甘为茶之体，清茶当为水之神。真茶方窥水明澈，真水乃显茶韵深。 品茶之水贵在质，清爽甘洌谁人识？龙潭泉水毛尖饮，名茶名水伴佳日。
煮水	清泉出沸	佳茗冲泡需择水，八成水温更滋味。高温叶底无颜色，低温茶汁无浸兑。
赏器	静心备具	名优清茶兹于水，澄明泉水集于器。何物冲泡绿茗好？玻璃器皿晶莹具。 剔透之杯集色感，澈净之器俱味香。茶芽上下翻飞舞，仙姿袅袅意悠长。
烫杯	流云浮月	佳茗灵水备宜具，冲泡堪讲精技艺。温杯冰心去凡埃，减小温差茶香溢。 杯器冰清明亦纯，流云浮月涤飞尘。净水划杯转乾坤，温杯技艺明若珅。
投茶	茗入晶宫	信阳毛尖香醇酽，粗细匀品意理玄。从左到右一一入，圣洁物性传福缘。
润茶	芙蓉出水	茶乃冰清圣洁物，其性明翠不可污。好茶独得精华处，信阳毛尖名非沽。 相传茶仙瑶池赴，敬奉香茗至王母。手捧金壶并玉杯，悬壶高冲点玉露。 入水三成转杯体，浸润茶芽残汁拟。涤尽凡间尘埃土，王母心阅玉液匹。 芙蓉出水清清水，头茶茗沉点点尘。洗尽古今人不倦，碗转曲尘茶异神。
闻香	鉴香别韵	茶芽湿润心莲郎，花果香芬散清芳。板栗香并鸦雀嘴，明明翠翠绿豆汤。
高冲	有凤来仪	中华泱泱礼仪邦，传统点茶注满汤。凤凰回眸三点头，寓意礼敬情昭朗。 提壶高冲清泉出，凤舞九天鸾交互。芽叶水中高低舞，曼妙仙姿冰清处。
敬茶	敬奉香茗	坐酌泠泠清净水，相煎瑟瑟禅悦尘。谨敬清寂柔和德，至交相接泰平纯。 无由将持茗一盏，敬奉至君情谊深。戏作小诗君一笑，从来佳茗似佳人。

能力检测：

序号	测试内容	得分标准	应得分	扣分	实得分
1	布席、赏茶	物品齐全、整齐、有美感；手法正确、优雅	20分		
2	煮水、烫杯	手法正确，姿势优雅	20分		
3	投茶、润茶	投茶方式、投茶量准确；手法正确，姿势优雅	20分		
4	冲泡、敬茶	手法正确，姿势圆融大方	20分		
5	解说	语言准确、语音柔和、语速恰当	20分		
		总分	100分		

模块三　茶艺编创

 具体任务

➤ 了解茶艺编创的基本原则、主要内容以及具体要求。
➤ 能运用茶艺编创知识撰写茶艺文案。
➤ 能按照所编创的茶艺文案进行茶艺表演。

 任务一　茶艺编创概述

一、茶艺编创的基本原则

1. 生活性与文化性相统一

茶艺是生活，是饮茶生活的艺术化。茶艺不能脱离生活，高高在上，远远地供人观看。茶艺要走下舞台，走入家庭，走进日常生活，还原其生活性。茶艺要走出"表演"，其动作、程式不宜舞台化、戏剧化，更不能矫揉造作、过度夸张，而是要符合生活常识、习惯。

茶艺是一门综合性艺术，它蕴涵许多文化要素，诸如美学、书画、插花、音乐、服装等。茶艺源于生活，但又超越生活。茶艺已成为中国文化不可缺少的组成部分。

生活性是茶艺的本性，在茶艺编演中不能背离这一点。文化性是茶艺的特性，在茶艺编演中要尽量与相关文化艺术结合，表现其高雅。

2. 科学性与艺术性相统一

科学泡茶（含煮茶）是茶艺的基本要求。茶艺的程式、动作都是围绕着如何泡好一壶茶、一杯（盏、碗）茶而设计的，茶汤质量是检验茶艺编创科学性的标准。科学的茶艺程式以能最大限度地发挥茶的品质特性为目标。凡是有违科学泡茶的程式、动作，尽管具有观赏性，也要去除。

茶艺作为一门艺术，必须符合美学原理。所以，茶艺程式和动作的设计以及表演者的仪容、仪表等都要符合审美的要求，一招一式都要带给人以美的享受。有些虽不能发挥但又不影响茶的品质的程式、动作，因符合审美艺术性要求，亦可保留。

科学性是茶艺编演的基础，艺术性则是茶艺成为一门艺术的根本所在。

3. 规范性与自由性相统一

各类、各式的茶艺，必须具有一定的程式、动作的规范要求，以求得相对的统一、固定，这也就是俗话所说的"无规矩不成方圆"。规范是法度，但在茶艺编演中切忌千篇一律的刻板程式、动作，不能因为规范而扼杀个人的创造。茶艺可以不受规范的限制，不必拘泥于固定的程式、动作，可以展示茶艺师的个性风格，自由发挥。茶艺表演达到一定境界时，表演的形式甚至内容已经淡化，重要的是表演者的个性展现，准确说是个人修养的展现。自由不是随心所欲，而是建立在规范的基础上的自由。规范性是共性，是同，是茶艺得以良好传承的前提；自由性是个性，是异，是茶艺多姿多彩的必然要求。规范性与自由性的统一，是个性寓于共性之中，是求同存异。

4. 创新性和继承性相统一

创新是一切文化艺术发展的动力和灵魂，茶艺也不例外。所以，在茶艺编演的动作及程式设计中不应墨守成规，要勇于创新，与时俱进，创造出茶艺的新形式、新内容。

茶艺的创新又不是无本之木、无源之水、无中生有，而是在继承传统茶艺优秀成果的基础上的创新，是推陈出新。继承不是因循守旧，而是批判性地加以继承，创造性地加以发展。

创新性是茶艺发展的客观要求，继承性是茶艺创新的必要前提。没有创新，茶艺就不能持续发展；没有继承，茶艺就缺少深厚的文化积淀。

继承传统是创新的基础，创新又是对传统的发展。一方面，对传统茶艺的某些方面要保留，另一方面，又要创造适应当代社会生活需要、符合当代审美要求的新形式、新内容。

二、茶艺编创的主要内容

1. 确定茶艺主题
2. 根据茶艺主题，编制茶艺程序，并达到茶艺美学要求。
3. 根据茶艺主题进行茶席设计
4. 根据茶艺特色，选配新的茶艺音乐
5. 根据茶艺需要，安排新的服饰布景
6. 用文字阐释新编创的茶艺表演的文化内涵（解说词）

三、茶艺编创的要求

常言道："外行看热闹，内行看门道"，不少茶艺爱好者在观赏茶艺时往往只注意表演时的服装美、道具美、音乐美以及动作美而忽视了最本质的东西——茶艺程序编排的内涵美。一套茶艺的程序美不美，首先茶艺主题的立意要新颖、有原创性，主题的意境要高雅、深远。其次，茶艺程序的编排、茶席设计、茶艺音乐的选配、服饰布景的设计以及解说词的编纂都要符合以下要求。

1. "顺茶性"。通俗地说就是按照这套程序来操作，是否能把茶叶的内质发挥得淋漓尽致，泡出一壶最可口的好茶来。

2. "合茶道"。通俗地说就是看这套茶艺是否符合茶道所倡导的"精行俭德"的人文精神，和"和静怡真"的基本理念。

3. 要科学卫生。目前我国流传较广的茶艺多是在传统民俗茶艺的基础上整理出来的，有个别程序确实不科学、不卫生。如有些茶艺的洗杯程序是把整个杯放在一小碗里洗，甚至是杯套杯洗，这样会使杯外的脏物粘到杯内，越洗越脏。

4. 有文化品味。这主要是指各个程序的名称和解说词应当具有较高的文学水平，解说词的内容应当生动、准确、有知识性和趣味性，应能够艺术地介绍出所冲泡茶叶的特点及历史文化。

四、茶艺表演解说词的创作

茶艺表演是通过茶的冲泡技艺来表现主题的，但茶艺表演又是新兴的艺术，许多观众对此还不熟悉，这种表演形式所蕴涵的内容还不易被观众所理解，所以需要对表演内容进行解说，这样可以引导观众更好地欣赏茶艺表演，帮助观众理解表演的主题和相关内容，使茶艺表演达到更好的艺术效果。

（一）创作要求

1. 主题鲜明

解说词的撰写要注意突出主题，首先应是对茶艺表演的背景、茶叶特点、人物等进行简单介绍，使人明白此次表演的主题和内容。

2. 内容合理

解说词的内容主要包括茶艺表演的名称、主题、表演者单位、姓名、表演流程以及艺术特色等。创作解说词时首先应考虑的是观看茶艺表演的群体类别。如果观看者是专业人士，解说词就应简明扼要，否则就会画蛇添足；如果是普通观众，解说词就要通俗、易懂，专业术语不能太多，不然会使观看者如坠云雾。

3. 艺术性强

茶艺表演有着非常强的艺术性，如果解说词太过直白，就会降低整个茶艺表演的质量。所以，我们要求解说词要有较强的艺术感染力。当然，解说词的艺术性并不代表一定要用一些晦涩难懂、过于专业或过于艺术化的词语，而是指解说词要写得优美，有意境和感染力。

4. 格式规范

解说词的具体格式一般包括四个层次。一是主题；二是表演者的单位、姓名、角色（主泡、助泡等）；三是具体内容；四是结束语。

（二）讲解要求

在讲解茶艺解说词时要注意以下几方面。一是使用标准普通话。作为对公众的茶艺表演解说，若不能使用普通话或普通话不标准，则会使人听不懂，降低解说词的艺术感染力。二是脱稿。在解说时最好不要拿稿，不然会给人留下对表演不熟悉的印象，同时，在解说当中茶艺表演者还应与观众交流，拿着稿子会影响交流，也给人一种不尊敬他人的感觉。三是解说时应带有感情色彩。同样的文字，不同人阐述可以达到不同的效果。在解说时应投入感情，语气应抑扬顿挫，注意朗诵技巧。如果解说时毫无感情可言，即使表演再精彩、解说词写得再美，也会使效果大打折扣。

任务二 茶艺编创训练

知识准备

一、茶艺编创文案

茶艺编创文案的格式要求：

1. 标题（主题）：在书写用纸的头条中间位置书写标题，字型可稍大，或用另种字体书写，以便醒目。

2. 茶品：说明使用的茶品和选用的原因。

3. 主题阐述：正文开始时，可以简短文字将茶席设计的主题思想表达清楚。主题阐述务必鲜明，具有概括性和准确性。

4. 人员配备：将参加表演的人员数量和角色一一说明。

5. 服装选配：说明选配服装的样式和原因。

6. 音乐选配：说明选配音乐的名称和原因。

7. 背景设计：说明背景设计的构思和所用背景的形式。

8. 茶具选择：列出所使用的茶具，说明选择的原因。

9. 茶席设计：一是对茶席的结构进行说明。如所设计的茶席由哪些器物组成，作怎样摆置，欲达到怎样的效果等说明清楚；二是要有简单的结构图示。一般用线条勾勒出铺垫上各器物的摆放位置。如条件允许，可画透视图，也可使用实景照片。

10. 茶艺程式：简述茶艺技能的程式。

11. 解说词：在茶艺表演过程中使用的解说词,包括开场白和结束语。

12. 作者署名：在正文结束后的尾行右部署上设计者的姓名及文案表述的日期。

二、茶艺编创实例

主题:《中国红》

1. 选用茶品

表演选用茶品是红茶的鼻祖——正山小种。红茶调饮的饮品是泡沫红茶和薄荷红茶。

2. 主题思想

中国红是中华民族最喜爱的颜色，中国红茶是中华文明的使者，她以"海上丝绸之路"，将中国与世界连接。主题《中国红》的创新茶艺以红茶文化的发展历程为背景，通过红茶清饮法和调饮法的茶艺表演，聚焦中西文化交融的历史。主泡使用创新的"双龙戏水"手法出汤，寓意深远。自创的茶联"茗传欧美，红汤百韵同品味；香飘海外，文化千年共传承" 蕴含主题思想。

3. 人员配备

红茶主泡 1 名、红茶调饮主泡 2 名，解说 1 名。

4. 服装选配

中国风大红缎面旗袍 1 件、缎面调酒师服装 2 套、白旗袍 1 件。服装的选配突出了红茶清饮的中国风和调饮的西洋风。

5. 音乐选配

琵琶曲《琵琶吟》与轻音乐《海浪》剪接，突出文化传播与传承的主题核心。

6. 背景设计（室内背景）

根据场地的条件，可灵活使用以下背景。

（1）制作一红茶发展与传播的历史短片，用投影仪播放；

（2）按照表演的进程，制作相应的幻灯片播放；

（3）制作一块以古船远洋为构图的背景布。

7. 茶具选择

红茶清饮主泡茶具:中国红红底龙图纹的瓷质茶具 1 套、玻璃提梁壶及玻璃酒精炉 1 套、玻璃茶荷和水盂各 1 个、玻璃公道杯和 50 mL 玻璃杯各 2 个、特制的缎面茶巾 1 块、缎面扇子 1 把。

红茶调饮主泡茶具:摇酒壶 1 个、冰桶 3 个、冰铲 2 把、冰夹 2 把、调酒棒 2 支、鸡尾酒酒杯 6 个、薄荷蜜适量、柠檬 1 个。

所选择的茶具突显了中西合璧、文化交融的意境。

8. 茶席设计

三张长方形茶桌呈"品"字形摆放，前面居中一张是红茶主泡桌，主泡桌采用白色缎面桌布上铺金黄色缎面扇作为茶席，在茶席上，顺着扇面曲线，将一把大瓷壶和六个茶杯摆成龙形图案；后面两张从右至左分别是泡沫红茶和薄荷红茶调饮桌，红茶调饮除了调酒壶是不锈钢材质的，其他全部使用玻璃器具。三张茶桌由蓝色渐白的海浪绸布包围连结，在绸布上使用贝壳和两艘小帆船点缀。表演结束亮相时，拉出自创茶联"茗传欧美，红汤百韵同品味；香飘海外，文化千年共传承"，整体呈现出茶文化传播与传承的历史，创新而大气。

9. 茶艺程序

红茶清饮：布席、烹泉、涤器、赏茶、投茶、润茶、冲泡、传茶（传送给调饮）、重复投茶、奉茶、收具；

红茶调饮：布席、取茶（主泡泡好的茶汤）、调制茶、奉茶、收具。

10. 茶艺解说词（详见任务拓展）

任务拓展——茶艺表演解说词范例

主题：中国红

尊敬的评委老师、各位嘉宾，下午好！我们是来自×××的茶艺表演队。下面，为大家献上主题《中国红》的红茶茶艺表演。表演者：×××，解说：×××。

有人说：茶是祥和，是宁静，是缘，是禅，是返璞归真。中国的茶文化起源于上古时期，传说"神农尝百草，日遇七十二毒，得茶而解之"。多少年来，茶文化植根于华夏，吸取了民族优秀传统中的精华，融宗教、哲学、医学、美学等各家之长，发展成为我国文化宝库中弥可珍贵的遗产，在历史的长廊中熠熠生辉。

下面，我们以"中国红"为主题，沿着通过展示红茶清饮和调饮法和大家一起重温一段中西合璧、文化交融的历史，重拾一段恢弘的记忆。

我们选用的茶品是（主泡手法介绍茶叶）：红茶的鼻祖——正山小种。正山小种首创于福建省崇安县桐木关地区，又称"星村小种"，是最早传入欧洲的红茶。

一套"中国红"瓷质茶具（主泡展示瓷壶），配上晶莹剔透的玻璃器具（三位主泡展示玻璃器具），令人悠然神往。中国是陶瓷的故乡，而世界上最早的玻璃就是欧洲的腓尼基人发明的。主泡茶席的设计，正是中西文化互通交融的展现。

中国是茶的故乡。我国从公元4世纪开始种植茶树，到公元7世纪时茶叶已经成为人们的日常饮品，公元10~13世纪的宋朝，出现了红茶的前身——发酵茶。而红茶的名称，最早出现在明代文人刘基所著的《多能鄙事》一书中。

早在汉朝时期，广西北海市和蓬莱、扬州等城市犹如璀璨的明珠，点缀在中国的海岸线上，和国外的一些城市连成了举世瞩目的"海上丝绸之路"。这条广为人知的"东西方交流往来的大通道"，其实也是"海上茶叶之路"。

上下数千年，龙是华夏民族的文化图腾！是中国的象征！请看，红茶主泡使用创新的"双龙戏水"的手法出汤，只见浓艳的红汤和清澈的矿泉水犹如红白双龙，交相辉映，昭示了东方巨龙正在腾飞，中华民族正走向繁荣昌盛。

"中国红"是中华民族最喜爱的颜色，是中国人的文化图腾和精神皈依。中国红茶的片片"红叶"载着千年中国情结，沿着"海上丝绸之路"，跨越浩瀚大海，将中国与世界连接。

1662年，远在万里之外的英国皇室为新婚的国王查理二世和他的王妃葡萄牙公主凯瑟琳举办了一场隆重的欧洲宫廷婚礼。在这场豪华的婚宴上，凯瑟琳公主婉拒了宾客奉上的各种名酒，举起一杯红色的汁液向全场致意。公主嫁妆中有许多当时非常珍贵的红茶和砂糖，她每天都要在红茶里加入大量砂糖饮用，受凯瑟琳的影响，这种红茶的饮用方式开始在贵族流行，至此红茶调饮在欧洲盛行开来。

一杯红茶，引领了17世纪西欧风尚，推动了欧美文化。当时，欧洲的红茶调饮只是在泡好的茶汤中加入一些牛奶、糖等调味品，然而受欧式红茶调饮的影响和启发，20世纪中叶，我国台湾创制的泡沫红茶迅速流传开来，紧接着，珍珠奶茶、薄荷红茶等一批创新调饮红茶饮品如雨后春笋，风靡全国，形成了独具特色的红茶文化。调饮红茶的魅力在于形态之美、艺术之美，更在于它的包容之美。他是中西方文化交融、世界文化大同的象征。

看，薄荷红茶丝丝的凉意，驱散夏日的炎热；听，泡沫红茶"地动山摇"的手法奏响人类文明之歌。

中国红茶，是中华文明的使者。她从神州大地扬帆起航，穿过"海上丝绸之路"，远渡重洋，翻山越岭，足迹遍及欧亚非美四大洲。她沿途播散下的中华文明的种子，早已在异域生根发芽，开花结果。

几百年后，成就斐然的"中国红"重归故里，这颗中西方文明共同浸泡的种子绽放出中西合璧、馨香无比的奇葩，香满中华，香满全球。

中国红茶，传承中外文明，功勋卓著，享誉世界，名扬天下。有道是：

茗传欧美，红汤百韵同品味；

香飘海外，文化千年共传承。

能力提升

 实训任务单5-15：主题茶艺编创

实训目的： 了解茶艺编创的原则、内容以及要求；掌握主题茶艺编创的基本程序；掌握茶艺文案的编写。

实训要求： 能在团队的协作下进行茶艺的编创；能编写完整的茶艺文案；能在团队协作下表演所编创的茶艺。

实训器具：在茶艺编创文案中体现

参考课时：2 学时，学生表演 80 分钟，教师点评、考核 10 分钟。

预习思考：① 每个学习团队编创一个主题茶艺，并撰写编创茶艺文案。

② 各团队按要求进行所编创茶艺的茶艺表演。

实训步骤：理论学习→资料收集→茶艺编创构思→编创茶艺文案撰写→编创茶艺训练→编创茶艺表演→师生评委评分→实训结束

能力检测：

序号	测试内容	得分标准	应得分	扣分	实得分
1	文案编写	格式规范，书写工整，叙述清晰、流畅，层次分明	10 分		
2	主题思想	主题鲜明，具有概括性和准确性	10 分		
3	服装	美观大方，样式与主题相符	10 分		
4	音乐	优美动听，与主题相和谐	10 分		
5	背景	设计美观，紧贴主题思想	10 分		
6	茶具	美观、合理、科学、卫生，紧贴主题	10 分		
7	茶席	美观、合理、科学、卫生，紧贴主题	10 分		
8	茶艺程式	编排合理，自然流畅	10 分		
9	茶艺技法	使用合理、准确，圆融大方，有创新	10 分		
10	解说词	文句优美、文理通畅、紧贴主题思想，解说准确、声音柔美流畅	10 分		
总 分			100 分		

项目小结

本项目主要涉及基础茶艺、茶艺表演以及茶艺表演的编创等三方面的内容。具体介绍了绿茶的玻璃杯泡法和盖碗泡法、红茶的壶杯泡法和碗杯泡法、乌龙茶的碗盅泡法和壶盅（双杯）泡法等茶艺的冲泡程式和基本手法；西湖龙井、碧螺春、茉莉花茶、铁观音、大红袍等五大流行茶艺的表演以及茶艺表演的编创等。为了提升学生能力，还专门设计了七项基础茶艺实训任务、十项茶艺表演实训任务和一项茶艺编创的实训任务。

项目练习

1. 为什么高档绿茶一般使用玻璃杯冲泡，而低档绿茶一般用壶沏泡？
2. 如何欣赏茶艺表演的人之美、茶之美、水之美、器之美、技之美以及境之美？

项目实践

实践内容： 选择一款你喜欢的名茶，并根据这款名茶创编或改编一套舞台表演型茶艺。

能力要求： 在团队的协作下编写完整的茶艺文案，并表演所编创的茶艺。

项目六　茶席设计

学习目标

➢ 能在茶席概念及相关知识的学习中，对茶席设计有深刻的认识。

➢ 熟悉茶席的基本构成要素，掌握茶席结构、背景及相关工艺品的设计与选配知识。

➢ 能比较熟练地选择茶具及其配件对茶席进行设计。

➢ 能够选择合适的服装和背景音乐配合表达茶席的涵义及意境。

➢ 能运用所学的知识，自行设计一主题茶席，并编写完整的茶席文案。

模块一　茶席设计概述

　具体任务

➢ 认识茶席，了解茶席设计的由来。

➢ 通过学习活动熟悉茶席的基本构成要素。

➢ 掌握茶席结构、背景及相关工艺品的设计与选配知识。

➢ 掌握并运用茶席设计的题材和技巧。

　　茶席文化是茶文化与艺术的结合体，它兼具深厚的文化底蕴与生活美学。茶席设计是近年来在茶艺表演的基础上发展起来的茶文化的一种艺术表现形式，被视为文化创意产业。茶席设计就是将茶品、茶具组合、铺垫、插花、焚香、挂画、相关工艺品、茶点茶果、背景等物态形式艺术化地表现出来，让人们得到一种美的享受。

任务一 认识茶席

一、茶席的概念

1. 茶席之源

茶席始于我国唐朝，但茶席名称最早出现在日本、韩国的茶事活动中。虽然唐代有茶会、茶宴，但在古籍中未见"茶席"一词。在我国，茶席是从酒席、筵席、宴席转化而来。席的本义是指用芦苇、竹篾、蒲草等编成的坐卧垫具，如竹席、草席、苇席、篾席、芦席等，可卷而收起。席，引申为坐位、席位、坐席，如《中国汉字大辞典》中席的定义是"席，指用芦苇、竹篾、蒲草等编成的坐卧垫具"。席，后又引申为酒席、宴席，特指请客或聚会酒水和桌上的菜。

在日本，"茶席"一词在茶事中也出现较多，有时也兼指茶室、茶屋。"去年的平安宫献茶会，在这种暑天般的气候中举行了。京都六个煎茶流派纷纷设起茶席，欢迎客人。小川流在纪念殿设立了礼茶席迎接客人，……略盆玉露茶席有400多位客人光临。"（《小川流煎茶·平安宫献茶会》）

韩国也有"茶席"一词。韩国茶席有自己的特点，它是"茶席，为喝茶或喝饮料而摆的席"，一般除了摆放各种茶、糖水、蜜糯汤、柿饼汁以外，还放蜜麻花（油蜜饼、梅作果、饺子）、油果（江米条、米果）、各种煎饼、熟实果（枣、栗丸、枣丸、生姜丸、栗子）、生实果等。

2. 茶席的定义

随着我国茶文化事业的迅速发展，近年来，"茶席"一词出现颇多。

"茶席，是泡茶、喝茶的地方。包括泡茶的操作场所、客人的坐席以及所需气氛的环境布置。"（童启庆主编《影像中国茶道》，浙江摄影出版社2002年）

"茶席是沏茶、饮茶的场所，包括沏茶者的操作场所，茶道活动的必需空间、奉茶处所、宾客的座席、修饰与雅化环境氛围的设计与布置等，是茶道中文人雅艺的重要内容之一。"（周文棠《茶道》，浙江大学出版社2003年）

广义的茶席是指泡茶、喝茶的地方。包括泡茶的操作场所（茶室）、客人的坐席以及所需气氛的环境布置以及习茶、饮茶的桌席。

狭义的茶席是指习茶、饮茶的桌席。它是以茶器为素材，并与其他器物及艺术相结合，展现某种茶事功能或表达某个主题的艺术组合形式。

3. 茶席的特征

茶席的特征主要有四个，即：实用性、艺术性、独立性、综合性。

一个茶席的布置，首先要考虑布置的内容可以用于泡茶使用，完成泡茶的各项程序，而布置于其中的茶具用品都是用于服务与泡茶沏茶的，这是茶席具有的使用功能，也是茶席最重要的特征，实用性。

茶席的艺术性，是在茶席的设计时，考虑更多符合人们审美需求，引发人们美好联想和感受的布置。可以通过一些装饰元素的使用，如插花、背景、工艺品等，结合茶席的主题思想，烘托茶席的魅力和茶的精神。

每一个茶席都可以表达一个独立的主题，一款茶席的设计可以只用于某一款茶饮的冲泡，可以说一个茶席设计的作品就是一个独立的艺术表现，这是茶席独立性的特征。

而茶席设计中的每一个元素，都为茶席的主题思想服务，它具有泡茶饮茶的使用功能，同时具有艺术的表现，茶席不只是有茶叶，还有茶具、茶点茶果、插花、背景、铺垫、工艺品等，它是一个具有综合性组合整体。

4. 茶席的种类

茶席有普通茶席（生活茶席、实用茶席）和艺术茶席之分。

日常生活中使用的茶具比较简单，主要由茶具、茶叶和茶点茶果共同组成，用于满足人们品茶的生活需要。茶楼、茶庄中用于进行茶艺表演、茶叶介绍和推荐的茶席，有装饰布置，但也多为实用型的茶席。

在各项茶席设计比赛及茶艺展示的比赛中，茶席的设计和布置，以及茶艺的动态表演，都有比较高的艺术性要求，通常使用多种元素来丰富茶席的主题和思想内容，是一种艺术的表现形式，往往这样的茶席可以称为艺术茶席。

二、构成茶席的基本要素

要布置一个茶席，往往需要考虑其涵义和功能。布置时须与周围的环境以及泡茶使用的茶叶相结合，以茶具为主材，以铺垫等器物为辅材，并配合插花艺术和音乐等因素共同组成展现茶艺之美的茶席。

那么，构成茶席的要素可以有多样的选择。由于人的生活和文化背景及思想、性格、情感等方面的差异，在进行茶席设计时会选择不同的构成要素。这里，介绍一般茶席设计的构成要素。

（一）茶　品

茶品是茶席设计的核心。茶席设计的目的是为了提高茶的魅力、展现茶的精神。只有选定了茶品，才能更好地围绕这种茶品来确定主题，构思茶席。

（二）茶具组合

茶具组合是茶席设计的基础，也是茶席构成因素的主体。茶具组合的基本特征是实用性和艺术性相融合。实用性决定艺术性，艺术性又服务实用性。因此，在茶席设计中，茶具的质地、造型、体积、色彩、内涵等方面因素应作重点考虑，而且，茶具组合在整个茶席布局中应处于最显著的位置。

茶具组合，个件数量一般可按两种类型确定，一是必须使用而又不可替代的，如壶、杯、罐、则（匙）、煮水器等；二是齐全组合，包括不可替代和可替代的个件。如备水用具水方（清水罐）、煮水器（热水瓶）、水杓等；泡茶用具茶壶、茶杯（茶盏、盖碗）、茶则、茶叶罐、茶匙等；品茶用具茶海、品茗杯、闻香杯、杯托等；辅助用具茶荷、茶针、茶夹、茶漏、茶盘、茶巾、茶池（茶船）、茶滤及托架、茶碟、茶桌（茶几）等。

茶具组合既可按规范样式配置，也可创意配置，而且以创意配置为主。既可齐全配置，也可基本配置。创意配置、基本配置、齐全配置在个件选择上随意性、变化性较大，而规范样式配置在个件选择上一般较为固定，主要有传统样式和少数民族样式。

（三）铺　垫

铺垫，是指茶席整体或局部物件摆放下的各种铺垫、衬托、装饰物的统称。

铺垫的作用：一是使茶席中的器物不直接触及桌（地）面，以保持器物的清洁；二是以自身的特征辅助器物共同完成茶席设计的主题。铺垫虽是器外物，却对茶席器物的烘托和主题的表现起着不可低估的作用。

铺垫的质地、款式、大小、色彩、花纹等，应根据茶席设计的主题与立意，运用对称、不对称、烘托、反差、渲染等手段的不同要求加以选择。或铺桌上，或摊地下，或搭一角，或垂另隅，既可作流水蜿蜒之意象，又可作绿草茵茵之联想。

1．铺垫的类型

（1）织品类：棉布、麻布、化纤、蜡染、印花、毛织、织锦、绸缎、手工编织等。

（2）非织品类：竹编、草秆编、树叶铺、纸铺、石铺、瓷砖铺、不铺。

2．铺垫的形状

铺垫的形状一般分为正方形、长方形、三角形、菱形、圆形、椭圆形、多边形和不规则形。

正方形和长方形，多在桌铺中使用。这种铺垫又分为两种，一种为遮沿型，即铺物比桌面大，四面垂下，遮住桌沿；一种为不遮沿型，即按桌面形状设计，又比桌面小。以正方形和长方形而设计的遮沿铺，是桌铺形式中属较大气的一种。许多叠铺、三角铺和纸铺、草秆铺、手工编织铺等都要依赖遮沿铺作为基础。因此，遮沿铺往往又称为"基础铺"。遮沿铺在正面垂沿下常缝上一排流苏或其他垂挂，更显其正式与庄重。

3．铺垫的色彩

把握铺垫色彩的基本原则：单色为上、碎花为次、繁花为下。

铺垫在茶席中是基础和烘托的代名词，它的作用是为了帮助设计者实现最终目标追求。

单色最能适应器物的色彩变化即便是最深的单色——黑色，也绝不夺器。茶席铺垫中选择单色，反而是最富色彩的一种选择。

碎花，包含纹饰，在茶席铺垫中，只要处理得当，一般也不会夺器，反而能恰到好处地点缀器物，烘托器物。碎花、纹饰会使铺垫的色彩复调显得更为和谐。一般选择规律是：与器物同类色的更低调处理。

繁花在铺垫中一般不使用，但在某些特定的条件下选择繁花，往往会造成某种特别强烈的效果。

4．铺垫的方法

铺垫的材质、形式、色彩选定之后，铺垫的方法便是获得理想效果的关键所在。铺垫的基本方法有平铺、对角铺、三角铺、叠铺、立体铺、帘下铺等。

（1）平铺，又称基本铺，是茶席设计中最常见的铺垫，即用一块横直都比桌（台、几）大的铺品，将四边垂沿遮住的铺垫。垂沿，可触地遮，也可随意遮。平铺，也可不遮沿铺。即在桌（台、几）铺上比四边线稍短一些的铺垫。

平铺作为基本铺，还是叠铺形式的基础，如三角铺、手工编织铺、对角铺等都是以平铺为再铺垫的基础。

平铺适合所有题材的器物的摆置，被称为"懒人铺"。对于质地、色彩、纹饰、制作上有缺陷的桌（台、几），平铺还能起到某种程度的遮掩作用。

（2）叠铺，是指在不铺或平铺的基础上，叠铺成两层或多层的铺垫。

叠铺属于铺垫中最富层次感的一种方法。叠铺最常见的手段，是将纸类艺术品，如书法、国画等相叠铺在桌面上。

另外，也可由多种形状的小铺垫叠铺在一起，组成某种叠铺图案。

（3）立体铺，是指在织品下先固定一些支撑物，然后将织品铺在支撑物上，以构成某种物象的效果。如一群远山及山脚下连绵的草地，或绿水从某处弯弯流下等。然后再在面上摆置器件。

立体铺属于更加艺术化的一种铺垫方法。它从茶席的主题和审美的角度设定一种物象环境，使观赏者按照营造的想象去品味器物，这样会比较容易地传达出茶席设计的理念。同时，画面效果也比较富有动感。

立体铺一般都用在地铺中。表现面积可大可小。大者，具有一定气势，小者，精巧而富有生气。

（4）帘下铺，是将窗帘或挂帘作为背景，在帘下进行桌铺或地铺。

帘下铺，常用两块不同质地、色彩的织品，形成巨大的反差，给人以强烈的层次感。若帘与铺的织品采用同一质地和色彩，又会造成一种从高处一泄而下的宏大气势，并使铺垫从形态上发生根本的变化。

由于帘具有较强的动感，在风的吹拂下，就会形成线、面的变化，这种变化过程还富有音乐的节奏美，使静态的茶席增添了韵律感。在一动一静中，在变与不变中，茶席中的器物仿佛也在频频与你亲切对话。这种艺术效果，往往是其他铺垫方法所不能比拟的。

（四）插　花

插花，是指人们以自然界的鲜花、叶草为材料，通过艺术加工，在不同的线条和造型变化中，融入一定的思想和情感而完成的花卉的再造形象。

插花是一门古老的艺术，寄托人们美好的情感。插花的起源应归于人们对花卉的热爱，通过对花卉的定格，表达一种意境来体验生命的真实与灿烂。中国插花历史悠久，素以风雅见称于世，形成了独特的民族风格，色彩鲜丽、形态丰富、结构严谨。

根据所用花材的不同将插花分为鲜花插花、干花插花、人造花插花和混合式插花几种类型；按插花器皿和组合方式可分瓶式插花、盆式插花、盆景式插花、盆艺插花的类型。

（五）焚　香

焚香，是指人们将从动物和植物中获取的天然香料进行加工，使其成为各种不同的香型，并在不同的场合焚熏，以获得嗅觉上的美好享受。

在盛唐时期，达官贵人、文人雅士及富裕人家就经常在聚会时，争奇斗香，使熏香成为一种艺术，与茶文化一起发展起来。至宋，我国的焚香艺术，与点茶、插花、挂画一起，被作为文人"四艺"。

焚香，可用在茶席中。它不仅作为一种艺术形态融于整个茶席中，同时它以美妙的气味弥漫于茶席四周的空间，使人在嗅觉上获得非常舒适的感受。

1. 茶席中自然香料的种类

檀香、沉香、龙脑香、紫藤香、甘松香、丁香、石蜜、茉莉等。

2. 茶席中香品的样式及使用

茶席中的香品，总体上分为熟香与生香，又称"干香"与"湿香"。熟香指的是成品香料，一般可在香店购得。少量为香品制作爱好者自选香料自行制作而成。生香是指在作茶席动态演示之前，临场进行香的制作（又称香道表演）所用的各类香料。

常用的熟香样式有：柱香、线香、盘香、条香等。有时人们也使用片香、香末等作熏香之用。

生香临场制作表演，既是一种技术，又是一种艺术，具有可观赏性。对于香道文化的传播，起着非同寻常的作用。

3. 茶席中香炉的种类及摆置

香炉造型多取自春秋之鼎。从汉墓中出土地博山炉，史学界基本上认为是中国香炉之祖。至宋，瓷香炉大量出现，样式有：鼎、乳炉、鬲炉、敦炉、钵炉、洗炉、筒炉等，大多仿商周名器铸造。明代制炉风盛，宣德香炉是其代表。在色彩上，这些香炉也是缤纷夺目。

表现宗教题材及古代宫廷题材，一般选用铜质茶炉。铜质茶炉古风犹存，基本保留了古代香炉的造型特征；表现现代和古代文人雅士雅集茶席，以选择白瓷直筒高腰山水图案的焚香炉为佳。直筒高腰焚香炉，形似笔筒，与文房四宝为伍，协调统一，符合文人雅士的审美习惯；表现一般生活题材的茶席，泡青茶系列，可选紫砂类香炉或熏香炉；泡龙井、黄山毛峰等绿茶，可选用瓷质青花低腹阔口的焚香炉。

在茶席中，香炉应摆放在不档眼的位置，多放于茶席的左侧或者下位，以及置于背景屏风边上，不宜放在茶席的中位和前位。目的就是使香炉及香品不夺香、不抢风、不遮挡茶席中的其他器物。

（六）挂　画

挂画，又称挂轴。茶席中的挂画，是悬挂在茶席背景环境中的书画的统称。

挂轴由天杆、地杆、轴头、天头、地头、边、惊艳带、画心及背面的背纸组成。挂轴形式有单条、中堂、屏条、对联、横披、扇面等。茶席挂画的内容，可以是字，也可以是画，一般以字为多，也可字画结合。

书：篆、隶、草、楷、行各体。

画：以中国画为主，尤其是山水画、水墨画。

内容：主要以茶事为表现内容，也可表达某种人生境界、人生态度和人生情趣。

（七）背　景

茶席的背景是指为获得某种视觉效果，设在茶席之后的艺术物态方式。

1. 室外背景形式

一般考虑以树木、竹子、假山、盆栽植物、自然景物、建筑物等为背景。

2. 室内背景形式

可考虑以屏风、装饰墙面、窗、博古架、书画、织品、席编、纸伞以及其他特别物件作背景。

（八）相关工艺品

1. 相关工艺品的种类

自然物类：石类、植物类、花草类、干枝叶类；

生活用品类：穿戴类、首饰、厨用类、文具类、玩具类、体育用品类、生活日用品类；

艺术品类：乐器类、民间艺术类、演艺用品类；

宗教用品类：佛教法器、道教法器；

传统劳动用具类：农业用具、木工用具、纺织用具、铁匠用具、鞋匠用具、泥瓦工用具；

历史文物类：古代兵器类、文物古董类。

2. 相关工艺品选用的原则

（1）准确衬托主题、深化主题

不同的生活阶段，或是与某些物品相伴，对这些物品就产生感情。当看见某种物品，就会想起以往的那段生活。

（2）与茶席的主器物相协调

茶席中的器具物件与相关工艺品在质地、造型、色彩等方面应属于同一个基本类系。在色彩上，同类色最能相融，并且在层次上也更加自然、柔和。

（3）数量适宜、大小适中

在茶席布局中，数量不需多，而且要处于茶席的旁、边、侧、下及背景的位置，服务于主器物。

总而言之，相关工艺品不仅有效地陪衬、烘托茶席的主题，还应在一定的条件下，对茶席的主题起到深化的作用。

（九）茶点茶果

1. 茶点、茶果的配置

茶点、茶果是对在饮茶过程中佐茶的茶点、茶果和茶食的统称。其主要特征是分量少、体积小、制作精细、样式清雅。品茶时佐以茶点、茶果已成人们的习惯，品茶品的是情调，茶点不在多，真正懂品茶的人会根据不同的茶、不同的季节、不同的日子和不同的人选择不同的茶点、茶果。

饮用不同的茶品，茶点茶果的配置也不相同。如绿茶，可搭配一些甜食，如干果类的桃脯、桂圆、蜜饯、金橘饼等；红茶，可搭配一些味甘酸的茶果，如杨梅干、葡萄干、话梅、橄榄等；乌龙茶，可搭配一些味偏重的咸茶食，如椒盐瓜子、怪味豆、笋干丝、鱿鱼丝、牛肉干、咸菜干、鱼片、酱油瓜子等。

不同的季节，茶点茶果的选择也有考究。如春季，可选择带有薄荷口味的糖果、桃酥、香糕、玫瑰瓜子等，使花香、果香一并进入口中；夏季，天气炎热，选择水分充足的鲜果，可佐以鲜果，菠萝、西瓜、雪梨、樱桃、龙眼、荔枝、草莓等；秋季，可配以水晶饺、蒸饺、珍珠西米盏、锅贴、烧卖、小笼包、生煎馒头等；冬季，可配置开心果、香酥核桃仁、栗子、葵花子、蜜枣、姜片、桂花糖等。

 任务二　　认识茶席设计

一、茶席设计的概念

"茶席设计与布置包括茶室内的茶座，室外茶会的活动茶席、表演型的沏茶台（案）等。"（周文棠《茶道》，浙江大学出版社 2003 年）

"所谓茶席设计，就是指以茶为灵魂，以茶具为主体，在特定的空间形态中，与其它的艺术形式相结合，所共同完成的一个有独立主题的茶道艺术组合整体。"（乔木森《茶席设计》上海文化出版社 2005 年）

茶席设计就是以茶具为主材，以铺垫等器物为辅材，并与插花等艺术相结合，从而布置出具有一定意义或功能的茶席。

所谓茶席设计，是指以茶为灵魂，以茶为主题，在特定的空间形态中，与其他艺术形式相结合，共同完成的一个有独立主题的茶道艺术的组合整体。

二、茶席设计的结构

1. 中心结构式

中心结构式是指在茶席有限的铺垫或表现空间内，以空间中心为结构核心点，其他各因素均围绕结构核心来表现相互关系的结构方式，中心结构属传统结构方式，结构的核心往往以主器物来体现，非常注重器物的大小、高低、多少、远近、前后、左右的关照。

2. 多元结构式（非中心结构式）

（1）流线式

以地面结构为多见，一般常为地面铺垫的自由倾斜状态。在器物摆置上无结构中心，而是不分大小、不分高低、不分前后左右，仅是从头到尾，信手摆来，整体铺垫呈流线型。

（2）散落式

一般表现为铺垫平整，器物规则，其他装饰品自由散落于铺垫之上。如将花瓣或富有个性的树叶、卵石等不经意地洒落在器物之间。散落式表面看似落叶缤纷，实则营造个人在草木中的闲适心情。

（3）桌、地面组合式

属现代改良的传统结构式。其结构核心在地面，地面承以桌面，地面又以器物为结构核心点。一般置于地面的器物，其体积要求比桌面的器物稍大。如偏小，则成饰物，会表现出强烈的失重感。

（4）器物反传统式

多用于表现性茶道的茶席。此类茶席在茶具的结构上、器物的摆置上一反传统的结构样式，具有一定的艺术独创性，又以深厚的茶文化传统作为基础，使结构全新化而又不离一般的结构规律，常给人耳目一新的感觉。

（5）主体淹没式

常见于一些茶艺馆、茶道馆或日式茶室的茶室布置。为适合不同茶客的需求，在茶席主器物上，以不同的形状重复摆放，但摆放仍有规律。如在长短比例、高低位置、远近距离等方面仍十分讲究，使复杂美得结构方式得以充分体现。

三、茶席设计的题材

1. 以茶品为题材

茶，因产地、形状、特性不同而有不同的品类和名称，并通过泡饮而最终实现其价值。因此，以茶品为题材，自然在以下三个方面表现出来。

（1）茶品的特征

茶的名称本身就包含了许多题材内容。首先，它们不同的产地，就给人以不同的地域茶文化风情，如庐山云雾、洞庭碧螺春等。茶产地的自然景观、人文风情、风俗习惯、制茶手艺、饮茶方式等，都是茶席设计取之不尽的题材。

从茶的形状特征来看，更是多姿多彩，千姿百态，如墨江云针，细直如松针，让人想到在冬天也不凋零的青松，联想到"大雪压青松，青松挺且直"的顽强不屈的高尚人格；君山银针，在水中三上三下，最后颗颗直立于杯底，让人联想到人生沉浮和在逆流中努力向上的茶人品格。

（2）茶品的特性

茶性甘，具有不同的滋味及人体所需的营养成分。茶的不同冲泡方式，带给人以不同的艺术感受，特别是将茶的泡饮过程上升到精神享受之后，品茶常用来满足人的精神需求。于是，借茶来表现不同的自然景观，以获得回归自然的感受；表现不同的时令季节，以获得某种生活的乐趣；表现不同的心境，以获得心灵的某种慰藉。这些无不借助于茶的特性，来满足于人的某种精神需求。

（3）茶品的特色

茶有红、绿、青、黄、白、黑六色，还有茶之香、茶之味、茶之性、茶之情、茶之意、茶之境，无不给人以美的享受，这些都能作为茶席设计的题材。例如红茶明艳热烈，给人温暖的感受，在寒冷的冬季，让人倍感温暖；绿茶清新雅致，带给人春天的清新和夏日的凉爽；乌龙茶集花香果香于一体，给人以一种秋收的喜庆感；七子饼让人联想到亲人的思念与对团圆的期待。

2. 以茶事为题材

（1）重大的茶文化历史事件

一部中国茶文化史，就是由一个个茶文化历史事件构成的。作为茶席，不可能在短时期内将这些事件一一表现周全，我们可以选一些重大的茶文化事件，选择某一个角度，在茶席中进行精心的刻画。

（2）特别有影响的茶文化事件

特别有影响的茶文化事件，是指茶史中虽不属具有转折意义的重大事件，但也是某个时期特别有代表性的茶事而影响至今，如"陆羽制炉""供春制壶"等。

（3）自己喜爱的事件

茶席中不仅可表现有影响的历史茶事，也可反映生活中自己喜欢的现实茶事，如反映自创调和茶的"自调新茗"等。

3. 以茶人为题材

但凡爱茶之人、事茶之人、对茶有所贡献之人、以茶的品德作自己品德之人，均可称为茶人，无论是古代茶人，还是现代茶人以及身边的茶人，都可作为茶席设计的题材。

四、茶席设计的技巧

茶席设计既是物质创造，更是艺术创造，因此，技巧的掌握和运用，在茶席设计过程中就显得非常重要。获得灵感、巧妙构思和成功命题，是茶席艺术创作过程中三个十分重要的阶段，也是茶席设计的重要技巧。

（一）设计灵感

1. 从茶的色香味形体验中获得灵感

茶席是由茶人设计的，茶人的典型行为就是饮茶，那么就让我们从茶味的体验中去寻找灵感。

2. 从茶具选择与组合中发现灵感

茶具是茶席的主体。茶具包括质地、造型、色彩等，其决定了茶席的整体风格。因此，一旦从满意的茶具中发现了灵感，从某种角度来说，就等于茶席设计成功了一半。

3. 从日常生活中去捕捉灵感

不管你是否会设计茶席，都得去生活。生活的千姿百态，生活的千变万化，这是不受任何人意志所决定的。你今天的生活、过去的生活、他人的生活，这些都是艺术创造的源泉，它永远不会枯竭，永远鲜活如初。

4. 从知识积累中去寻找灵感

很难想象一个对茶叶、茶文化一无所知的人能设计出一个像样的茶席。茶叶种植、制作、历史、文化等知识，是几千年来，无数茶人实践的总结，是一个完整的科学体系。一个茶席设计爱好者，只有努力学习茶科技、茶文化知识，然后才能对茶席所包含的内容有所了解。这方面的专业知识掌握得越多，对茶席的认识也就越深刻。

（二）设计构思

1. 善于创新

创新，是茶席设计的生命。创新首先表现在内容上。题材是内容的基础，题材不新鲜，就不吸引人，题材的新颖是创作中的重要追求。表现新题材的关键还是要有新思想，但老题材、新思想，也同样具有新鲜感。除此之外，新颖的服装、动听的音乐及其他新颖的茶席构成要素，都是新颖内容的组成部分。

其次是茶席的表现形式。形式新颖，即使内容不新也能取得较好的艺术效果。另外，还可在文案描述、语言表述、茶席动态演示上加以变化创新。

2. 注重内涵

内涵，是茶席设计的灵魂。内涵首先表现于丰富的内容。内容的丰富性、广泛性，是作品存在意义的具体体现。另外，衡量一个茶席设计作品的内涵是否丰富，除了看它的内容外，还要看其艺术思想的表现深度。茶席设计的思想挖掘，要层层递进，如同剥笋，一层一个感受，这就要求我们在设计时，把层层的思想内容密铺其中，同时，又要把想象的空间留给观众。

3. 展现美感

美感，是茶席设计的价值。在茶席设计中，首先是茶席具有的形式美。器物美是茶席设计形式美的第一特征，器物美又是茶席的具体形象美。器物的主体是茶具，选择和配置茶具时，应特别注意茶具的质地、造型、色彩等方面所呈现的美感特征。从质地上来说，要选择那些表面细腻、光滑的产品。色彩美的最高境界是和谐，因此，对茶具及其他器物的色彩，都要在和谐上加以审视。茶具的造型美体现着线条美，曲折、流畅的线条组合，使茶具的每一侧面及立体展示出造型美。

器物美还体现在茶席的每一基本构成要素中，如茶汤的色彩，铺垫的美感，插花的形态和色彩美，焚香的气味美，挂画的美感，相关艺术品的美感，背景的美及茶点茶果的色彩、造型、味感、情感、心理的综合美。

茶席的形式美，还体现在结构美上。因茶席设计需作动态演示，因此，茶席的形式美还包括动作美、音乐美、服饰美及语言美等诸多内容。

茶席除了基本的形式美外，还具有情感美的诸多特征，如真、善、美的美感体现。总之，茶席之美既要符合自然规律，又要适应人们的欣赏习惯，在有限的空间范围内，进行最大限度的美感创造。

4. 凸显个性

个性，是茶席设计的精髓。茶席的个性特征首先要在它的外部形式上下工夫。比方茶的品质、形态、香气；茶具的质感、色彩、造型、结构、大小；茶具组合的单件数量、大小比例、摆置距离、摆置位置；铺垫的质地、大小、色彩、形状、花纹图案；插花的花叶形状、色彩，花器的质地、形状、色彩，插花的摆置；焚香的香料、香型、香味……我们可在各方面寻找、选择与其他设计的不同之处。

茶席艺术个性的创造，也不仅仅停留在外部形式上，还要精心选择其表现角度，还要在思想上、立意上有独特的个性。

（三）茶席命题

茶席命题，即给茶席作品起名称。命题在茶席设计中占有非常重要的位置，茶席设计中众多内容的组织和表现形式的选择都是围绕着命题进行的，一个好的命题，已经是成功的一半。成功的茶席命题一般具有以下几个特点。

1. 主题概括鲜明

主题是文化、艺术作品的核心，是立意的体现，是内容思想的概括。茶席的名称必须反映主题，有了主题，可以是作者的作品创作围绕中心展开，内容才不会散落，形式才符合规律；创作完成后可以帮助观众迅速认识和理解作品的思想立意及艺术特色。成功的茶席命题，要能够将茶席作品的主题鲜明、准确、概括地体现出来，要让人一看一想即可明白作品的立意和主题思想。

2. 文字精炼简洁

精炼、简洁、意味深长，是给艺术作品命题的共同规律，茶席命题也不例外。茶席的命题，要从集中反映主题、思想、感觉的词语中反复进行提炼，剔除多余的文字，最终得到文字精炼、简洁的命题。

3. 立意表达含蓄

含蓄，是用委婉、隐约的语言把想说的意思表达出来。采用含蓄的手法表达艺术作品的立意，是艺术表现的基本要求。

4. 想象富有诗意

诗歌，使用精炼、夸张、美妙的语言，将情感融入其中，以情动人，如同音乐一样，使人在听的过程中受到深深的感动，互动的美妙的享受，并留给人最大的想象空间。诗意，就是诗歌的意味，诗歌的意境。茶席命题，用诗歌一般的语言，带给人们诗意的想象和美好的感受，引发观众的感动，可使人回味无穷。

模块二　茶席动态演示

 具体任务

➢ 了解茶席动态演示的涵义和特点。

➢ 熟悉动态演示中服装及音乐选择的方法。

➢ 能够选择合适的服装和背景音乐配合表达茶席的涵义及意境。

任务一　茶席动态演示概述

一、茶席动态演示含义

茶席设计是一种艺术创作，茶席既是一种物质形态，又是一种艺术形态。茶席设计作品在一定的场所布置出来，展示给广大的观众，并对茶席中的茶作泡、饮的演示，是观众能更好地体会茶席的意境，这一过程是茶席的动态演示。

茶席是静态的，茶席作为静态展示时，要以形象、准确的物态语言，将一个个独立的主题表达得生动而富有感情。而当茶艺人员对茶席中的茶当众进行泡、饮的演示则是茶的魅力、茶的精神和茶席的主题在动静相融中得到更加完美的体现，这能使观众获得更深层次的审美感受。

二、茶席动态演示的特点

从艺术本质上看，作为茶席动态演示的核心与载体的茶，是有着独立主题的茶席中的茶，在演示过程中调动肢体语言和外部表现形式进行塑造时，要受到具体茶席结构方式的限制，从审美主体的感受结果上，茶席动态演示主要体现胜利感觉上的享受，在心理感受上让位于静态的物象形式——茶席。

从外部表现形式上，茶席动态演示的整个冲泡过程，肢体语言的应用，以需要为主，不做过度的夸张，冲泡动作以外的肢体语言增加较少，服饰与茶席的整体风格统一，要能体现茶席的主题，风格平实而不过度夸张；音乐要符合茶席特定的题材，表现一定的意境，节奏不太强烈。

在茶的冲泡上，茶席动态演示以体现茶席的主题与风格为目标，注重器具与茶的配合，在投茶量、水温高低、浸润时间等方面沿革控制，更注重茶的色香味形的美感和带给观众的生理感觉上的享受，冲泡动作的艺术感染力的表现则位居其次。

 ## 任务二　茶席动态演示中服饰与音乐的选择

一、服饰的选择

茶席动态的演示，是体现茶席风格和内涵的重要形式，在动态演示中，服饰如果选择和搭配不当，将会使茶席的整体效果大打折扣，故演示者在这方面应特别注意，以符合大众审美的要求。茶席动态演示中服装的选择与搭配应从以下几个方面着手。

1. 茶席动态演示中的服装特性与作用

茶席的动态演示含有一定的表演成分，服装是表演穿的，应该符合艺术表演服装的要求。

同时，茶席设计艺术与其他表演艺术有所不同，作为茶席动态演示所穿的服装要求接近现实生活，即它可以作为平常生活穿着的服装。因此，它又必须体现生活穿着的服饰特性。

在茶席动态演示过程中，演示者穿着相应的服饰，能充分体现出与茶席主题、风格、意境相协调的美感；在配合茶的冲泡演示时，能有效地帮助审美主体对茶及茶文化的理解和感受；在体现茶席设计的内涵上，它可以作为一种补充手段，可以深化主题。

2．茶席动态演示中的服装选择与搭配方法

茶席动态演示中的服装选择与搭配有自己的一套方法，它指导着茶席动态演示者在各种类型的服装和配饰中，选择到自己所需的理想服装和配饰。

（1）根据茶席的主题来选择与搭配

茶席设计作品的主题广泛多样，其中，有许多是表达一种对平常生活的精神追求，如追求平淡、平静、平等和平和。例如，茶席作品《禅》，就是通过简朴的器具和古琴的宁静、安详的旋律，力图表达一种平淡、致远的思想境界，所以服装并没有选择僧衣，而选择了白色中式长衫和同色缎裤。这种服饰的选择，不仅准确地反映了"平常就是禅"的主题，更有效地传递了一种宁静的意境，给人以平静而长久的感受。

服装也是语言，它是通过款式结构和色彩变化以及饰物搭配，来讲述对人生、世界的理解，传递艺术作品的主题思想。

（2）根据茶席的题材来选择与搭配

题材反映的是一种来源，作为人来说，什么地方的人穿什么样的衣裳，什么时期的人穿什么样的衣裳，是一条穿衣的基本规律。这为茶席演示者视题材来选择和搭配服饰提供了准确有效的方法。如道家题材，服装以道袍为主。道袍的背面有太极图案，两袖有八卦符号，下身为白色的扎腿裤，脚穿布鞋等。

题材的多样性必然反映出服装在款式、质地、色彩方面的丰富性。只要我们准确地把握好题材的地域和时代背景，就能选择好充分表现茶席内容的典型服装和配饰。

（3）根据茶席的色彩来选择与搭配

茶席的色彩比较直观，反映着茶席设计者的思想和感情。根据茶席的色彩来选择和搭配服饰，首先要对茶席的色彩层次有一个准确的把握，也就是分清主体器物的色彩和茶席总体色彩氛围。如主体器物的色彩较统一，那么就构成了茶席的主体色；若主器物色彩不统一，那就要确定茶席总体的色彩氛围，茶席总体的色彩氛围一般以铺垫和背景为标志。把握了茶席的色彩氛围就可以用以下三种方法来选择服装和搭配。

一是加强色，就是以茶席的主体色或总体色彩氛围进行同类色的加强。如茶席的主体色是红色，服装也选红色，会起到色彩层次加强与丰富的作用。二是衬托色，就是以间色或中性色对茶席的主体色或总体色彩氛围进行衬托，使整体色彩更显和谐。如茶席的主体色是白色，服装可选淡青色、淡绿色、淡蓝色等。三是反差色，就是服装的颜色相对茶席主体色或色彩氛围形成强烈的反差。反差色虽也同样起着衬托作用，但这种衬托感觉更为强烈。如茶席的主体色或色彩氛围为白色，服装可选黑色、红色等。

（4）根据茶席的风格来选择与搭配

茶席的风格是茶席设计者的独特见解和独特手法表现出的茶席作品的面貌特征。其中服饰的选择也是体现茶席风格的一个重要因素，所以服饰必须依据茶席的风格来选择，如都市风格的茶席，可选流行款式的旗袍等。

二、音乐的选择

茶席设计无论作为静态展示，还是动态演示，其目的都是要传递一种文化的感受，因此，要有效发挥音乐的作用，这种综合的传递方式能更直接、更迅速地为观众所领悟。

茶席设计作为静态展示时，音乐可以调动观赏者对时间、环境及某一特殊经历的记忆，并从中寻找到与茶席主题的共鸣；茶席设计作为动态演示时，音乐还能有效地为演示者提供动作节奏的引导。

每一个茶席作品，都有其主题，表达着某种特定的时代内容和思想情感。茶席设计展演中，选择的背景音乐在音乐形象气氛上要与茶席的主题相吻合，才能准确烘托茶席的主题，帮助观赏者体会茶席的意境。因此，茶席设计展演中选择背景音乐的时候应遵从以下基本原则：

1. 根据不同的时代来选择；
2. 根据不同的地区和民族来选择；
3. 根据不同的宗教来选择；
4. 根据不同的风格来选择。

茶席设计的背景音乐选择，要注意与茶席的主题思想、物态语言、风格的协调，从而实现茶席设计的整体美。

模块三　茶席设计文案

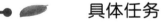 具体任务

➢ 熟悉茶席设计文案的格式要求。
➢ 能够对自己所设计的茶席编写一份结构合理、能准确介绍茶席、蕴含茶艺文化的文案介绍。

茶席设计的文案，是以图、文结合的手段，对茶席设计作品进行主观反映的一种表达方式。茶席设计的文案，作为一种记录形式，有一定的资料价值，可留档保存，以备后用。同时，作为一种设计理念、设计方法的说明、传递形式，又可在艺术创作展览、比赛、专业学校设计考核等活动中发挥参考、借鉴的作用。

任务一　茶席设计文案的格式要求

标题、主题阐述、结构说明、结构图示、动态演示程序介绍、结束语、作者署名及统计文案字数共同构成茶席设计文案。

1. 标题：在正文之前，书写用纸的头条中间位置，书写标题，字体可稍大，或用另一种字体书写，以便达到醒目的作用。标题是茶席的命题，要求文字简练概括，富含茶席寓意。

2. 主题阐述：正文开始时，可以用简短的文字将茶席设计的主题思想表达清楚。主题阐述务必鲜明，具有概括性和准确性。

3. 结构说明：所设计的茶席由哪些器物组成，选择用意，作怎样摆置，欲达到怎样的效果等说明清楚。对具有特别用意的物品可做突出说明。

4. 结构图示：以线条画勾勒出铺垫上个器物的摆放位置。如果条件允许，可画透视图，也可以使用实景照片。

5. 动态演示程序介绍：将使用什么茶叶，为什么选择此种茶叶，冲泡程式、内容、用意说明清楚。还应包含开场白及奉茶礼貌用语。

6. 结束语：全文总结性文字，内容包含个人的愿望。

7. 作者署名：正文结束后的尾行右侧署上设计者的姓名及文案表述的日期。

8. 统计文案字数：即将全文的字数（图示以所占篇幅换算为文字的字数）作一统计。然后记录在尾页尾行左下方处。茶席设计文案表述（含图示所占篇幅），一般控制在 1 000 ~ 1 200 字。字数可显示，也可以不显示，根据要求决定。

任务二　茶席设计文案参考范例

范例 1

红　茶　情

主题阐述：中国与西方国家的交流，在古代主要通过贸易的渠道"丝绸之路"进行。中国红茶是中华文明与国外交流的使者，她通过"海上丝绸之路"，将中国与世界连接。主题《两岸情》的茶席设计以红茶文化的发展历程为背景，设计了红茶冲泡和西式红茶调饮两部分共同组成茶席，聚焦中西文化交融的历史。中国红茶，从神州大地扬帆起航，穿过"海上丝绸之路"，远渡重洋，翻山越岭，足迹遍及欧亚非美四大洲。她沿途播散下的中华文明的种子，早已在异域生根发芽，开花结果。几百年后，成就斐然的红茶重归故里，这颗中西方文明共同浸泡的种子绽放出中西合璧、馨香无比的奇葩，香满中华，香满全球。茶席主要展现了红茶通过"海上丝绸之路"的方式沟通了中国与西方国家的文明。

结构说明：本组茶席结构属有反于传统的多元结构，两张长方形茶桌分开摆放，高的一张是红茶主泡桌，采用白色缎面桌布上铺金黄色缎面作为茶席铺垫，在铺垫上，将一把红色大瓷壶和六个红色茶杯摆成龙形图案，表达了中国是龙的传人的寓意；矮桌是薄荷红茶调饮桌，使用玻璃器具。两张茶桌由蓝色渐白的海浪绸布包围连结，在绸布上使用贝壳和两艘小帆船点缀，表明了红茶通过"海上丝绸之路"沟通了中国与西方国家的文化，也建立起传承几百年的红茶情缘。

结构图示：

动态演示程序介绍：

尊敬的评委老师、各位嘉宾，下午好！欢迎观看茶席设计"两岸情"。为让各位来宾体会本茶席设计的意境与内涵，下面，为大家献上主题"两岸情"的红茶茶艺表演。

中国的茶文化起源于上古时期，茶文化植根于华夏文明，吸取了民族优秀传统中内涵丰富的给养，融宗教、哲学、医学、美学等各家之长，发展成为我国文化宝库中弥可珍贵的遗产，在历史的长廊中熠熠生辉。

我们选用的茶品是红茶的鼻祖——正山小种。正山小种首创于福建省崇安县桐木关地区，又称"星村小种"。是最早传入欧洲的红茶。用一套红色瓷质茶具冲泡红茶清饮，搭配晶莹剔透的玻璃器具调制薄荷红茶，令人悠然神往。中国是陶瓷的故乡，而世界上最早的玻璃就是欧洲的腓尼基人发明的。茶席的设计，正是中西文化互通交融的展现。

结 束 语

看，薄荷红茶丝丝的凉意，驱散夏日的炎热；听，薄荷红茶叮当作响的调饮手法奏响人类文明之歌。是红茶，通过"海上丝绸之路"沟通了中国与西方国家的文明，建立了红茶情缘！

作者署名：陈小平、李少立、胡洋

范例2

铅华尽却茶溢香

主题阐述：

铅，古代用于化妆；华，外表的华丽。铅华尽却意思是洗掉伪装世俗的外表。品茶，令品茶之人避开所有尘世间的喧哗与焦躁，在内心与外界一片宁静之中，找寻心中那一点点本真与朴素。茶香四溢，置身这浓郁幽远中引领品茶者返璞归真。听丝丝微风，闻脉脉茶香，坐木雕茶椅之上，一种恬淡和闲适于心间荡漾开来。

结构说明：

本组茶席结构属有反于传统的多元结构，本设计结构具有形态自由、多姿多彩、设计轻松等特点。

本组茶席茶桌布以橙色为色调。橙色兼有红与黄的优点，明度柔和，使人感到温暖又明快。本组设计人员考虑到，偏好橙色的人通常都非常热爱大自然并且渴望与自然浑然一体，另外，橙色给人一种柔和、温暖的感觉。茶荷置茶桌左方，以便于拿取。竹编置茶桌中央，承载泡茶与品茗器具：紫砂壶、闻香杯等茶具，闻香杯侧专置一束花，用以烘托清新淡雅之气。茶桌右上方置一中国象棋棋盘，以棋盘衬托茶文化深厚。茶桌两侧分别配有两串中国结，令整幅作品更彰显中华民族的传统历史与文化。

本茶席多元结构式可体现另一优点：富有空间感。茶主桌前置一小桌，专放置矮茶瓶，用以衬托茶之崇美与高尚。有主体侧重，有高有低，错落有致又体现茶之内涵与魅力。

结构图示：

动态演示程序介绍：

尊敬的各位老师及各位嘉宾，大家上午好！欢迎观看茶席设计"铅华尽却茶溢香"。为让各位来宾体会本组茶席设计的意境与内涵，现本人将对茶进行冲泡并作简要阐释。

本组所选茶叶为具有"乞丐的外表、皇帝的身价、菩萨的心肠"之称的武夷岩茶特级大红袍。武夷岩茶大红袍具有五美：自然清静的环境美、清轻甘活的水质美、巧夺天工器之美、高雅温馨的气氛美、妙趣横生的茶艺美。

结 束 语

冲泡完毕，先有请各位茶友细心品味：悠悠茶味，香飘飘，韵婷婷，白云般婀娜妩媚，晨雾般曼妙婉然；愿大家在某个瞬间里和自然的一次契合，一种感悟，一声赞叹。

作者署名：纪圣潮、陈孔添、李年建等——选自武夷学院 2012 年茶席设计比赛

（资料来源：茶网 http://tea.zjol.com.cn/）

能力提升

实训任务单6-1：**茶席设计**

实训目的：了解茶席设计的构成要素；掌握茶席设计要领并完成一次设计。

实训要求：掌握基本规范，选择匹配的茶叶、茶具、铺垫、相关工艺品等进行合理设计，茶席呈现美感，能体现茶艺文化和精神。

实训器具：茶叶、茶具、铺垫、桌椅、挂画、相关工艺品等实训室中可以使用的设施设备，也可自行准备

参考课时：1学时，示范10分钟，学生练习30分钟，点评、考核10分钟。

预习思考：① 不同茶类适宜选配那些茶具？

② 背景音乐如何选择能够更加突出自己设计的茶席主题？

③ 茶点茶果的配置、准备，有什么讲究和选择方法？

能力检测：

序号	测试内容	得分标准	应得分	扣分	实得分
1	茶品	选择合适的茶品	10分		
2	茶具组合	茶具与茶叶相匹配，茶具器皿摆放和使用适当	10分		
3	铺垫	干净整洁，能体现茶席之美	10分		
4	插花	能烘托茶席，起画龙点睛作用	10分		
5	焚香	香味与选择的茶叶及整个茶席相匹配	10分		
6	挂画	位置适当	10分		
7	相关工艺品	不累赘，可以承托整个茶席	10分		
8	结构设计	物品准备齐全，结构合理美观	10分		
9	背景设计	选择适合的背景及音乐	10分		
10	动态演示或讲解	动作美观、连贯，台面干净，配合设计思路（理念）讲解	10分		
			100分		

实训任务单6-2：　**茶席设计文案编写**

实训目的：了解茶席设计文案编写的格式要求；掌握茶席设计文案编写的要领并完成茶

席设计相对应的文案编写。

实训要求： 掌握格式要求，对本组的茶席设计编写相应的茶席设计文案，准确阐明设计用意。

实训器具： 多媒体设备、茶具、茶叶、音乐、学生自备茶席设计作品

参考课时： 1学时，可与上一茶席设计任务合并。

预习思考： ① 演示过程中的语言表述要具有一定的表演成分。

② 语言表述中的语音、语调、语气如何运用？

③ 服装和音乐如何选配适合茶席设计的作品？

能力检测：

序号	测试内容	得分标准	应得分	扣分	实得分
1	标题	简练概括，具有内涵	10分		
2	主题阐述	与茶席设计作品相对应，能正确表述	10分		
3	结构说明	准确解释茶席设计欲达到的效果	10分		
4	结构中个因素的用意	能烘托茶席，说明用意，详略得当	10分		
5	结构图示	有相应图示	10分		
6	动态演示程序	姿态优美，体现茶席设计欲表达的内涵	10分		
7	奉茶礼仪及用语	做到礼貌，尊重对方	10分		
8	结束语	表达祝愿或茶艺精神	10分		
9	背景音乐	选择适合的背景及音乐	10分		
10	语音表现	表达连贯、清楚、自然，语音、语调、语速适中	10分		
			100分		

项目小结

本项目主要涉及茶席设计、茶具组合、茶席基本构成要素、茶席结构设计、茶席动态演示、茶席设计文案等方面内容，具体介绍了茶席和茶席设计的由来；不同材质的茶具，茶具组合的方法和运用；铺垫、插花、挂画、焚香等茶席基本构成要素；茶席结构的设计；茶席布置的背景运用；相关工艺品的种类；茶席动态演示中服装和音乐的选择；茶席设计文案的格式要求、茶席设计文案范例等。为了提升学生能力，还专门设计了茶席设计以及茶席文案编写等实训任务。

项目练习

一、判断题

1. （　　　　）铺垫的基本方法有平铺、对角铺、三角铺、叠铺、立体铺、帘下铺等。
2. （　　　　）挂画，又称挂轴。茶席中的挂画，是悬挂在茶席背景环境中所有悬挂物的统称。
3. （　　　　）宋代，我国的焚香艺术，与点茶、插花、挂画一起，被作为文人"四艺"。
4. （　　　　）奉茶给客人时所使用的礼仪语言，应尊重客人习惯。若茶席设计及动态演示是少数民族茶类，可以使用相应的用语和礼仪动作。

二、选择题

1. 茶具的质地主要有金属类、陶瓷类、（　　　　）、竹木类、玻璃类等。
   　A. 搪瓷类　　　　　B. 紫砂类　　　　　C. 棉布类　　　　　D. 纸类
2. 茶席中的香品，总体上分为（　　　　），又称干香与湿香。
   　A. 盘香和条香　　　B. 熟香与生香　　　C. 线香和盘香　　　D. 盘香和柱香
3. 茶席中的挂画以中国画为主，尤其以（　　　　）、（　　　　）为主。
   　A. 建筑画　　　　　B. 山水画　　　　　C. 水墨画　　　　　D. 肖像画
4. 表现宗教题材及古代宫廷题材，一般选用（　　　　）。其古风犹存，基本保留了古代香炉的造型特征。
   　A. 紫砂香炉　　　　B. 陶质香炉　　　　C. 竹器熏香炉　　　D. 铜质香炉

三、简答题

1. 什么是茶席设计?
2. 茶席的基本构成要素有哪些?
3. 茶席设计文案的基本格式要求包含哪几个部分?
4. 简述茶席结构设计的基本类型。

项目实践

实践内容：课后参观茶艺馆或参加茶席设计活动，欣赏各种不同的茶席。

能力要求：1. 通过欣赏不同的茶席设计，巩固不同茶叶选择不同茶具组合的相关知识；2. 能够欣赏茶席设计的不同艺术表现形式；3. 结合实践和欣赏，拍摄你认为设计较好的茶席，并持照片在班级分享。

项目七　茶与健康

习目标

➢ 了解茶叶主要功效成分，掌握各种茶类的保健作用。
➢ 会根据不同的体质、季节等因素选择不同的茶类饮品，掌握饮茶的一些主要禁忌。
➢ 理解常见现代花草茶的保健功效。
➢ 会正确选择相应的茶具对现代花草茶进行冲泡。

模块一　茶的功效

具体任务

➢ 熟悉茶叶主要功效成分及其保健作用。
➢ 掌握各种茶类的保健作用。

 任务一　茶的主要成分及功能

国内外的研究结果表明，适量饮茶对健康具有良好作用。这是因为茶叶中含有许多有益于人体健康的成分。

一、茶的主要成分

1. 茶多酚类物质

茶多酚（tea polyphenol）是茶叶中儿茶素类、黄酮类、酚酸类和花色素类化合物的总称。茶多酚使茶叶能够保存较长时间而不变质，这是其他大多数的树木、花草和果蔬所达不到的。富含多酚类物质是茶叶与其他植物相区别的主要特征，绿茶中茶多酚含量占干茶总量的15%～35%，红茶因发酵使茶多酚部分氧化，含量为 10%～20%。

茶多酚对人体的作用主要有：降低血糖、血脂；活血化瘀，抑制动脉硬化；抗氧化、延缓衰老；抑菌消炎，抗病毒；抑制癌细胞增长；祛除口臭等。此外，由于茶多酚能够保护大脑，防止辐射对皮肤和眼睛的伤害，因此富含茶多酚的茶饮品被誉为"电脑时代的饮料"。

2. 咖啡碱

咖啡碱（theine）是生物碱的一种，在医药上可以被用做心脏和呼吸兴奋剂，也是重要的解热镇痛剂。咖啡碱对人体的作用有：使神经中枢系统兴奋，帮助人们振奋精神，增进思维，抵抗疲劳，提高工作效率；能解除支气管痉挛，促进血液循环，是治疗哮喘、止咳化痰和治疗心肌梗塞的辅助药物；咖啡碱还可以直接刺激呼吸中枢的兴奋；具有利尿作用、调节体温的作用和抵抗酒精烟碱的毒害作用。

3. 维生素类

维生素（Vitamin）是人体维持正常代谢所必需的6大营养要素（糖、脂肪、蛋白质、盐类、维生素和水）之一。茶叶中的维生素含量也十分丰富，尤其是维生素 B、维生素 C、维生素 E、维生素 K 的含量。维生素 B 可以增进食欲；维生素 C 可以杀菌解毒，增加机体的抵抗力；维生素 E 可抗氧化，具有一定抗衰老的功效；维生素 K 可以增加肠道蠕动和分泌功能。因生理、职业、体质、健康等各方面的情况不同，人体对各种维生素的需要量也各异。通过饮茶摄取人体必需的维生素，是一种简易便捷的健康方式。

4. 矿物质

矿物质（Mineral）又称无机盐，它是人体内无机物的总称，和维生素一样，矿物质是人体必需的重要元素。茶中含有丰富的钾、钙、镁、锰等 11 种矿物质。矿物质主要是和酶结合，促进代谢。如果人体内矿物质不足就会出现许多不良症状：比如钙、磷、锰、铜缺乏，可能引起骨骼疏松；镁缺乏，可能引起肌肉酸痛；缺铁会出现贫血；缺钠、碘、磷会引起疲劳，等等。因为茶叶中矿物质含量的丰富，多饮茶可以促进新陈代谢，保持身体健康。

5. 氨基酸

氨基酸（Amino Acid）是一种分子中有羧基和氨基的有机物，它是人体的基本构成单位，与生物的生命活动密切相关，不仅是人生命的物质基础，也是进行代谢的基础。

在茶中含有氨基酸约 28 种，例如蛋氨酸、茶氨酸、苏氨酸、亮氨酸等。这些氨基酸对于人体机能的运行发挥着重大作用，例如亮氨酸有促进细胞再生并加速伤口愈合的功效；苏氨酸、赖氨酸、组氨酸等对于人体正常地生长发育并促进钙和铁的吸收至关重要；蛋氨酸可以促进脂肪代谢，防止动脉硬化；茶氨酸有扩张血管，松弛气管的功效。茶中含有的氨基酸为人体生命正常活动提供了必需的要素。

6. 蛋白质

蛋白质（Protein）是由荷兰科学家格里特（Gerrit）于 1838 年发现的，它对人类的生命至关重要。蛋白质的基本组成物质便是氨基酸。人的生长、发育、运动、生殖等一切活动都离不开蛋白质，可以说没有蛋白质就没有生命。人体内蛋白质的种类繁多，而且功能也各异，约占人体质量的 16.3%。

茶叶中蛋白质的含量占茶中干物质的 20%～30%，其中的水溶性蛋白质是形成茶汤滋味的主要成分之一。

7. 糖类化合物

糖类是自然界中普遍存在的多羟基醛、多羟基酮以及能水解而生成多羟基醛或多羟基酮的有机化合物。糖类化合物是人体所需能量的主要来源。茶叶中的糖类有糖、淀粉、果胶、多缩葡萄和已糖等。由于茶叶中的糖类多是不溶于水的，所以茶的热量并不高，属于低热量饮料。茶叶中的糖类对于人体生理活性的保持和增强有显著的功效。

8. 芳香物质

芳香物质是具有挥发性物质的总称，茶叶中的香气便是由这些芳香物质形成的。但是在茶叶成分的总量中，芳香物质并不多，只占到 0.01% ~ 0.03%。虽然茶叶中芳香物质的含量不多，但种类却非常丰富。茶叶中的芳香物质主要由醇、酚、酮、酸、酯、内酯类、含氮化合物、含硫化合物、碳氢化合物、氧化物等构成。因为不同品类的茶叶中成分含量的差异，所以茶叶会有不同的芬芳。而芳香物质不仅能使人神清气爽，还能够增强人体生理机能。

9. 其他成分

茶叶中除了含有上述与人身体健康密切相关的物质之外，还含有有机酸、色素、类脂类、酶类以及无机化合物等成分。其中有机酸、酶类可以增进机体代谢；类脂类物质对进入细胞的物质起着调节渗透的作用。

正因为茶叶中含有这么多种的营养物质，因此适量地科学饮茶对于人的身体具有良好的保健效果。

茶博士——饮茶使人长寿

有人把茶字拆成"艹"与八十八再相加而得一百零八，谓之"茶寿"，从而引申出饮茶能使人长寿之说。陆羽在《茶经》中讲了南朝宋释法瑶饮茶长寿的故事。《旧唐书宣宗纪》中也有类似故事。说："大中三年，东都进一僧，年一百三十岁，宣宗问服何药而致寿，僧对曰：释少也贱，素不知药性，唯嗜茶……"所以，我国民间自古风行饮茶。一般都煮真茶，也有人除茶叶之外，另加果品或药物，以调剂茶味或为了达到某种治病效果。这种茶叶与药物互相催化而产生药效的茶，流传至今，大有改进，不断得到开发，对人民保健是大好事。

（资料来源：茶叶网 http://tea.sheup.com/）

二、茶的保健功效

1. 安神醒脑

茶叶中含有咖啡碱，而咖啡碱可以刺激大脑感觉中枢，从而使其更加敏锐和兴奋，起到安神醒脑、解除疲劳的作用。在感觉身心怠倦的时候，泡上一杯清茶，闻着缕缕的清香，品饮着茶汤的舒爽，精神自然会慢慢饱满起来，已有的困倦和劳累也会得到很好的缓解，从而思维清晰，反应敏捷起来。这便是茶带来的安神醒脑的良好功效。

2. 防龋固齿

首先，茶叶中含有较多量的氟元素，而适量的氟元素是抑制龋齿发生的重要元素。因此，一些牙膏中也以添加氟元素的方式起到更好的防蛀效果。

其次是类多酚类化合物，它们可以抑制牙齿细菌的生成和繁殖，进而预防龋齿的发生。

最后就是茶叶中皂苷的表面活性作用，它增强了氟元素和茶多酚类化合物的杀菌效果。茶呈碱性，碱性物质可以预防牙齿所必需的钙质的减少和流失，因此饮茶还可以起到坚固牙齿的作用。

3. 清心明目

品茶的时候需要的是有一颗清静淡泊的心，如果泡上一杯茶，细细地品茶之余，会收到清火清心的良好效果。一方面是因为品茶过程给人心理上的调节；另一方面茶叶中含有的多种对人体健康有益的成分发挥了其特别的保健效果。

茶不但能清心，同时也能明目。因为人眼需要维生素 C 的比例较高，而通过饮茶的方法可以很有效地摄入维生素 C，因此经常饮茶可以很好地预防白内障、夜盲症等眼病的发生，进而起到明目的作用。

4. 消渴解暑

茶作为一种健康的饮品，首先便是它具有消渴的优点。当茶水滑过干渴的咽喉，焦渴的感觉会慢慢变淡并消失，浸润的滋味充满身心。尤其是炎热的夏季，干燥的空气和酷烈的阳光很容易让人觉得干渴，茶便是绝佳的解渴和消暑饮品。在树荫摇曳的庭院中摆上清茶数盏，品饮欢娱的同时也获得了消渴解暑的效果。

5. 清心口气

人们在用餐之后往往会有一些残余物遗留或者粘附在牙齿的表层或者牙缝中，时间积聚之后经过口腔细菌的发酵作用，从而出现异味或者口臭。饮茶可以起到很好的清新口气的效果。这主要是因为茶中茶多酚类化合物对存在于口腔中的菌类有很好的预防和灭杀效果，同时茶皂素的表面活性作用也可以起到清除口臭、清洗口腔的作用。

6. 解毒醒酒

饮酒对于肝脏的伤害大家并不陌生，而饮茶可以帮助解毒醒酒也是众所周知。这主要是因为茶中含有的大量的维生素 C 和咖啡碱。维生素 C 可以促进肝脏中对酒精的解酶作用，使得肝脏的解毒作用增强；其次咖啡碱的提醒作用可以使昏沉的酒醉头脑变得相对清醒，同时缓解头疼并促进身体代谢。因此，酒醉后适量饮茶，具有很好的解毒醒酒效果。

7. 排毒美颜

经常饮茶可以有效清除体内重金属所造成的毒害作用。研究证明，茶叶中的茶多酚类化合物可以对重金属起到很好的吸附作用，能够促进金属在身体中沉淀并迅速排出。此外，饮茶可以美容也是历来为人们所公认。一方面是因为通过饮茶有效地排出了身体中的毒素，使得人精神焕发，年轻朝气，展现了自然健康之美；另一方面茶中富含的美容营养素较高，对皮肤具有很好的滋润和美容效果。因此经常饮茶也是美容的一个有效而便捷的好方法。

8. 消食去滞

酒足饭饱之后往往出现口渴和食物淤积的感觉，而这时候饮茶是最好的选择。茶可以起到消食去滞的效果。因为茶叶中咖啡碱和黄烷醇类化合物的存在，使得消化道的蠕动能力增强，促进了食物的消化。同时饮茶也预防了消化器官炎症的发生，这是因为茶多酚类化合物会在消化器官的伤口处形成一层薄膜，起到保护作用。

9. 利尿通便

饮茶利尿当然是由于人体摄入了一定水分的原因，但主要是因为茶中含有咖啡碱、可可碱以及芳香油的综合作用的结果，从而促进了尿液从肾脏中加速过滤出来。由于乳酸等致疲劳物质伴随尿液排出，体力也会得到恢复，疲劳得到缓解。

同时，饮茶对于缓解便秘的症状也有很好的效果。这是因为茶叶中茶多酚类物质促进了消化道的蠕动，使得淤积在消化道的废物能够有效地流动，从而起到对习惯性和神经性便秘的缓解与治疗作用。

10. 增强免疫力

个人的免疫力固然跟自己本身的体质有关，但是通过适当科学的方法也可以增强自己的免疫力。饮茶就是一种便捷又健康有效的方式，因为茶中含有的健康元素可以有效地抵抗细菌、病菌和真菌。茶叶中含有较高量的维生素 C，可以有效提高免疫力。同时，也有研究认为茶里含有的氨基酸也能增强身体的抵抗力。总之，饮茶对于身体免疫力的增强有着明显的效果。

11. 防辐射抗癌变

茶被认为是一种有希望的辐射解毒剂。20 世纪 50 年代，日本广岛遭受原子弹的轰炸，爆炸后的幸存者很多都是有长期饮茶习惯的人。经研究发现，茶叶中的多酚类化合物和脂多糖对放射性同位素有很好的吸附作用，尤其是对有害的放射性元素——锶——具有明显的吸收并阻止扩散的作用。

12. 抗衰老延年益寿

人体衰老的机制主要是因为脂质的氧化作用，而维生素 C 和维生素 E 等具有良好的抗氧化作用。茶叶中不仅含有较高量的维生素 C 和维生素 E，而且含有儿茶素类化合物。儿茶素类化合物具有较强的抗氧活性，可以起到很好的抗衰老、延年益寿的效果。

13. 消炎杀菌

在中国古代，茶叶常常用来消毒伤口。这是因为茶叶中含有的儿茶素类化合物和黄烷醇类能够起到很好的消炎杀菌效果。首先，黄烷醇类相当于激素药物，能够促进肾上腺体的活动，具有直接的消炎作用。其次，茶叶中的儿茶素类化合物对于多种病原细菌具有明显的抑制作用。茶叶中多酚类化合物和儿茶素化合物，还可以明显抑制植物病毒。而在众多的茶叶品种中，尤其以绿茶的杀菌性最高。

任务二 各种茶类的保健作用

一、红　茶

红茶是在绿茶的基础上经发酵创制而成的。因其干茶色泽和冲泡的茶汤以红色为主调，故名红茶。

红茶可以帮助胃肠消化、促进食欲，可利尿、消除水肿，并有强壮心脏的功能。预防疾病方面：红茶的抗菌力强，用红茶漱口可防滤过性病毒引起的感冒，并预防蛀牙与食物中毒，降低血糖值与高血压。

二、黄　茶

黄茶是一种与绿茶的加工工艺略有不同的茶，多了一道焖堆渥黄工序。黄茶是我国特产，其按鲜叶老嫩又分为黄小茶和黄大茶。黄茶是沤茶，在沤的过程中，会产生大量的消化酶，对脾胃最有好处，消化不良，食欲不振、懒动肥胖者都可饮。

黄茶中富含茶多酚、氨基酸、可溶糖、维生素等丰富营养物质，对防治食道癌有明显功效。此外，黄茶鲜叶中天然物质保留有 85%以上，而这些物质对防癌、抗癌、杀菌、消炎均有特殊效果。

三、绿　茶

绿茶是未经发酵制成的茶，因此较多地保留了鲜叶的天然物质，含有的茶多酚，儿茶素，叶绿素，咖啡碱，氨基酸，维生素等营养成分也较多。

绿茶中的这些天然营养成份，对防衰老、防癌、抗癌、杀菌、消炎等具有特殊效果，是其他茶类所不及的。

四、白　茶

白茶是一种轻微发酵茶，选用白毫特多的芽叶，以不经揉炒的特异精细的方法加工而成。白茶的制作工艺很特别，也是最自然的做法，它不炒不揉，既不像绿茶那样制止茶多酚氧化，也不像红茶那样促进它的氧化；而是把采下的新鲜茶叶，薄薄地摊放在竹席上置于微弱的阳光下，或置于通风透光效果好的室内，让其自然萎凋。晾晒至七八成干时，再用文火慢慢烘干即可，由于制作过程简单，以最少的工序进行加工，因此，白茶在很大程度上保留了茶叶中的营养成分。在原产地的百姓自古就有用白茶下火清热毒消炎症、发汗去湿舒滞避暑、治风火牙疼高烧麻疹等杂疾。

白茶功效具有三抗（抗辐射、抗氧化、抗肿瘤）三降（降血压、降血脂、降血糖）之保健功效，还有养心、养肝、养目、养神、养气、养颜的养身功效。

五、青　茶

青茶即乌龙茶，与绿茶最大的差别在于有没有经过发酵这个过程。因为茶叶中的儿茶素会随着发酵温度的升高而相互结合，致使茶的颜色变深，但因此茶的涩味也会减少。

乌龙茶作为我国特种名茶，经现代国内外科学研究证实，乌龙茶除了与一般茶叶具有提神益思、消除疲劳、生津利尿、解热防暑、杀菌消炎、祛寒解酒、解毒防病、消食去腻、减肥健美等保健功能外，还突出表现在防癌症、降血脂、抗衰老等特殊功效。

除此之外，乌龙茶还具有养颜、排毒、利便、抗化活性，消除细胞中的活性氧分子等功效。

六、黑　茶

经过渥堆过程微生物的参与所形成的黑茶，无论在原料选用，或是加工工艺等方面都有别于其他茶，因此，导致了黑茶的生化组成和比例与其他茶类差异较大。也正因如此，黑茶具有其独特的药理功效，如在降血脂、降血压、降糖、减肥、预防心血管疾病、抗癌等方面具有显著功效。

模块二　茶的科学饮用

 具体任务

➤ 了解科学饮茶的基本要求。
➤ 会根据不同的体质、季节等因素选择不同的茶类饮品。
➤ 掌握饮茶的一些主要禁忌。

 任务一　科学饮茶的基本要求

经历了数千年实践的检验，茶的保健功效已为世人所公认。然而，茶的保健作用是有条件的，不合理的饮茶不但起不到应有的保健作用，还可能造成不良后果。

一、茶叶的合理选用

不同的茶类具有不同的特性，不同的人也有不同的状况，不同的时间、地点及环境条件，都会影响人与茶之间的关系。所以，科学合理的饮茶需要因人因时因地因茶而异。在选用茶叶时应当考虑以下几方面的因素。

1. 根据茶叶的特性来选择

茶的温凉特性：茶的最早利用是药用，茶原本就是一味中药。从中医角度看，茶的药性一般属微寒，偏于平、凉。但相对来说，红茶性偏温，对胃的刺激性较小，绿茶性偏凉，对肠胃的刺激性较大；从另一个角度看，刚炒制出来的新茶，不管是绿茶还是红茶，均有较强的火气，多饮使人上火，但这种火气只能短暂存在，放置数周后便可消失；相反，陈茶则性趋凉，一般是越陈越凉。

2. 根据气候、季节来选择

饮茶消费习俗的形成与消费者所在地的气候条件有一定的关系。在非洲，炎热干旱的沙漠气候下，人们需要清凉，所以这些地区的人多喜欢饮用绿茶，并在绿茶中加入薄荷等清凉饮料，用于解暑并弥补缺少蔬菜所产生的某些人体必须的营养成分的不足。在气候炎热的季节，饮凉茶也不失为一种清凉解暑的选择。

在纬度偏北的一些地区，由于气候偏寒，人们更需要御寒取暖，所以该地区的人们多喜欢饮红茶或花茶。在寒冷潮湿气候条件下，饮茶宜热饮。饮热茶，尤其是热饮红茶、乌龙茶等，则有利于渲肺解郁，暖身驱寒湿。

饮茶还须根据一年四季气候的变化来选择不同属性的茶。夏日炎炎，宜饮绿茶，因为绿茶性凉。冬季天气寒冷，外出回家后热饮一杯味甘性温的红茶或乌龙茶，可使人暖胃生热，放松身心，消除疲乏。因此，在中国有"夏饮龙井，冬饮乌龙"之说。中国江南、华南等地区的春天雨水多、湿度大，为了去寒邪、解郁闷，这时可选择香气馥郁的花茶，或热饮红茶、乌龙茶，这样可驱寒湿、喧肺气、解抑郁，促进人体阳刚之气回升。如此安排四季饮茶，可显著提高茶叶对人体健康的效益。

3. 根据食物结构来选择

我国西藏、内蒙等边疆少数民族地区习惯大量饮用砖茶，这一方面与其历史文化背景有关，同时也与他们的食物结构相关联。他们长年以牛、羊等肉类和奶类为主食，又缺少新鲜蔬菜供应，他们所需的许多维生素都来自茶叶，茶中的其他许多成分对他们的营养和保健作用也很大。所以，茶成为他们日常生活的必需品。

英国等西方国家有喝奶茶的传统习惯。在所有茶类中，红茶加奶后无论外观品质还是香气滋味都比较协调，所以，需要加奶调配的茶以红茶为好。我国边疆牧区也有饮用奶茶的习俗，他们主要选用黑茶（砖茶），这也是比较适合的茶类。调制奶茶，最不宜的是绿茶，绿茶加奶后色如泥汤，香气滋味也不佳，同时绿茶中大量存在的儿茶素类物质能凝固奶中的蛋白质，使营养价值大大降低。

4. 根据人的身体状况、生理状况来选择

茶虽是保健饮料，但由于各人的体质不同，习惯有别，因此每个人适合喝哪种茶是因人而异的。一般说来，初次饮茶或偶尔饮茶的人，最好选用高档次的名优绿茶，如上等的西湖龙井、黄山毛峰、庐山云雾等。喜欢清淡口味者，可以选择高档烘青和名优茶，如茉莉烘青、旗枪、敬亭绿雪、天目青顶等；如平时要求茶味浓醇者，则以选择炒青类茶叶为佳，如珍眉、珠茶等。若平时畏寒，那么以选择红茶为好，因为红茶性温，有去寒暖胃之功；若平时火旺，那么以选绿茶为上，因为绿茶性凉，喝了有去火、清凉之效。由于绿茶含茶多酚较多，对胃

会产生一定的刺激作用，所以，如果喝了绿茶感到胃不适的话，可改饮红茶，同时也需要减少每次泡茶的茶叶用量，以降低茶汤浓度。对身体肥胖的人，以饮用乌龙茶或沱茶等更为适合，据报道这些茶具有很好的消脂减肥功效。

一般年轻人阳气足、火气旺，在夏季可喝一些凉茶以消暑解渴，但对老年人或体质较弱的人，应尽量避免饮凉茶，因为凉茶性寒，易损伤体弱者的脾胃功能和肺部功能。体弱者特别是脾胃虚寒者饮茶以热饮或温饮为好，若多饮冷的绿茶有聚痰伤脾胃的副作用。

二、合理饮茶

1. 适合的饮茶温度

现在饮茶方式有多种，但大部分还是传统的开水泡饮方式。用开水泡好茶水后，饮茶的水温有讲究。首先要避免烫饮，因为过高的水温不但烫伤口腔、咽喉及食道黏膜，长期的高温刺激还是导致口腔和食道肿瘤的一个诱因。相反，冷饮则要视具体情况而定。对于老人及脾胃虚寒者，应当忌冷茶。因为茶叶本身性偏寒，加上冷饮其寒性得以加强，这对脾胃虚寒者会产生聚痰、伤脾胃等不良影响。但对于阳气旺盛、脾胃强健的年轻人而言，在暑天以消暑降温为目的时，饮凉茶也是可以的。总之，在一般情况下提倡热饮或温饮，避免烫饮和冷饮。

2. 适合饮茶的时间

饮茶效果的好坏在很大程度上取决于饮茶时间的掌握。饭后不宜马上饮茶，可把饮茶时间安排在饭后一小时左右。饭前半小时以内也不要饮茶，以免茶叶中的酚类化合物等与食物营养成分发生不良反应。临睡前也不宜喝茶，以免茶叶中的咖啡碱使人兴奋，同时摄入过多水分引起夜间多尿，从而影响睡眠，当然，现在出现的脱咖啡因茶则另当别论。

若在进食过多肥腻食物后，马上饮茶也是可以的，因为这样可以减少脂肪、蛋白质等成分的吸收，促进过多营养的排泄，解除酒毒，消除胀饱不适等。有口臭和爱吃辛辣食品的人，若在与人交谈前先喝一杯茶，可以消除口臭。嗜烟的人，若能在抽烟同时喝点茶，就可减轻尼古丁对人体的毒害。在看电视时也可饮茶，这样对消除电视荧屏辐射、保护视力有一定好处。脑力劳动者边工作边饮茶，可提神保健，并有利于提高工作效率。清早起床洗漱后喝上一杯茶（不宜太浓），可以帮助洗涤肠胃，对健康也很有好处。

3. 适量饮茶

饮茶好处虽多，但也须适量。饮茶过度，特别是过量饮浓茶，对健康是不利的。茶中的生物碱将使中枢神经过于兴奋，心跳加快，增加心、肾负担，晚上饮茶还会影响睡眠。过量饮茶，体内过高浓度的咖啡碱和多酚类等物质对肠胃产生刺激，会抑制胃液分泌，影响消化功能。

根据人体对茶叶中药效成分和营养成分的合理需求来判断，并考虑到人体对水分的需求，成年人每天饮茶的量以每天泡饮干茶 5~15 克为宜。这些茶的用水总量可控制在 200~800 毫升。这只是对普通人每天用茶总量的建议，具体还须考虑人的年龄、饮茶习惯、所处生活环境和本人健康状况等。如运动量大、消耗多、进食量大的人，或是以肉类为主食的人，每天饮茶可高达 20 克左右。对长期在缺少蔬菜、瓜果的海岛、高山、边疆等地区的人，饮茶数量也可多一些，以弥补维生素等的不足。而对那些身体虚弱，或患有神经衰弱、缺铁性贫血、心动过速等疾病的人，一般应少饮甚至不饮茶。至于用茶来治疗某些疾病的，则应根据医生建议合理饮茶。

4. 不吃茶渣，不喝过度冲泡或存放过久的茶汤

铅、镉等重金属元素对人体健康是有害的。由于这些元素的水溶性很小，所以绝大部分都残留在泡过的叶底中；如果吃掉这些泡过的茶叶，所有的重金属也就进入了人体。一般人们只喝茶汤，所以不会有重金属摄入过量的问题。一些水溶性较小的农药残留物的情况也是如此，不吃泡过的叶子，可以减少农药残留的摄入。

不喝冲泡次数过多、存放过久的茶，这也是一个具有普遍意义的合理饮茶习惯。一杯茶经三次冲泡后，约有90%的可溶性成分已被浸出，以后再冲泡，进一步浸出有效成分已十分有限，而一些对健康不利的物质会浸出较多，这不利于身体健康。茶叶泡好后存放太久，首先会产生微生物污染并大量繁殖，在天气炎热的夏天尤其如此。另一方面，长时间的浸泡，会使茶叶中的茶多酚、芳香物质、维生素、蛋白质等物质氧化变质或变性，同时一些对茶叶品质及人体健康不利的成分也会较多地浸出，因此，茶叶以现泡现饮为好。

 任务拓展——饮茶与服用药物的关系

茶叶既然具有多种药理功效，其丰富的药效成分会与其他药物成分发生各种已知的或未知的相互作用。为此，在服用药物前有必要了解茶叶成分与各种药物之间的相互关系。

从中医的角度看，茶叶本身就是一味药，其所含的黄嘌呤类化合物（咖啡碱、茶碱和可可碱）、多酚类、茶氨酸等成分，都具有一定的药理功能，它们也可以与体内同时存在的其他药物或元素发生各种化学反应，影响药物疗效，甚至产生毒副作用。所以，在服用以下药物时，一般应禁茶或避开饮茶时间。

中药汤剂和中成药组方的治疗效果是药物中多种成分在一定比例下的综合作用，因此，除特别医嘱或特殊情况下需用茶冲服（如川芎茶调散）外，一般内服汤剂和中成药时，均不宜饮茶，以免茶叶中的一些成分与中药有效成分发生反应或改变其配伍平衡。

饮茶对许多药物的影响尚不明了，源源不断投入使用的新药与茶叶成分的关系还有待研究和观测，所以，在服用药物时应慎对饮茶。

（资料来源：百度文库《科学饮茶的原理与实践》）

任务二 茶类饮品的选择

一、不同体质茶类饮品的选择

人的体质有燥热、虚寒之别，而茶叶经过不同的制作工艺也有凉性及温性之分，因此不同的体质喝不同的茶。

身体比较虚弱的人，应选择喝红茶。红茶是一种发酵茶，刺激性弱，较为平缓温和，特别适合肠胃较弱的人，也可以在茶中添加糖和奶，既可增加能量又能补充营养。

绿茶性味苦寒，其营养成分如维生素、叶绿素、茶多酚、氨基酸等物质是所有茶类中含量最丰富的，具有清热、消暑、解毒的作用。但由于绿茶属不发酵茶，茶多酚含量较高，对肠胃有一定的刺激性，肠胃较弱的人应少喝，或冲泡时茶少水多，减少刺激性。

女性经期前后以及更年期，性情烦躁，适宜饮用花茶，有疏肝解郁、理气调经的功效。

身体肥胖、希望减肥的人可以多喝乌龙茶，因为乌龙茶分解脂肪的作用较强，可以帮助解除油腻，帮助消化。喜欢参加派对和饮酒的人也可以喝乌龙茶，它能够预防身体虚冷，减少酒精和胆固醇在体内沉积。

苦丁茶、普洱茶都具有降血脂的作用。但苦丁茶凉性偏重，虚寒体质的人常喝会损伤体内阳气，故苦丁茶比较适合血压偏高、体形发胖的体质燥热者。普洱茶的性质温和，适合体质虚寒的人饮用。

 茶博士——茶美容每日不可少的四小杯

茶叶中的很多成分具有美容效果，每天喝茶、吃茶能够美容。

1. 茶水美容

把茶叶用于化妆品中，使茶叶中的美容成分直接被皮肤吸收。茶叶美容品有茶叶洗面奶、茶叶化妆水、茶叶面膜、茶叶增白霜、茶叶防晒露、茶叶洗发剂等，它们都利用了茶叶的美容效果，具有安全、刺激性小等的优点。其使用方法简易，经济适用，长期坚持能够达到良好的效果。

2. 喝茶美容

早晨——绿茶：富含高效抗氧化剂和维生素 C，不但可以清除体内的自由基，还能分泌出对抗紧张压力的荷尔蒙。因为含有少量咖啡因，还可以刺激中枢神经，振奋精神。

午后——菊花茶：明目清肝。加上枸杞一起泡来喝，或是在菊花茶中加入蜂蜜，都对解除郁闷烦躁有帮助。

黄昏——枸杞茶：含有丰富的 β 胡萝卜素、维生素 B_1、维生素 C、钙、铁，具有补肝、益肾、明目的作用。

加班——决明子茶：清热、明目、补脑髓、镇肝气、益筋骨。如果有便秘，选择在晚饭后饮用，很有效果。

（资料来源：茶网 http://tea.zjol.com.cn/ ）

二、不同季节茶类饮品的选择

传统医药学认为，茶叶因种类不同，其功效和性能也各异，在了解了茶性的基础上，根据四季的变化合理饮茶，对于人体保健具有事半功倍的效果。

春季多饮花茶和果茶，可散发体内积郁的寒气，振奋精神，解除春困，提高人体机能。绿茶富含大量维生素 C，常饮对缓解春季里的干燥问题也有很大帮助，如菊花茶、柠檬茶、梅子绿茶、杞子绿茶等。

夏季气候炎热，人体新陈代谢亢盛，体内津液消耗大，宜饮富含维生素、氨基酸、矿物质等营养成分的绿茶。绿茶甘香略苦性寒，具有消暑、解毒、去火、生津止渴、强心提神的功效，最适合夏季饮用，如薄荷绿茶、山楂茶、桂圆莲子茶、冰橘茶等。

克服秋燥，多饮乌龙茶最为理想。其茶性适中，不寒不热，常饮能润喉、生津、益肺、清除体内余热，如蜂蜜红茶、参芪茶、滋补茶、秋菊清心茶等。

冬季人体内寒气重，代谢慢，精气内藏。选择饮用红茶，可御寒保暖，强身补体，帮助人体更好地适应气候变化，如水果红茶、桂花茶、参麦茶、姜糖茶等。

需要注意的是，根据季节饮茶并非绝对，可根据各人喜好适度变通；另外，茶宜常饮而不宜多饮，适量适度，随饮随泡，才能达到预期的效果。

 任务三　饮茶的禁忌

茶固然对身体健康有益，但是喝茶也应注意避免可能引起不适的情况。

1. 饮茶不宜过浓

很多人因为工作或生活带来了精神压力，往往喜欢冲泡、品饮浓茶来解乏提神。然而，饮浓茶对身体是有伤害的。因为咖啡碱刺激神经的作用，经常喝浓茶不仅会使人对浓茶产生依赖感，更重要的是，咖啡因和茶碱的刺激作用还会使人产生头疼、失眠等一系列不适的症状。饮浓茶非但不能缓解精神压力和减轻疲劳，只会适得其反。

另外，酒醉后也不宜冲饮浓茶，因为浓茶在缓解酒精刺激的同时，也给肝脏带来了更重的负担，一样会伤害身体。

2. 不宜空腹饮茶

茶具有温凉的特性，如果空腹饮茶，会对脾胃产生冲击，进而容易造成脾胃不和。同时，空腹饮茶还会使得胃液被冲淡，影响食欲和食物消化。如果长期空腹饮茶会导致营养不良和食欲减退，严重的还会出现与消化相关的肠胃慢性病。因此空腹饮茶对身体健康也是有危害的。

3. 忌用茶送药

人们一般有这样的观念，即茶可以解药，说的便是在生病吃药的时候不要用茶水来冲服。这是因为茶叶中的鞣质可以分解为鞣酸，而这些物质和药物结合之后会产生沉淀，进而阻碍药物被吸收，从而降低药效。所以，在生病的时候要尽量避免饮茶，更不要以茶来服药。

4. 不宜饭后立即饮茶

有的人习惯在饱饭之后马上泡茶来促进食物消化，其实这也是不科学的。这是因为如果在饱饭之后马上饮茶不仅会增加胃的消化负担，而且茶叶的鞣质还会与蛋白质、铁质发生凝固作用，影响人体对蛋白质和铁的吸收。可见，饭后立即饮茶非但不能促进消化，还会对消化吸收造成影响，因此，饭后不宜马上饮茶。

5. 不宜饮冷茶

本来茶性温凉，冷茶对身体更会起到滞寒作用。冷茶不仅不适合饱饭后饮用，还会造成食物难以消化，影响脾胃器官的正常运转。尤其是身体虚寒的人忌饮冷茶，否则会造成身体虚弱，容易导致感冒、气管炎等症状。如果身患支气管炎再饮用冷茶，会产生使炎痰集聚、身体恢复缓慢等不良作用。

6. 睡前不宜饮茶

睡前的时候人们腹中的食物较少，如果再饮茶不但会影响腹中食物的消化，同时会刺激神经，容易出现失眠症状，影响正常的休息。另外，由于茶性较凉，睡前饮茶还会导致脾胃不和，长此以往，甚至会出现炎症或慢性消化疾病。

7. 忌饮隔夜茶

人们大多知道隔夜茶是不适宜饮用的，一方面因为隔夜茶因为长时间的浸泡，其营养元素基本上都已经溶解丧失，已经没有什么营养价值；另一方面茶叶中含有的蛋白质、糖类也是细菌、霉菌繁殖的养料，搁置时间长，会出现变质，产生异味。饮用变质的隔夜茶会对消化器官造成伤害，容易腹泻，因此隔夜茶也是不宜饮用的。

8. 不宜饮茶的人群

饮茶对多数人都是健康方便的绝佳饮品，但并不是说它是包治百病的灵丹妙药。因为体质、生理、疾患等方面的影响，有一些人不宜饮茶，如神经衰弱或患失眠症的人、贫血者、缺钙或骨折的人、患有胃溃疡的人、痛风病人、高血压或心脏病人、肝病患者、肾病患者、泌尿系统结石的人、孕妇等都不宜过量饮茶。

9. 不宜饮茶的体质

贫血者最好不要喝过量的茶，这是因为茶中的多酚类化合物会能够与部分金属离子如铁结合，贫血者之中大多以缺铁性贫血为主，因此贫血体质的人不适合饮茶。钙质疏松的人也不适合饮茶，因为茶中的茶多酚类化合物也会对于饮食中的钙质起到沉淀作用。基于相似的理由，心脏病以及神经衰弱的患者也不适合饮茶。

模块三　现代花草茶

 具体任务

➤ 了解现代花草茶基础知识。
➤ 理解常见花草茶的文化及保健功效。
➤ 掌握现代花草茶的冲泡方法。

花草茶，也叫"香草茶"，英文称之"Herb Tea"。所谓"香草"，指常年具有特殊香味，可作为饮料、制药、食品、香水或美容等用途的一类植物的统称。花草茶就是用香草植物精华部分的鲜品或干品，加以煎煮或冲泡，得到的带有自然香气和特殊品味的饮料。

任务一　花草茶基础知识

一、花草茶的历史

花草茶起源于地中海沿岸国家，其有文字可考的历史可以追溯到古希腊时代。古希腊医生希波克拉底（Hippcrates）被称作"西方医学始祖"，他的处方中曾提到"饮用药草煮出来的汁液"，这是西方有关花草茶的最早文献记载。随着社会的发展，欧洲人渐渐将花草茶发展成为一种休闲饮品，并随着西方文化的传播流传到世界各地。近些年来，花草茶在中国也逐渐被人们认识，并受到越来越多人的喜爱。

由于花草茶丰富的原料往往具有多种功效，而且基本上不含咖啡因，正确的饮用对身体不会产生任何副作用，因此具有很好的医疗、保健、养生及美容功效。

二、花草茶的基本冲泡方法

花草茶的冲泡方法与绿茶十分相似。冲泡前，将准备冲泡的花草茶用温水略微冲洗，然后放入茶具，用 90 ℃ 左右的矿泉水或纯净水冲泡。随着水的注入，花草茶的香气便会扑鼻而来，静置 3 分钟左右即可饮用。这样冲泡出来的花草茶，色泽明快，茶汤清亮，馨香可口。水温不宜过高，否则会让花草失去本来的颜色，茶汤晦暗，不耐泡；水温过低，泡制时间会比较长，香气也得不到充分释放。

如果个人口感喜欢甜味又不想增加热量，或是不便于摄取糖分，如糖尿病患者，可以选择适量甜叶菊加在花草茶中一起冲泡；如果选择柠檬和蜂蜜调味，为了保持蜂蜜的有效成分，最好在茶温降到可以饮用的温度时再加入调味。

三、常用的花草茶茶具

常见的花草茶多为复方花草茶，颜色丰富而柔和。选择适当的茶具，不仅可以品花草茶的味儿，还可以闻其清香，观其美色。同时，适当的茶具配合色香味俱佳的花草茶，能使人呼吸加速，血流量加快，从而带来脑供氧量的增加，会让人感觉神清气爽，心情愉快。为了能充分感受和好好享用花草茶，一般来说，应选择杯身较浅、杯口较大的茶具，最好是无色透明的玻璃茶具。如果选用瓷质茶具，则以内壁纯白的素色为佳。这样，既便于花草在杯中充分舒展，更便于我们很好地欣赏茶汤。

此外，茶具的外形也很重要。冲泡花草茶的茶具最好线条圆润流畅，色彩淡雅清新。粗陋的茶具，不足以衬托花草茶的韵味；而奢华的茶具，又会压抑花草茶的灵性。

任务二　花草茶文化及其保健功效

很多花草都可入茶。可以单一的品种冲泡饮用，也可几个品种或和茶叶混合冲泡饮用。在此，介绍几种常见花草茶的文化及其保健功效，以供参考。

一、浪漫的玫瑰茶

1. 玫瑰文化

玫瑰原产于亚洲、欧洲，是世界上最古老的栽培花卉之一。17世纪前，欧洲栽培的玫瑰都是由小亚细亚以西原产的原种改良培育而成。

17世纪末，亚洲的中国月季、香水月季、野蔷薇、野玫瑰等原种相继传入法国，与当地的玫瑰进行反复杂交。1837年，人们培育出具有芳香、四季开花的杂交品系。

2. 玫瑰的功用

食用：玫瑰花瓣可供食用，与粮食制成玫瑰糕点，香甜可口。玫瑰也是制作花茶的重要原料之一。

药用：其花阴干，入药，有行气、活血、收敛作用，主治肝胃气痛、食少呕恶、月经不调、跌打损伤等症。由花体制成的芳香油，为高级香料。

美容：玫瑰可结合在各种美容保养品中，适用于任何肤质，尤其是干性肤质与老化肌肤。

二、高贵的洋甘菊茶

1. 洋甘菊文化

洋甘菊被称为"月亮之花"，在罗马神话中洋甘菊的诞生跟月亮女神狄安娜有关，清凉柔弱的洋甘菊就好像温柔明净的月亮一般。洋甘菊原产于地中海沿岸地区，在那里栽培使用已有2 000多年的历史。根据卡尔波记载，埃及人把洋甘菊献祭给太阳神，并推崇其为神草。在民间，古埃及人用洋甘菊精油按摩全身以增强免疫力。

2. 洋甘菊的功用

食用：欧美地区的一些美容沙龙，在招待顾客时有奉上洋甘菊茶的习俗，有利于客人放松。

药用：古埃及的祭司用洋甘菊来处理神经疼痛问题。古罗马时期，民间用洋甘菊来医治毒蛇咬伤。

美容：具有最佳的嫩肤抗过敏效果。

三、雅致的茉莉花茶

1. 茉莉文化

茉莉原产于北印度及伊朗，早在汉代就从亚洲西南传入中国，迄今已有1 600余年的栽培历史。据《乾淳岁时记》中记载，清代帝王及臣妃们避暑纳凉时，常集中数百盆茉莉花于广庭，鼓以风轮，使得满殿皆是清凉香气。

菲律宾、印度尼西亚等国把茉莉定为国花。有客来访时，主人会将茉莉花结缀成花环挂到来宾脖子上，以示亲善与尊敬。青年人则将茉莉花当做献给爱人的礼物，用以向对方表达爱情。

2. 茉莉花的功用

食用：茉莉花能使菜肴视而美，嗅而香，食而润，尤其是烹制虾仁、鸡肉等食物时，鲜茉莉花更是能够提高菜肴的色、香、味的效果。茉莉花茶也是常见花茶之一。

药用：据《本草纲目》记载："茉莉，叶能镇痛，花清凉解表，可治外表发热、疮毒等。"其根具有生物碱，可致人昏迷，有麻醉、镇痛等功效。传说神医华佗施行外科手术所使用麻沸散中就有茉莉根的成分。

美容：可以结合在各种美容保养品中，具有收敛效果。

四、清新的柠檬草茶

1. 柠檬草文化

柠檬草原产于印度，香茅原产于斯里兰卡草原，二者是同科不同种的两种香草。由于它们无论形态还是香味都比较相似，因此人们往往将二者混淆而都叫做柠檬草或香茅。柠檬草的香味要比香茅要浓郁一些，而且更优雅清香，其精油品质也比香茅的好。

2. 柠檬草的功用

食用：古时候人们常用柠檬草来做葡萄酒的香料。东南亚各国的饮食中最喜欢运用香茅，如海鲜汤、酱料、咖喱、甜点等；而法式料理中则经常使用柠檬草。

药用：在《本草纲目》中记载，香茅"中恶，温胃"，可以"止呕吐，疗心腹冷痛"。

美容：加入护肤品中，可以改善皮肤过油造成的毛孔粗大现象。

五、馥郁的迷迭香茶

1. 迷迭香文化

迷迭香原产于地中海沿岸，在中国栽培很早，《本草纲目》记载："西域引进，收采取枝叶入袋佩之，芳香甚烈。"

迷迭香被定义为爱情、忠贞和友谊的象征。在意大利，举行婚礼时，迷迭香被编织成花冠戴在新人头上，代表忠贞。除此之外意大利人也在丧礼仪式上将小枝的迷迭香抛进死者的墓穴，表示对死者的敬仰和怀念。

2. 迷迭香的功用

食用：迷迭香主要用于肉类尤其是羊肉、猪肉调味。在法国，由从迷迭香花朵上采集的蜂蜜是一种高级饮品。

药用：迷迭香在 1328 年传到了英国，那时正是黑死病流行高峰期。爱德华三世的妃子菲力伯的母亲，为预防女儿染上黑死病，便将迷迭香送给她。中世纪欧洲的病房中常常燃烧迷迭香，藉香气净化空气。在匈牙利，女王曾用迷迭香沐浴来治疗风湿。

美容：迷迭香可增加皮肤活性，同时还具有良好的黑发效果。

六、清凉的薄荷茶

1. 薄荷文化

薄荷原产于欧亚非大陆。古希腊时代，男士常将薄荷涂抹于全身以求散发出自我的魅力，因此薄荷得到广泛的栽培，后来由古罗马人经过希腊传遍欧洲。

在希腊的婚礼上，新娘会用薄荷与马鞭草来编织她们的头饰，以期有个终身难忘的美好回忆。罗马人和希腊人喜欢在节庆的日子里佩戴薄荷鲜叶编织的花环。

2. 薄荷的功用

食用：古罗马人非常重视薄荷的解毒功能，在宴席上常常会佩戴由普列薄荷鲜叶编成的花草头冠。著名的沙特勒滋酒（Chartreeuse）与薄荷奶酒（Cream de Menthe）都是以薄荷来调味的。

药用：南美的印第安人，很早就知道利用薄荷来治疗肺炎。现代医学研究表明，薄荷具有治疗肠胃系统疾病、缓解肌肉神经疼痛等功效。

美容：将薄荷精油溶入化妆水中可以消除疲劳，故薄荷常被用来制作沐浴用品。

任务三　现代花草茶的冲泡方法

冲泡花草茶其实并不复杂，与冲泡绿茶有不少共通的原则。基本上只要把握以下几项要点，自己在家也能完成一壶既可口又益身的花草茶。

一、冲泡花草茶的原料用量

想泡出美味的花草茶，先决条件是选择品质优良的原料。然后根据花草的特性来斟酌用量的多少。浓香类的花草可以少放些，气味较淡的花草则可多放。通常干燥的花草茶因为经过加工制作，其香味往往保持较好，使用干燥的花草茶用量偏少；如果是选用新鲜花草，其分量是干燥原料的3倍。

二、冲泡花草茶的用水

水质与水温都是诱发花草茶色香味的重要因素。泡茶用水以洁净的山泉、活井或溪流最好，若不易取得，也可选择质纯的矿泉水，然后将水煮沸，冲泡时的水温在 90 ℃ ~ 95 ℃，如此泡出的茶澄亮色正，味道也佳。新鲜的花草茶，如果使用刚煮开的沸水，由于水温过高，易将花草烫坏，颜色变黑，且味道不佳。

三、花草茶的冲泡方法

许多种花草茶可用壶泡法也可用锅煮法，通常以壶泡法居多。花、叶等原料因为较容易释出内含成分，采用壶泡法即可。若原料是果实、树皮、根、茎等坚韧部分，采用锅煮法比较能萃取其中的精华（特别是以求得药效为目的时）。

煮花草茶的锅使用不锈钢、玻璃或陶瓷材质皆可，铁制或铝制品可能会引起化学变化，不适合使用。煮花草茶时，先将水煮沸，然后放入原料，继续转小火煮至花草舒展开来，茶汤颜色及味道皆释出，即可熄火。如果是采用壶泡法，冲泡前先用热水温壶烫杯，加入沸水时才不致温差太大，影响茶香发挥。在煮茶和焖泡的过程中，锅及壶一定要加盖密闭，以免药草中的挥发油随蒸汽散逸。

四、花草茶冲泡时间

花草茶的冲泡时间，视花草本身的特性及取用部位而异，掌握得好，可能使花草的本质（包括色香味和药理功能）完美呈现。一般来说，易释出滋味的花、叶，焖泡 3 ~ 10 分钟不等；至于较坚韧的果实、树皮、根等需焖泡 10 分钟以上。由于多种花草都含有单宁成分，泡太久了会产生涩味，茶色也不清澈。此外，第一泡时需浸久些，回冲即可稍缩短时间。

五、制作冰饮花草茶

炎炎夏日，冰饮花草茶深受欢迎，如薄荷茶、洋甘菊茶等，滋味可口，且适合消暑解渴。冲泡的原料用量不变，但水量减少 1/3 ~ 1/2，将茶汤泡浓些，才不会在加冰块后稀释了花草茶的滋味。也可以按照正常冲泡方法，冲泡后将茶汤冷藏。注意：花草茶最好是想喝多少就泡多少，喝不完要放入冰箱冷藏，再饮时色香味虽无法如初泡时完美，但可以延长存 1 ~ 2 日，超过 3 天以上就不适合再留了。

六、调饮花草茶

很多人在喝花草茶时喜欢添加酸味或甜味，那么可以根据个人口味加入柠檬或蜂蜜。花草茶具有美白养颜、通便排毒、滋润肌肤等功效。先是按照冲泡花草茶的一般手法进行冲泡，等茶汤降到可以饮用的温度时加入柠檬或蜂蜜，此时加入的柠檬和蜂蜜，既不会因水温过高破坏其有效的营养成分，同时又能保持较好的口感。注意：花草茶调饮一般不添加牛奶。

能力提升

实训任务单7-1：玻璃壶冲泡玫瑰花茶茶艺

实训目的： 掌握玻璃壶冲泡法的基本手法及基本程序；学会正确地选择泡花茶的水温。

实训要求： 掌握温壶、润杯、润茶、冲泡等手法，熟练运用玻璃杯冲泡花茶；掌握规范、得体的操作流程及典雅大方的动作要领。

实训器具： 主泡器：玻璃壶 1 把，无刻花透明玻璃杯 3 至 6 只
　　　　　　备水器：随手泡 1 把
　　　　　　辅助器：茶盘 1 个、茶叶罐（茉莉花茶适量）1 个、茶道组 1 套、茶巾 1 条、水盂 1 个、茶荷 1 个

参考课时： 1 学时，教师示范 10 分钟，学生练习 30 分钟，教师点评、考核 5 分钟。

预习思考： 为什么选择玻璃器具冲泡花草茶？

实训步骤与操作标准：

步骤	操作标准
布席	① 茶艺师上场，行鞠躬礼，落座 ② 将茶叶罐、茶道组、茶巾、水盂、茶荷分置于茶盘两侧 ③ 将玻璃壶摆在茶盘中间，玻璃杯集中摆在玻璃壶的左侧或围绕着玻璃壶摆放 ④ 用随手泡烧水备用 ⑤ 将茶巾折叠整齐备用
赏茶	① 用茶匙将茶叶从茶叶罐中轻轻拨入茶荷 ② 将茶荷双手捧起，送至客人面前请客人欣赏干茶外形、色泽及嗅闻干茶香气 ③ 如有必要时，用简短的语言介绍即将冲泡的玫瑰花茶的品质特征和文化背景
洁杯	① 打开壶盖，将水注入壶中1/3，注水时采用逆时针悬壶手法 ② 左手垫茶巾，右手提壶放于茶巾上，逆时针转洗壶身 ③ 将壶中的水分别倒入各个玻璃杯，以规范的手法温洁玻璃杯
置茶	① 花茶投茶量一般每50 ml水用茶1g ② 动作要领：左手拿茶荷，右手拿茶匙，两手放松，缓缓投茶
冲泡	① 用回转高冲低斟的手法缓慢注水入壶， ② 盖上壶盖，焖3~5分钟
分茶	用滤茶器将茶均分入杯 ① 为使茶汤均匀，一是可以先轻轻晃动茶壶再分茶；二是如果需分4杯茶，可依次先倒2、4、6、7分满，最后斟至7分满 ② 可先将茶汤注入一大茶盅，再分到各个玻璃杯中
奉茶	① 右手轻握杯身中下部，左手托杯底，双手将茶端放到奉茶盘上，用奉茶盘送到客人面前，按主次、长幼顺序奉茶 ② 使用礼貌用语"请喝茶"或"请品饮"，并行伸掌礼 ③ 当客人杯中茶水余1/3时，及时续水
品茶	① 端杯。女性一般以左手手指轻托茶杯底，右手持杯；男性可单手持杯。 ② 品茶。先闻香，再观色，后品味 闻香：将玻璃杯移至鼻前，细闻玫瑰花茶的幽香；观色：移开玻璃杯，观看清澈明亮的汤色；品味：趁热品啜，深吸一口气，使茶汤由舌尖滚至舌根，细品慢咽，体会茶汤甘醇的滋味
收具	① 将杯具清洗干净，整齐摆放在茶盘上，用茶巾将茶盘擦拭干净 ② 行鞠躬礼，退场

能力检测：

序号	测试内容	得分标准	应得分	扣分	实得分
1	布席	物品齐全、整齐、有美感；手法正确、优雅	10分		
2	赏茶	取茶动作轻缓，不掉渣，语言介绍生动、简洁	10分		
3	洗杯、置茶	水量均匀，投茶方式及投茶量正确	20分		
4	冲泡	注水量均匀而缓慢，回转高冲低斟手法正确、美观	20分		
5	分茶、奉茶	茶汤浓淡均匀，分量合适；奉茶有礼，姿势优雅	20分		
6	品茶	姿势正确，体态优雅	10分		
7	收具	杯子、茶盘干净，摆放整齐	10分		
总　分			100分		

项目小结

本项目主要涉及茶叶主要功效、茶叶的保健作用、科学饮茶、饮茶禁忌、现代花草茶等方面内容，具体介绍了茶与健康的研究情况；茶叶主要成分，茶叶各成分的功效；各种茶叶的保健作用；科学饮茶的基本要求；不同体质选择的茶品；按季节选择的茶品；饮茶的主要禁忌；花草茶历史、基本冲泡方法及选择的茶具；现代花草茶的文化和保健功效等。为了提升学生能力，还专门设计玻璃壶冲泡玫瑰花茶茶艺的实训任务。

项目练习

一、判断题

1.（　　）咖啡碱的有无，可以作为判断真假茶叶的标准之一。

2.（　　）茶多酚类物质可以抗氧化、延缓衰老，防治辐射危害。

3.（　　）在饱饭之后马上泡茶可以促进食物消化。

4.（　　）洋甘菊具有明目的作用，可以减轻眼睛酸涩感，尤其适合电脑族饮用。

二、选择题

1. 夏季气候炎热，人体新陈代谢亢盛，体内津液消耗大，宜饮（　　）。

　　A. 绿茶　　　　　　B. 花草茶　　　　　　C. 红茶　　　　　D. 普洱茶

2.（　　）可以调理女性内分泌系统，舒缓生理期不适症状。

　　A. 菊花茶　　　　　B. 薰衣草　　　　　　C. 玫瑰花　　　　D. 柠檬

3. 茶叶具有（　　），利尿通便，增强免疫力等功效。

　　A. 排毒美颜　　　　B. 安神醒脑　　　　　C. 消渴解暑　　　D. 抗衰老延年益寿

三、简答题

1. 茶叶含有哪些营养成分？
2. 饮茶有什么禁忌？
3. 简述科学饮茶的基本要求。

项目实践

实践内容： 茶叶保健品、茶叶食品的市场调查。

能力要求： 1. 了解本地市场茶叶保健品、茶叶食品的生产情况；2. 调查茶叶保健品、茶叶食品的营销状况；3. 结合调查结果，撰写一篇调查报告，字数 1 000 字左右。

项目八　茶艺馆服务

学习目标

➤ 认识我国茶艺馆的不同类型以及经营特色。

➤ 了解茶艺馆服务的基本程序及茶艺馆服务人员的素质要求，能运用于具体茶艺馆服务的实践。

➤ 了解茶会的类型及茶会设计的内容，能进行简单的茶会设计。

➤ 能运用茶会服务流程来进行具体的茶会服务。

模块一　茶艺馆的经营管理

 具体任务

➤ 了解茶艺馆的类型。

➤ 掌握茶艺馆的筹办及经营管理创新策略。

➤ 运用茶艺馆经营管理的创新策略，在学习活动中进行具体的开馆实践。

 任务一　茶艺馆概述

自古以来，品茗场所有多种称谓，茶馆的称呼多见于长江流域；两广多称为茶楼；京津多称为茶亭。此外，还有茶肆、茶坊、茶寮、茶社、茶室、茶屋等称谓。自上世纪 80 年代以来，我国茶文化事业进入伟大复兴阶段，茶艺作为茶文化的载体之一，已逐渐走进国人的生活。在品茗场所，习茶、艺茶蔚然成风，茶艺馆这一新型茶馆应时而生。

一、茶艺馆的定义

茶艺馆是指专门为客人提供饮茶、赏茶、茶器欣赏、茶艺欣赏、茶文学欣赏等茶文化活动以及商贸活动、社交活动的高雅场所。

新型的茶艺馆与传统老茶馆的最大区别在于：现代茶艺馆的经营者具有自觉、主动的文化意识，把向群众传授品茶技艺和传播茶文化知识作为经营活动之一，除了进行茶水、茶叶和茶具等商业性经营之外，还经常举办茶艺讲座、开展茶文化活动，用高雅的文化熏陶感染群众。也就是说茶艺馆是茶文化传播的阵地，它对中华茶文化事业的发展起着不可低估的作用，这是传统的老茶馆所无法比拟的。

当前城市中的茶馆，不管它的名称是否叫茶艺馆，只要其装修达到一定的档次，经营达到一定的规模，基本上都是属于茶艺馆范畴。

二、茶艺馆的类型

现代茶艺馆的类型较多，一般根据茶艺馆的装修风格、地方特色以及茶艺馆的经营方式来分类。

1. 按茶艺馆的装修风格分

（1）仿古式茶艺馆

仿古式茶艺馆在装修、室内装饰、布局、人物服饰、语言、动作等方面都以某个朝代的典型建筑风格和传统为蓝本。各种各样的宫廷式茶楼、禅茶馆等，就是典型的仿古式茶艺馆。

（2）园林式茶艺馆

园林式茶艺馆追求的是回归大自然。茶艺馆或依山傍水、或坐落于风景名胜区，或是一个独门大院，一般来说，营业场所比较大。室外是小桥流水、绿树成荫、鸟语花香，突出的是一种纯自然的风格，这种风格是与现代人追求自然、返璞归真的心理需求相契合的。

（3）庭院式茶艺馆

庭院式茶艺馆一般突出江南园林建筑的特色，设有亭台楼阁、曲径花丛、拱门回廊、小桥流水等，给人一种"庭院深深深几许"的心理感受。室内多陈列字画、文物、陶瓷等各种艺术品。

（4）现代式茶艺馆

现代式茶艺馆以现代化建筑和装修风格为蓝本，取材可多样化。一般以家居厅堂式比较多见。

（5）民俗式茶艺馆

民俗式茶艺馆追求民间民俗和乡土气息，以某一民族或地区的风俗习惯、茶叶茶具或乡村田园风格为特点。它包括民俗茶艺馆和乡土茶艺馆。

（6）综合型茶艺馆

综合型茶艺馆主要体现在经营服务项目上，以茶艺为主，同时有茶餐、餐饮、酒吧、咖啡、电脑、棋牌等经营内容，把多种服务项目综合在一起，以满足客人的多种需求。

2. 按茶艺馆的地方特色来分

（1）川派茶艺馆

史料记载，中国最早的茶馆起源于四川。据《成都通览》载，清末成都街巷计516条，而茶馆即有454家，几乎每条街巷都有茶馆。1935年，成都《新新新闻》报载，成都共有茶馆599家，每天茶客达12万人之多，形成一支不折不扣的"十万大军"。

20世纪末，随着房地产业的发展、外来资本的引入和宾馆酒楼的兴起，成都茶馆发展开始趋向于多元化。一些适于茶馆经营的主题文化如盐道文化、藏文化、集邮文化等走进茶馆，同时，棋牌、足浴、桑拿等经营项目也被引入茶馆，形成了独具特色的川派茶艺馆。

（2）粤派茶艺馆

广州茶楼文化是南方沿海地域的代表。广州"重商、开放、兼容、多元"的地方特色在茶楼打下了深深的烙印。广州茶楼的典型特点是"茶中有饭，饭中有茶"，餐饮结合。当代广州茶楼的雏形是清代的"二厘馆"，最初的功能是休闲和餐饮，为客人提供歇脚叙谈、吃点心的地方。随着经济活动和社会交往的频繁，到茶楼喝早茶已成广东省沿海经济发达地区人们生活的重要组成部分。

21世纪以来，广州茶馆业走向了空前的繁荣，广州人爱茶、习茶之风更甚，受现代茶文化的影响，经营模式也发生了变化，即传统茶楼与现代化茶艺馆并存发展，并逐渐分化，两者经营内涵风格区别显著。

（3）京派茶艺馆

北京茶馆业具有历史悠久、内涵丰富、层次复杂、功能齐全的特征。长期以来，作为全国的政治、经济、文化中心，北京茶馆始终具有多样性的特点，既有环境优雅的高档茶楼、茶馆，也有大众化的以大碗茶为主要特征的街头茶棚。明清以来，北京就有闻名遐迩的大茶馆、清茶馆、书茶馆、茶饭馆、"野茶馆"和棋茶馆，更有为数众多的季节性茶棚。茶馆文化是京味文化的一个重要方面。老舍先生的话剧《茶馆》，可以帮助人们了解清末民初的北京的社风民情。

21世纪后，北京茶艺馆的风格形式经营项目更加多元，各地茶艺馆的风格特色都可以在北京找到。同时，商务功能和外来文化也在北京茶艺馆得到了体现。

（4）杭派茶艺馆

在吴越文化影响下，杭州茶艺馆的发展是全国茶艺馆业中最发达的代表。新中国建立之初，杭州茶艺馆的数量不及成都一半，但杭州茶艺馆种类更为丰富，功能更加齐全。当代各地茶艺馆所具有的服务功能和经营类型基本没有超过杭州茶艺馆涉及的范畴。1999年，杭州茶艺馆开始第三轮变化，品牌意识成为茶艺馆这一时期发展的动力。现在，大量新理念、新模式的茶艺馆纷纷涌现，杭州茶艺馆成为我国当代茶艺馆文化的主要代表之一。

3. 按茶艺馆的功能来分

按茶艺馆的功能分为大茶艺馆、书茶艺馆、棋牌茶艺馆、清茶艺馆、野茶艺馆等。

（1）大茶艺馆

大茶艺馆是一种多功能的饮茶场所，集饮茶、饮食、社交、娱乐于一身，既能品茶，也能搭配品尝其他食物；既是亲朋好友聚会的好去处，也是商贾们洽谈生意的好地方。因其功能齐全，很受快节奏生活的现代人欢迎。

（2）书茶艺馆

书茶艺馆即设书场的茶艺馆。清末民初，北京出现了以短评书为主的茶馆。这种茶馆，上午卖清茶，下午和晚上请艺人临场说评书，行话为"白天""灯晚儿"。茶客边听书，边饮茶。如今，北京评书得到了继承和发展，2007年9月位于南二环开阳桥畔宣武区文化馆内的"北京评书宣南书馆"成立，现代书茶艺馆进入了新的发展时期。

（3）棋牌茶艺馆

具有娱乐与竞赛双重性质的棋牌茶艺馆，既是弈林高手会聚的"棋牌艺沙龙"，又是一般爱好者观摩消遣的场所。原来，棋茶馆是北京的一大特色，是卖茶带下棋的茶馆。为了适应现代人的生活习惯，很多茶艺馆将棋和牌的娱乐引进了茶艺馆服务项目，形成了现代的棋牌茶艺馆。

（4）清茶艺馆

民国时期的清茶馆指的是卖茶为主的茶馆。一般的布置是方桌木椅，陈设雅洁简朴。春、夏、秋三季，茶客较多时，在门外或内院搭上凉棚，前棚坐散客，室内是常客，院内有雅座。

现代的清茶艺馆指的是以习茶、艺茶及品茗为主的茶艺馆。在清茶艺馆里，品茶是主要的目的。

（5）野茶艺馆

野茶艺馆就是设在野外的茶艺馆，大多设在风景秀丽的郊外，环境幽僻的瓜棚豆架下、葡萄园、池塘边，是春天踏青、夏季观荷、秋季看红叶、冬天赏雪时，品茶雅叙的好去处。这些茶艺馆也会选择在风景好、水质佳之处吸引茶客。

另外，野茶艺馆还包括在公园或风光旖旎处设置的季节性茶棚。来此饮茶，欣赏着大自然的美景，大有陆放翁和野老闲话桑麻的乐趣，使得终日生活在喧闹市区的人们获得一时的清静。

 任务二　茶艺馆筹办

筹办茶艺馆，首先要确立茶艺馆经营的理念，明确茶艺馆的形象、目标顾客以及装修风格的定位，然后从选址、装修施工和开业准备几方面来进行周密筹划。为茶艺馆下一步的经营管理打下良好的基础。

（一）确立理念

确立高雅的茶艺馆文化品位是茶艺馆经营的要义。以高雅的文化品位作为茶艺馆的经营管理理念，是茶艺馆经营的基本点。

在环境设计上要体现文化品味，形成文化标志。无论是豪华还是简朴，都应以传统的民族文化为基调，融合民族传统的美学、建筑学、民俗学，创造一个浓烈的传统文化氛围。在装潢布置上，琴、诗、书、画和用具器皿要处处显示传统文化特色。

（二）明确定位

1. 茶艺馆形象定位

茶艺馆在市场定位上，要坚持以高雅的文化品位为核心，围绕茶文化这一重点，创建独具特色的茶艺馆形象和特色。茶艺馆的定位首先要根据茶艺市场的整体发展情况，针对消费者对茶艺的认识、理解、兴趣和偏好，确立具有鲜明个性特点的茶艺馆形象，以区别于其他经营者，从而使自己的茶艺馆在市场竞争中处于有利的位置。

2. 目标顾客定位

茶艺馆的定位还要解决为谁服务的问题，也就是服务的目标顾客主要在哪一层面。要注意考虑不同年龄、不同性格、不同职业、不同性别、不同风俗习惯的消费者对文化品位的需求，通过茶艺服务的过程来满足客人的精神享受。

3. 茶艺馆服务定位

在茶艺馆经营上，要将高雅的茶艺馆文化理念融入茶艺服务中。提升服务的内容和档次，提高服务的手段和方法。注重个性化服务，根据顾客需要，在服务方面可以考虑中西合璧、古今结合，既要体现东方典雅的韵味，又能融合西方浪漫的情调。

4. 装修风格定位

茶艺馆的装修风格一般有仿古式、园林式、庭院式、现代式、民俗式及综合型六大类型。装修风格的定位一般要考虑以下几个问题。

一是充分体现茶艺馆定位的特色。装修设计实际上是定位的具体化，要紧紧围绕定位来进行；二是要体现茶文化的精神，注意强调清新、自然的风格；三是要符合目标顾客的心理预期；四是要考虑局部和整体相和谐；五是注重实用性与经济性。不要盲目追求高档、豪华，或标新立异，考虑目标顾客的主观感受；六是要考虑安全性与方便性。便于施工，便于服务与管理；七是要充分考察市场，了解其他茶艺馆及相关建筑的风格，借鉴其可取之处。

（三）正确选址

茶艺馆位置选择是茶艺馆经营成功的关键。在茶艺馆选址时一般要考虑建筑结构、商业环境、水电供应、交通状况、同业经营者、当地的政策环境、投资预算以及效益分析等方面因素。

投资者在选址时，往往需要对多个位置进行考察。然后把不同地点的相关资料进行归纳整理，逐条进行对比分析，找出各个位置的优势和劣势。最后，根据对比结果，结合个人的实际情况做出决定，选出一个较满意的地点。

（四）装修及施工

在对茶艺馆装修风格定位以后，就可以进行装修的设计和施工。设计施工时要注意遵循以下审美原则。

第一，自然之美。依山傍水式的茶艺馆几乎可与自然景致融为一体，或在山中、或在湖中、或在幽境之中、或在山涧泉边、或在林间石旁，客人可在茶香萦绕间体会大自然的灵性之美。

第二，建筑之美。亭、台、楼、阁是中国古建筑中的优秀代表，是传统民族建筑艺术中的重要组成部分。园林建筑景观中有亭台楼阁点缀其间，会使园林增添古朴典雅的色彩。茶艺馆的主体建筑设计可根据装修风格定位，或为豪华宫廷形式，或为江南古典园林的形式，或为淳朴民俗形式等。如宫廷形式可雕龙画凤，古典园林式可在屋檐、门窗等地方雕刻上具有吉祥意义的人物、飞禽走兽及花鸟草木等，更可考虑一些砖刻和绘画等，以增添茶艺馆的审美情趣与吉祥意义。还可将茶艺馆设计成仿古建筑，给人以古朴典雅之美感。

第三，格调之美。茶艺馆的格调有古典与现代之分，而古典格调的茶艺馆一般分为古韵式和古典式两种。中国古韵式的茶艺馆，大厅内有红木八仙桌，茶几方凳，大理石圆台，天花板上挂有古色古香的宫灯，墙上嵌有壁灯，桌上摆放着古朴雅致的宜兴茶具。中国古典式茶艺馆，大厅茶室内设有大理石桌面的红木桌椅，雕花隔扇内是茶艺表演台，壁架上陈列着茶样罐和茶壶具，壁上悬挂着各式字画。

茶艺馆的设计方案确定后，就进入施工阶段。在选择施工队伍时，要选择有一定实力、有信誉的单位，这样才能保证施工质量。

（五）开业准备

开业前的准备工作比较繁杂。概括起来，主要包括环境布置、采购物品、茶叶与茶具的配置、招聘、培训员工等方面的内容。

 # 任务三　茶艺馆经营与创新

一、茶艺馆的经营

（一）茶艺馆经营管理的特点

作为独具特色的服务行业，茶艺馆的经营管理是一项专业性比较强的工作，具有其自身的特点。

一是文化特色的民族性。茶艺馆服务的内容是茶艺，表现的内容是茶文化。可以说，茶艺馆是民族文化的浓缩。二是艺术的综合性。很多茶艺馆在装饰、陈列上，突出某一时代的特征，将该时代各种艺术综合地展示出来，共同营造出一个和谐的艺术氛围。三是顾客的多样性。从服务对象看，茶艺馆的顾客多种多样。有的人追求高雅、宁静的环境和艺术享受，有的人是为了社交或商务需要，有的人附庸风雅。四是产品的独特性。茶艺馆的核心产品是服务。服务产品具有无形性、随机性以及服务的提供与客人消费的同时进行。五是效益的社会性。追求良好的经济效益，是茶艺馆生存和发展的必要条件，而社会效益是茶艺馆可持续发展的保障。六是经营管理的复杂性。

综上所述，茶艺馆要想在激烈的市场竞争中获得良好的经济效益和社会效益，就必须不断提高经营管理水平，不断创新。

（二）茶艺馆经营管理的要点

1. 环境要有特色

消费者对茶艺馆环境的要求越来越高。从茶艺馆内部环境看，许多茶艺馆整洁、幽静，灯光柔和，背景音乐舒缓、悠扬，令人心旷神怡。不少茶艺馆还将小桥流水置于店内，增添了些许大自然的气息。

2. 茶艺馆服务人员要有素质

茶艺馆服务人员是茶艺馆形象的代表，选择茶艺馆服务人员要考虑以下两点。一是要具有较高的综合素质。茶艺馆服务人员除了具有相关的专业知识、良好的形象外，创新意识、良好的心理素质和口头表达能力及外语会话能力等也很重要；二是茶艺馆服务人员结构要合理，泡茶技能要娴熟。一般情况下，女服务人员占80%左右，男服务人员占20%左右较为合适。

二、茶艺馆经营管理的创新策略

1. 实行特色立店

茶艺馆的产品、环境、服务、项目、宣传、茶艺师等都应有特色。如茶叶的包装，无论是袋装或小包装、礼品包装等既要追赶业界潮流，又要独具特色；店面的环境要整洁、幽静，灯光柔和，背景音乐舒缓、悠扬，令人心旷神怡；店内的装饰更要特色鲜明，不少茶艺馆还将小桥流水置于店内，增添了大自然的气息。

2. 使用文化包装

对茶艺馆进行包装，是茶艺馆经营的重要策略之一。整体包装涉及企业名称、商标、产品、价格、环境、人员、服务、服装，以及名牌、文化胸牌、信纸信封、小礼品、年历卡等。原则以突出茶艺馆为特点，简洁、温馨、典雅、清幽。

3. 推行实惠价格

这一策略的实质是"吃两头"，价格实惠的茶薄利多销，高档茶则体现档次、品味，以迎合消费者"或者最好，或者最实惠"的消费心理。因此，一般茶艺馆经营中整体产品宜少而精，中档产品不宜多，同一价位的茶产品花色品种要丰富。

在销售中可考虑不打折策略。不少茶艺馆因为不打折赢得"货真价实"的美誉。同时，为了满足一部分消费者希望打折的心态，可以提供一些与一般打折幅度相对应的免费茶艺培训活动、免费茶艺礼仪服务等。

4. 调整产品结构

为了适应顾客个性化、多元化消费需求，应注意调整服务产品的结构。例如在茶产品销售中，引入茶文化产品的概念，推出茶文化书刊、音乐、视频、邮票、字画等文化产品，此举与高雅文化品位的经营理念相吻合。还可以推出适合在茶艺馆提供的有偿服务项目，如茶文化咨询、中介、拍摄场景等，从而使茶艺馆的产品结构更合理。

5. 发展茶文化旅游

茶艺馆可以加强与旅游等行业的联系，可与旅行社共同设计方案，逐步推出各类茶文化旅游的促销活动。

6. 实现多文化交融

推出独特文化体验的消费模式。譬如，让瑜伽、香道、旗袍、古琴、书画、武术等传统文化项目，与"茶"有约，伴茶而行。

模块二　茶艺馆服务

具体任务

➤ 了解茶艺馆服务的基本概念。
➤ 掌握茶艺馆服务的管理及人员的素质要求。
➤ 掌握茶艺馆服务的基本程序及操作规范，并能运用于
　具体茶艺馆服务的实践。

 任务一　茶艺馆服务概述

一、茶艺馆服务的概念

　　狭义的茶艺馆服务是指茶艺馆服务人员为前来品茶的客人提供茶饮产品时的一系列行为的总和。具体包括服务人员的礼仪、服务技能和工作效率等内容。茶馆服务的目的就是在将茶的自然属性、社会属性最大限度地发挥出来，用以满足茶客的需求，从而取得一定的经济效益和社会效益。

　　广义的茶艺馆服务除了茶艺馆服务人员的服务外，还包括茶艺馆的经营管理、文化氛围等因素。如通过设立茶艺表演带动消费，设立书架摆上关于茶、茶具、茶艺、茶文化等相关的书籍，订阅一些都市类报刊供客人阅读，增加客人对茶文化的了解等。以此来增加茶艺馆的文化气息，以文化来包装茶艺馆。

二、茶艺馆服务的基本程序及操作规范

　　1. 大厅服务程序

　　接待准备——迎宾领位——服务客人入座——茶前服务（湿巾、烟灰缸等）——点单服务（推销介绍茶品及茶位费收费标准）——入单取茶——沏茶服务——整理桌面（回收湿巾）——茶点服务（推销茶点）——茶中服务（续水等台面服务）——茶点服务（第二次推销）——买单服务——欢送客人——检查台面（客遗物品等）——恢复台面。

　　2. 贵宾间服务程序

　　接待准备——迎宾领位——值台员恭迎客人——服务客人入座——茶前服务（湿巾、撤台面摆饰等）——介绍贵宾间消费状况——点单服务（详细介绍茶品及茶位费收费标准）——入单取茶——茶艺师沏茶或茶艺表演——整理台面（回收湿巾等）——茶点服务（值台员现场实物推销茶点）——茶中服务（续水等台面服务）——茶点服务（第二次推销）——买单服务——欢送客人（提醒并协助客人携带随身物品）——检查贵宾间（客遗物品等）——恢复清扫包间。

3．操作规范（详见实训任务单8-1）

三、茶艺馆服务的管理

服务是茶艺馆的核心产品和主要内容，服务质量是茶艺馆的生命。因此，加强服务管理就成为茶艺馆经营管理的重中之重。但是服务产品又不同于有形的实物产品，它具有无形性、不可分性、不稳定性及不可储存性，同时，由于顾客的多样性和复杂性，每个人的背景、素质、需求、目的、评判标准也不相同，从而对服务的认识和评价就会存在差异。这些都增加了服务管理的难度。

针对茶艺馆服务的这些特点，服务管理可以从以下几个角度入手。

1．服务的程序化

每一项服务工作，无论是直接服务或间接服务，都有规定的程序。按程序服务，服务质量就能得到基本的保证。

2．服务的标准化

服务的标准化是指茶艺馆系统地建立服务质量标准，并用标准来规范服务人员的行为。服务人员在服务过程中以此为准则为顾客服务，提高服务质量，避免差错和事故的发生。茶艺馆的服务标准主要包括：① 茶艺表演及迎宾的动作标准；② 礼仪礼节的标准；③ 时间标准，如点茶、泡茶、结账的时间要求；④ 茶叶、茶具、茶点等的质量控制标准；⑤ 茶艺服务人员的考核标准。

3．服务的个性化

满足顾客的需求是我们服务的目的。茶艺服务过程既要强调服务的标准和规范，也要考虑不同顾客的需求。服务的个性化主要是指茶艺馆的服务人员针对不同的顾客或不同的需要提供不同的服务。个性化服务要求服务人员表现出高度的灵活性，善于对服务内容和服务手段重新进行组合，以灵活、优质、高效的个性化服务赢得客人的满意。

4．服务的技巧化

服务的技巧化是指培养和增强服务人员的服务技巧，利用服务技巧来吸引和满足顾客，充分发挥技巧在服务中的作用。茶艺服务技巧包括具有丰富的茶叶、茶艺、茶文化知识和社会知识，娴熟的茶艺技能，长期的服务经验，一定的处理人际关系的能力，善于引导顾客进入角色，并从细微处关心和体贴顾客，使服务升华到一个更高的层次，使顾客真正产生"宾至如归"的感觉。

茶艺馆可以通过培训、交流、内部考核、竞赛活动等提高员工的服务技能和技巧。

5．服务的质量管理

"取信十年，失信一日"，信誉的建立与每一个人都有着密切的联系，需要茶艺馆坚持不懈的努力。为了从总体上提高服务质量，保证服务质量目标的实现。需要茶艺馆做好以下几个方面的工作：① 明确茶艺馆质量管理的目标；② 制订提高服务质量的计划；③ 形成全员参与的服务质量管理体系；④ 增强所有员工的质量意识；⑤ 加强服务培训，提高员工的整体素质；⑥ 及时搜集、整理、分析茶艺馆服务质量的信息，善于发现问题，并采取措施加以解决；⑦加强服务质量的监督、检查和评价，以增强员工提高服务质量的主动性；⑧及时、妥善处理纠纷和服务事故，避免问题的扩大化，把影响控制在最小的范围。

任务二　茶艺馆服务人员的素质要求

随着茶艺馆文化的发展，作为倡导科学饮茶理想场所的茶艺馆已经成为人们追求高雅文化享受、休闲娱乐、修身养性的地方。茶艺馆服务质量的高低，与茶艺馆服务人员的服务水平息息相关，而服务质量的高低有赖于茶艺服务人员的素质。所以，茶艺服务人员应该具备以下几个方面的素质。

一、良好的职业道德

职业道德是做人的规范。具有良好的职业道德是茶艺服务人员的基本要求。在茶艺馆工作的茶艺服务人员，应该要树立良好的职业道德。它既是每个服务人员在茶艺服务活动中必须遵循的行为规范，又是人们评判茶艺服务人员的标准。《茶艺师国家职业标准中》对于茶艺师也明确了其职业守则："热爱专业，忠于职守；遵纪守法，文明经营；礼貌待客，热情服务；真诚守信，一丝不苟；钻研业务，精益求精"。每个茶艺服务人员都要严格按照这个标准去要求自己，为顾客提供细致、周到、贴心的服务。

二、娴熟的茶艺技巧

在茶艺馆里工作的茶艺服务人员，不仅要有丰富的专业理论知识，还必须要有较强的动手操作能力。作为一名茶艺服务人员，首先要练好各类茶叶冲泡的基本功，使茶叶通过正确娴熟、流畅的冲泡技巧，充分展现出其色、香、味形的魅力。要达到此目的，就要根据不同类的茶叶选配好合适的茶具，选择适宜的水，把握好投茶量、注水量、泡茶水温及冲泡时间，在冲泡、分茶过程中，为了使茶性得到充分地发挥，恰当地运用"浸润泡""凤凰三点头""悬壶高冲""关公巡城""韩信点兵"等技法。在冲泡过程中，茶艺服务人员要在为顾客冲泡出一杯色、香、味、形俱佳的好茶的同时，展现出人之美、技之美及具之美的艺术性，给顾客以美的享受。

三、丰富的文化知识

顾客去茶艺馆品茗，除了对茶的品质有相应的要求外，还希望能在茶艺馆获得一定的精神上的满足感。作为一名茶艺服务人员，要拥有丰富的茶文化知识，熟悉茶的历史。茶艺服务人员在为顾客冲泡茶叶、续水之时，适时再为客人讲解一些茶文化知识，名茶的传说，无疑将会使顾客对茶艺馆、对茶艺服务人员的服务留下美好的印象。具备良好的茶文化知识的茶艺服务人员，将极大地提升茶艺馆的服务档次。

四、扎实的茶叶知识

我国茶树的品种极其丰富，制茶工艺又各不相同，再加上各茶区产茶历史悠久，形成了丰富多彩的茶品种，各大基本茶类又拥有不少好茶、名茶，在六大基本茶类的基础上发展起来的再加工茶类又有花茶、紧压茶、萃取茶等，还有泡的器具和水质也非常讲究。另外我国许多少数民族的民族茶类、茶艺以及特色茶具，也是中华民族茶文化发展的体现。作为茶艺馆的茶艺服务人员，应该熟悉我国六大基本茶类的基础知识，会选配适合冲泡各类茶的茶具，能利用这些茶具进行熟练的茶类冲泡。

模块三　茶艺馆与茶会

具体任务

- ➤ 掌握茶会的含义以及茶会的类型。
- ➤ 了解茶会筹办的内容，能进行简单的茶会设计。
- ➤ 能运用茶会服务流程来进行具体的茶会服务。

 任务一　茶会概述

一、茶会的含义

古代茶会指的是一种会聚饮茶，同时又谈玄论佛的聚会。这种聚会多在新茶采制后举行。唐代以后茶会的发展已不限于佛门之间，北宋时，茶会又成了当时太学生的一种习俗。据宋朱彧《萍洲可谈》介绍，当时"太学生每路有茶会，轮日於讲堂集茶，无不毕至者，因以询问乡里消息"，可见茶会成为交流信息，联系乡谊的聚会场所。到了近代，茶会的运用很广泛。文人雅士以茶会谈古论今；工商业者以茶会互通行情，进行交易。

现代茶会由古代茶会发展而来，它是以清茶或茶点招待客人的一种现代社交性聚会。"以茶引言，以茶助言"，不拘一格。这种聚会，通称"茶会"。

现代的茶会有两种类型。一是指用茶水和茶点招待众人的带有联谊、节庆、娱乐性质的集会，因此也称茶话会，如节日期间举行的茶话会之类。如果是举行严肃主题的会议，虽然也用茶水和茶点招待，一般不叫茶会，如学术座谈会、学术研讨会、新闻发布会等。

另一种茶会是茶人们聚集在一起以交流茶艺心得为主要内容的集会，如露天茶会、自由茶会、品茗会、无我茶会、国际茶会等，这种茶会只是品茗和吃简单的茶点，不吃菜肴，也不能喝酒。

除此之外，茶宴的性质与茶会有相似的地方，现代的茶宴是指以吃茶菜为主的宴会，席间供应上等好茶，并有茶艺师专门服务。一般不喝酒，或者只喝一些茶酒和度数很低的果酒之类的饮料。如各地茶宴馆、茶餐厅所供应的酒宴。

综上所述，我们将茶会定义为以饮茶的方式进行集会的社会性活动。其中，饮茶的方式可以只用茶，也可以用茶和茶果点心；集会的内容包括公务、商务、学术、社交等。

二、茶会的种类

现代茶会大体上有三种类型。一是大型茶文化会议。这是由政府部门或有关社会团体主办的专题性会议。这种会议有明确的主题和邀请对象，参加者都是茶文化界人士和有关部门的领导，会议规模很大，少则上百人，多则几千人，有的还是国际性的。这种会议有开幕式和闭幕式，中间有学术研讨会和茶艺交流会以及参观考察等活动，时间较长，一般要两三天。会议名称常叫某某茶会、国际茶会、茶文化研讨会、茶叶节、茶文化节等。这种会议要由专门的组织机构来筹备策划，要有一笔不小的经费，不是个人所能承担得了的。

二是专业性茶会。是由茶艺界人士举行的以交流茶艺、品茗赏景为主要内容的聚会，人数不定，少则几十人，多则上百人，时间不长，最多只有半天或一个晚上。有的是在茶文化节、国际茶会的大型活动中举行，有的是独立举行。这类茶会常在风景优美的室外或是在茶艺馆中举行，如露天茶会、月光茶会、烛光茶会、自由茶会、无我茶会等。

三是一般性茶会。受有关单位委托，为某一目的举办的集会，会上要供应茶水和茶点（有时包括水果），但会议目的不是为了品茗，而是讨论、研究某些问题，或者是为了联谊、庆祝等目的。这种茶会经常会委托茶艺馆筹办，有很多茶会就是在茶艺馆中举行的。

按茶会的目的来划分，一般性茶会可以分为节日茶会、纪念茶会、喜庆茶会、研讨茶会、商务茶会、品赏茶会、艺术茶会、联谊茶会、交流茶会等。

1．节日茶会

节日茶会以庆祝国定节日而举行的各种茶会，如国庆茶会、春节茶会（迎春茶会）等；另一种是中国传统节日的茶会，如中秋茶会、重阳茶会等。

2．纪念茶会

纪念茶会是为纪念某项事件而举办的茶会，如公司成立周年日、从教50周年纪念日等。

3．喜庆茶会

喜庆茶会是为庆祝某项事件而举办的茶会，如结婚时的喜庆茶会、生日时的寿诞茶会、添丁的满月茶会等。

4．研讨茶会

研讨茶会是为某项学术研讨召开的茶会，如学术研讨茶会、茶与健康研讨茶会等。

5．商务茶会

商务茶会是商务活动的一种方式，为了商务交往的深入和业务的拓展而举行的茶会，如商务茶会、职工茶会等。

6．品尝茶会

品尝茶会是为品尝某种或数种茶而举办的茶会，如新春品茗会，某名茶品尝会等。

7. 艺术茶会

艺术茶会是为共同赏析某项相关艺术而举办的茶会，如吟诗茶会、书法茶会、插花茶会等。

8. 联谊茶会

联谊茶会是为广交朋友或同窗聚会，如师生联谊茶会、知青联谊茶会、同学会联谊茶会等。

9. 交流茶会

交流茶会是为切磋茶艺和推动茶文化发展等的经验交流，如中日韩茶文化交流茶会、国际茶文化交流茶会、国际西湖茶会等。

下面讨论的"茶会筹办"专指第三类一般性茶会而言。

 任务二　茶会筹办

一、茶会设计

茶会设计是指茶会所选择的场所、茶筵、茶席、沏茶台、饮茶所、活动空间等的布置设计，修饰和雅化环境，为茶会的成功举办创造一个怡人的氛围。就概念来说，茶会设计是以茶会主题为核心，与会人员为主体，在特定的空间中，将茶、茶器以及相关物品以艺术的方式结合，完成一个有主题的茶事活动的整体。更确切地说，茶会设计是指与饮茶、泡茶以及谈话等有关的环境布置，要求具有丰富的艺术性和实用性。

茶会设计一般考虑以下几个方面内容。

1. 横幅。悬挂在会场的横幅是点出茶会主题的重要直观物，故要精心设计。不同场合应用不同的横幅。为活跃气氛，还可安排室内音乐现场演奏或播放轻音乐、民乐。可沿墙散放词句，文字要简练，字体要美观大方。

2. 茶器。茶器是茶会的重要构成部分，应注意艺术性和实用性。与会人数较多时，可选用有盖瓷质茶杯。如果人数较少，场地适宜，可根据茶叶确定所使用的茶器，此时的茶器应考虑整套搭配，统一和谐，避免单调，富艺术情趣。

3. 茶桌和铺垫。铺垫可以是整体的，也可以是局部的，一般以布艺为主，要考虑茶器、泡茶者服饰、整体空间色彩的搭配，一方面遮挡桌子，保持茶具的乾淨，一方面烘托主题、渲染意境的效果。

4. 背景。是创造视觉效应的元素之一，根据茶会的主题，摆设石器、盆景工艺品等。

5. 插花。以单纯、简约和朴实为主，讲究色彩清素，多用深青、苍绿的花枝绿叶配洁白、淡雅的黄、白、紫等花朵，形成古朴沉着的格调。

6. 挂画。在屏风上悬挂与茶艺主题有关的字画、茶联，以写意的水墨画为尚，设色不宜过分艳丽，以高古、脱俗为主，又以轴装为上，屏装次之。

7. 焚香。焚香使环境更幽雅，气氛更肃穆。香的选择要遵循"不夺香"的规则，即香的香味不能与茶香起冲突，香型要以淡雅型为主。焚香，要视茶类而定，浓香茶焚较重香品；幽香茶，焚较淡香品。依时间定，春、冬季焚较重香品；夏季焚较淡香品。依空间定，空间大焚较重香品；空间小焚较淡香品。

二、茶会准备

1. 场地布置

（1）坐席布置

坐席布置要根据茶会形式而定。

① 流水席

流水席适用于节日、纪念、喜庆、研讨、联谊等数种茶会，犹如自助餐的形式。在会场中可设名茶或新产品的展示台，分设几处泡茶台，根据所泡茶的种类作相应风格的环境布置，供应与茶性相配的茶食。这种形式，来宾有较大的自由度，茶会有较大的灵活性。

② 固定席

固定席适用于茶艺交流、名茶品尝和主题突出的节日、纪念、研讨、联谊等茶会，一般均为大型茶会。大家坐在一起观看茶艺表演，仅少部分人能品尝表演者泡的茶，其他人均由专供茶水的服务员奉茶。

③ 人人泡茶席

这种茶会每个人既是主人又是来宾，其坐席是依自然地形而设，事先用连续编号做好标记，与会者抽签后根据号码，自行设席。

（2）时令装饰

时令装饰即用时令花卉、盆景布置会场，或是悬挂衬托主题的名家书画，以营造茶会的气氛，也可以放飞气球或和平鸽以增添热烈的气氛。

2. 用具物品准备

一般准备根据邀请的人数准备茶杯、茶叶、热水瓶、茶食、茶食盘等。特殊准备根据各个参加茶会的茶艺表演队的事先要求，准备桌、椅或各种茶道具，或者代用道具、坐垫、屏风等。主办单位准备茶艺表演的全部用具、物品。

3. 休息准备室

为方便茶艺表演队化妆、换服装、放置茶道具，并利于出场和退场，故要在表演场所就近设置相应的休息准备室。

4. 告 示

在茶会不分发程序册的情况下，为使与会者能明确茶会的程序安排，在会场入口处应有告示，张贴茶会程序。另外，在休息准备室也要有茶会程序的告示，便于各表演队提早做好准备。

5. 指引牌

对公共设施，要有指引牌。使到会者易找到欲去场所，如餐厅、洗手间、小卖部、茶艺表演主会场、分会场、学术报告厅等。

6. 会议资料

可预先通知参加者自行准备，报到时交给主办单位统一分发；亦可由主办单位根据与会者提供的资料，统一印刷分发。

7. 人员培训

大型茶会经常会需要很多工作人员，这些人均为有关单位临时派人担当。由于对所从事的工作不熟悉，故在会议前要进行岗位培训，明确临时负责的任务以及如何做好相关工作、遇突发问题该如何处理等，以保证会议有条不紊地进行。

 任务三　茶会服务程序

一、做好会前准备

所有茶会工作人员，必须在茶会正式举行之前半小时甚至更长时间到达会场，做好相关准备工作。

二、迎接与会人员

迎接人员应做好签名、分发出席证及茶会材料。普通参加者先导引入席。临会前几分钟，再从休息室请领导、贵宾入席。

三、提供茶事服务

茶会正式举行期间，由专门工作人员在更换发言者的期间，负责添茶倒水以及进行茶果点心服务。如果茶会出席人数较多，而且选用有盖高杯作茶器，服务员可以用暖瓶直接在桌前往杯中倒水。当其他小杯作茶器时，则应先将泡好的茶过滤到茶盅或另一把壶，再分茶。

倒水、续水都应注意按礼宾顺序和顺时针方向为宾客服务。

四、做好送客工作

茶会结束后，要留好通道，先送领导、贵宾，再送普通参会者。部分宾客，还要随人一直送到住宿处或就餐处。

五、进行善后处理

茶会全程结束后，对所有返程人员，要提前订好机票、车票、船票，并分头送至机场、车站、码头。对在茶会场地所借设备、物品等及时清理、归还，并将场地打扫干净。

六、茶会结束总结

茶会结束后，要进行一次会议总结和文案总结。总结经验，吸取教训，以利今后茶会的举行。

任务拓展——无我茶会的形式

无我茶会是一种茶会形式。其特点是参加者都自带茶叶、茶具，人人泡茶，人人敬茶，人人品茶，一味同心。茶会形式如下。

1. 自带茶具、茶叶

茶具可据茶类而定，尽量小巧简便。

茶具：壶一把、杯子四只，奉茶盘、茶巾、热水瓶（茶会现场通常是不准备热水的，所以出门前请将热水备好）、坐垫各一。

2. 茶具摆放形式

每人依号码找到位置后，将自带坐垫前铺放一块泡茶巾（常用包壶巾代替），上置冲泡器，泡茶巾前方是奉茶盘，内置四只茶杯，热水瓶放在泡茶巾左侧，脱下的鞋子放在坐垫左后方。

3. 奉茶方法

按约定时间开始泡茶，泡好后分茶于四只杯中，将留给自己饮用的一杯放在自己泡茶巾上的最右边，然后端茶盘奉茶给左侧三位茶侣，第一位奉茶人将杯子放在受茶人的最左边，第二位奉茶人将杯子放在受茶人的左边第二位，第三位奉茶人将杯子放在受茶人左边第三位。如果您要奉茶的人也去奉茶了，只要将茶放在他（她）座位的泡茶巾上就好；如您在座位上，有人来奉茶，应行礼接受。待四杯茶奉齐，就可以自行品饮。喝完后，即开始冲第二道，第二道奉茶时拿奉茶盘托了冲泡器具或茶盅依次给左侧三位茶侣斟分。进行完约定的冲泡数后，就要安坐原位，专心聆听，结束后方可端奉茶盘去收回自己的杯子，将茶具收拾停当，清理好自己座位的场地。

（资料来源：http://baike.baidu.com）

 能力提升

实训任务单8-1：茶艺馆茶艺服务程序及操作规范

实训目的： 掌握茶艺馆的接待准备、迎宾、领座、点单、沏茶、上茶点、巡台、埋单、送客、收桌的基本服务程序及其操作规范；熟悉茶艺馆服务人员的素质要求。

实训要求： 模拟训练茶艺馆服务的基本服务程序及操作规范；通过训练能够实地进行茶艺馆的茶艺服务。

实训场地： 茶艺实训室或茶艺馆。

实训器具： 茶桌、主茶具（随手泡、茶壶或盖碗、茶杯或小品茗杯等）；辅茶器：茶盘、茶叶罐（茶适量）、茶道组、茶巾、水盂、茶荷、渣桶等

参考课时： 2学时，教师示范30分钟，学生练习50分钟，考核5分钟、教师点评5分钟。

预习思考： ① 为什么要确立茶艺馆的经营理念？

② 茶艺馆服务的基本程序有哪些？

实训步骤与操作标准

步骤	程序	操作标准
接待准备	环境	保持茶艺馆环境干净整齐，检查设备是否完好
	备水备具	准备好开水、茶叶；检查茶具及其他用具清洁光亮，无破损；准备好开单本、笔及各种票据
	检查仪表	检查服务员的仪表仪容是否符合要求
迎宾领位	恭候嘉宾	① 迎宾员以双手搭握式标准站姿站立大门两侧，面带微笑 ② 客人到达时，迎宾员鞠躬30度问好："先生（小姐）早上（中午/下午/晚上）好，欢迎光临""××小姐节日快乐""××先生您好，今天是喜欢单间还是散座？"等
	引领客人	① 当明白客人的消费意向时，引领客人入厅，使用"请"的手势，说"这边请" ② 引领客人时目光随时与客人交流，在引领过程中，可边走边询问客人的消费意向，了解信息，以便提供给茶艺员 ③ 将客人带到客人喜欢的位置时，协助值台员安顿客人入座。当安顿完以后，迎宾员面对主宾微鞠躬："先生/小姐，请稍等，茶艺员马上为您点单（服务），祝您品茶愉快！"讲完后退一步，方可转身离开
客人入座	协助客人就座	① 客人到达台位时，茶艺员微笑同客人打招呼，安排女士、长者或主宾面对正门的位置就座 ② 助客拉椅，请客人站于座椅前，客人落座，向前轻推座椅 ③ 如客人带有小孩、老人，则先照顾小孩、老人就座
	客人就座后的服务	① 将客人脱下的大衣及其他物品挂在衣帽架或合适的地方 ② 撤去台面或茶几上的多余摆饰物至指定地点，然后将烟灰缺摆放到客人顺手的位置 ③ 向顾客微鞠躬，并说："××先生/小姐，请稍等，我们马上为您点茶"。然后退后两步，如果是贵宾间则退至门边，把门轻轻关上，转身离开
茶前服务	服务姿势	① 托盘：按标准托盘，久托站立客人右侧时成90度不能靠近客人 ② 站立：右脚跨前，距离与桌沿垂直距离相齐，双脚用力 ③ 手势：在接近桌位时必须提醒客人注意 ④ 语言提示："打搅一下，请用湿巾"或"××先生/小姐，请用湿巾"
	上台服务	① 将湿巾从内侧路线，放在客人的右手侧，距桌沿约8厘米处，湿巾托与桌面垂直，不能斜放 ② 收手时可顺势做一个"请用"的手势，但幅度不能过大 ③ 放完湿巾，退后两步，微鞠躬离开
点单服务	听单姿势	① 客人示意点单时，值台员迅速上前问好"您好"，立于宾客右侧，约一步距离，微鞠躬约30度，双腿等同肩宽站直 ② 左手执听单便笺，右手执笔 ③ 目光微含笑意，同宾客目光相接或同宾客一起看着茶单

步骤	程序	操作标准
点单服务	点单并介绍	① 当顾客自主点单时，值台员只需按规定简写清晰记录 ② 如顾客对茶品内容不熟悉，需要介绍时，值台员必须根据客人的喜好作详尽的介绍，包括名称、种类、特点、口味、分量适宜性。同时作建议性的推荐，声音适合两人听清为宜 ③ 客人点完以后，要向客人重复点单内容，待确定以后，告诉客人"请稍等，我会尽快为你们送上茶品"，鞠躬退后
	入单	① 点完单后，立即入单取茶，并做好沏茶准备 ② 根据茶品操作需要整理台面，留出足够位置摆放茶品饮料
沏茶服务	服务姿势	① 托盘姿势和站立姿势同茶前服务 ② 在接近桌位时必须提醒客人注意，先作语言提示："打搅一下，这是您需要的××茶"，并随即在上茶处作一个上茶的手势
	基本服务	① 程序：a. 素茶，杯、杯垫——斟茶；b. 调饮，茶水配料（糖等）——杯、杯垫、勺——斟茶 ② 位置：茶水配料应从前面桌位上方，轻放置在客人左前方；杯、碟垫、勺（或素茶）一并轻放于客人正前方五厘米处，勺把朝右置于杯的后侧，与茶杯呈45°角 ③ 斟茶量：素茶斟茶七分满，调饮斟茶五分满 ④ 调饮茶在注完茶水后应提示客人："这是砂糖，请随意取用"
整理台面	湿巾	用杂物夹夹取湿巾收回托盘，再从客人的右侧将湿巾盘撤下
	烟灰缸的更换	① 台面上的烟缸内如超过三支烟头或充满杂物，必须更换 ② 用右手从右侧更换，特殊情况除外 ③ 方法：先将一个干净的烟缸盖在脏的烟缸上，与脏烟缸同时拿起放在托盘里，再将另一个干净的烟缸摆回台上原来的位置 ④ 不得用手拾客人丢弃的烟蒂，一般用杂物夹拾取 ⑤ 烟缸中如有未熄灭的半截香烟，须向客人询问是否更换，或先放一个干净烟缸在需更换的烟缸旁边，再把未熄灭的半截香烟转移到干净烟缸上，其他照常更换
	客人暂离台面的整理	客人离开桌面的时候是为"不需打扰"的客人服务的最佳时机 ① 桌椅的调整 ② 台面的整理：续水，如客人离开时间较长则不续水；更换烟灰缸、水盂；将其他杂物整理干净 ③ 注意：禁止移动客人留于台面的私人物品并负责看管
茶点服务	服务姿势	同"茶前服务"
	基本服务	① 茶点应摆放整齐，切忌叠盘 ② 配置茶点的时候，一般要干果、水果搭配，甜点、咸点搭配，还需要注意色彩的搭配
茶中服务	服务姿势	右手执水壶站于客人右侧，按标准上台服务距离站立

步骤	程序	操作标准
茶中服务	基本服务	① 续水服务 a. 在客人杯中水或壶中的水只剩下 1/3 时，则应该续水 b. 玻璃杯续水，使用"凤凰三点头"手法，其他可使用低斟高冲的手法续水至七分满为宜 c. 续水后，左手作一个"请慢用"的手势，退后一步，转身离开 ② 其他台面服务同"整理台面"
买单服务	结账准备	① 客人示意结帐时，值台员从收款处领到相应的帐单核对帐单，准备结帐用笔 ② 将帐单放入帐单夹内，并确保帐单打开时，帐单正面朝向客人
	递送帐单	① 将帐单打开，双手从客人右侧递给客人 ② 小声清晰地告诉买单的客人"××先生/小姐，这是您的帐单，消费一共××元"，"××先生/小姐，您的实际消费是××元，×折优惠后是××元"
	买单	① 现金买单：a. 客人付现金时，服务员应礼貌地在桌旁点清现金帐目，并告诉客人："先生您给的现金是××元，应找回××元，请您稍等"；b. 将现金和帐单一同交予收款员处理，然后核对零钱与发票数目是否相符；c. 将找零（及发票）一同放收银夹内还给客人，并向客人致谢 ② 信用卡结帐：a. 首先确认客人出示的信用卡是否能在本店使用，如不能使用，则婉转请求客人更换信用卡或付现金；b. 取刷卡机当面刷卡，将刷出的结款单交回客人确认签字，值台员将签认的帐单交回收银员，确认签名字样相符；c. 将付款单客留联、信用卡、发票一并交还客人，并在客人确认后致谢 ③ 签单结帐：a. 得知买单客人是会员时，按规定优惠，为会员准备帐单和签单卡；b. 在客人右边按签字礼仪递送帐单和签单卡，清晰地告诉客人消费金额，并指明帐单和签单卡的签名处；c. 客人签单完后，确认字样是否相符，将客人存根联留给客人，并向客人致谢，退后两步转身离开
	送客服务	① 客人消费完后，起身离座时，值台员主动搬移椅子，女士、老人优先 ② 帮助客人整理衣物，取出客人寄存的随身行李 ③ 鞠躬 30 度，礼貌地向客人微笑道别，并感谢客人光临"谢谢，请慢走"，"××小姐，欢迎再次光临"，微笑地目送客人离开自己的服务区域
	检查、恢复台面	① 客人离开后，服务员应马上检查台面上、下是否有客人遗忘的物品，如有则及时归还给客人或交由经理处理 ② 清理台面、重新调整座椅，以迎接下一批客人的光临

能力检测：

序号	测试内容	应得分	实得分	序号	测试内容	应得分	实得分
1	接待准备	5 分		7	整理台面	10 分	
2	迎宾领位	5 分		8	茶点服务	10 分	
3	客人入座	5 分		9	茶中服务	10 分	
4	茶前服务	5 分		10	买单服务	10 分	
5	点单服务	10 分		11	送客服务	10 分	
6	沏茶服务	10 分		12	检查、恢复台面	10 分	
总　分							

项目小结

本项目主要涉及茶馆的经营管理、茶馆服务、茶会服务等方面内容，具体介绍了现代茶馆的类型与特色；茶馆的筹备开办；茶馆的经营与创新；茶馆服务概述；茶馆服务人员的素质要求；茶会的种类；茶会的设计；茶会的组织实施等。为了提升学生能力，还专门设计了茶馆服务的实训任务。

项目练习

一、判断题

1.（　　　）综合型茶艺馆主要体现在建筑结构上。

2.（　　　）在清茶艺馆里，饮茶是主要的目的。

3.（　　　）焚香使环境更幽雅，气氛更肃穆，它是茶会设计的内容之一。

4.（　　　）现代茶会是以清茶招待客人的一种现代社交性聚会。

二、选择题

1. 按地方特色来分，茶艺馆可分为（　　　）。
   A. 粤派、湘派、京派、杭派茶馆　　　　　B. 粤派、川派、京派、苏派茶馆
   C. 粤派、川派、京派、杭派茶馆　　　　　D. 桂派、川派、京派、杭派茶馆

2. 茶艺馆的创新策略是（　　　）。
   A. 以文化立店、用特色包装　　　　　B. 以特色立店、用文化包装
   C. 以价格立店、用文化包装　　　　　D. 以促销立店、用特色包装

3. 茶会具有（　　　）和实用性。
   A. 艺术性　　　　　B. 方便性　　　　　C. 灵活性　　　　　D. 科学性

4. 为品尝某种或数种茶而举办的茶会称为（　　　）。
   A. 品尝茶会　　　　B. 研讨茶会　　　　C. 艺术茶会　　　　D. 商务茶会

三、简答题

1. 如何理解茶艺馆服务人员的素质要求？

2. 你认为如何才能用好茶艺馆的创新策略？

项目实践

实践内容： 走进茶艺馆。走访各类茶艺馆，认识当前市场上的茶艺馆，了解茶艺馆服务工作流程，为茶客进行一次茶事服务。

能力要求： 1. 适应茶艺馆茶艺师的工作要求；

　　　　　　2. 以茶艺师在茶艺馆的工作为背景，完成一次为茶客进行茶艺服务的全过程。

参考文献

［1］ 刘铭忠，郑宏锋．中华茶道．北京：线装书局，2008．

［2］ 陈宗懋，俞永明，梁国彪，周智修．品茶图鉴．合肥：黄山书社，2009．

［3］ 高运华．茶艺服务与技巧．北京：中国劳动社会保障出版社，2005．

［4］ 鄢向荣．茶艺与茶道．天津：天津大学出版社，2013．

［5］ 林治．中国茶艺．北京：中华工商联合出版社，2000．

［6］ 贾红文，赵艳红．茶文化概论与茶艺实训．北京：清华大学出版社，2010．

［7］ 饶雪梅，李俊．茶艺服务实训教程．北京：科学出版社，2008．

［8］ 陈文华，余悦．茶艺师．北京：中国劳动社会保障出版社，2004．

［9］ 徐明．茶与茶文化．北京：中国物资出版社，2009．

［10］ 张金霞，陈汉湘．茶艺指导教程．北京：清华大学出版社，2011．

［11］ 陆机．中国传统茶艺图鉴．北京：东方出版社，2010．

［12］〔唐〕陆羽．宋一明译注．茶经．上海：上海古籍出版社，2009．

［13］ 赵英立．中国茶艺全程学习指南．北京：化学工业出版社，2010．

［14］ 乔木森．茶席设计．上海：上海文化出版社，2007．

［15］ 王绍梅，茶道与茶艺．重庆：重庆大学出版社，2011．

［16］ 于观亭，中国茶经．北京：外文出版社，2009．

［17］ 郑春英．茶艺概论．北京：高等教育出版社，2001．

［18］ 杨涌．茶艺服务与管理．南京：东南大学出版社，2008．

［19］ 张利民．旅游礼仪．北京：机械工业出版社，2004．

［20］ 洪美玉．旅游接待礼仪．北京：人民邮电出版社，2006．

［21］ 金正昆．商务礼仪教程．北京：中国人民大学出版社，2009．

［22］ 刘晓芬．茶艺服务．北京：清华大学出版社，2013．

［23］ 陈文华．中国茶艺馆学．南昌：江西教育出版社，2010．

［24］ 林乾良．茶寿与茶疗．北京：中国农业出版社，2012．

［25］ 中茶文化网．http://www. teaw. com/．

［26］ 中国茶文化网．http://www. bartea com/．

［27］ 中华茶文化．http://www. gdsmart net/．

［28］ 中国茶文化．http://www. chncha. com/．

［29］ 百度．http://www. baidu. com/．

［30］ 中国普洱茶网 http://www. puercn. com/．

［31］ 新浪网．http://eladies.sina.com.cn/bjtravel/wufu.htm.